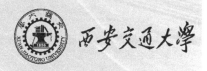

西安交通大学 研究生创新教育系列教材

U0290727

嵌入式控制系统设计开发

毕宏彦 编著

西安交通大学出版社
XI'AN JIAOTONG UNIVERSITY PRESS

内容简介

嵌入式控制系统是生产过程自动化、智能化的核心。本书根据国家智能化进程的发展需要，为了满足机械工程专业研究生、本科生学习嵌入式控制技术的需求而编写。本书内容为嵌入式控制系统设计开发所需的核心知识。

本书第 1 章为嵌入式控制系统开发流程与开发实例，以铁路 LED 信号灯故障报警系统设计为实例，介绍嵌入式系统设计开发流程；第 2 章为嵌入式控制系统的硬件设计，包括基于板卡、基于数字调节器和基于各类单片机的系统硬件设计知识；第 3 章为嵌入式系统软件设计，介绍嵌入式实时操作系统 μC/OS 的功能与核心技术，并以 STM32F1/F4ARM 芯片应用为例，介绍了采用 μC/OS 的 3D 打印机控制系统软件设计、数据采集程序设计、CAN 总线通信技术与程序设计、USART 通信程序设计等关键软件设计知识；第 4 章介绍嵌入式系统开发平台的应用知识，包括 Keil、IAR、Wave6000、VW、ICCAVR、AVRStudio 等，详细介绍了在 Keil 中安装和使用各类仿真器的方法。

本书理论联系实际，内容丰富，可以作为机械工程、电子技术、自动控制、仪器仪表等专业硕士研究生的专业课教材，也可作为现场技术人员的工具书使用。

图书在版编目(CIP)数据

嵌入式控制系统设计开发/毕宏彦编著 . —西安:西安交通大学出版社,2019.7
西安交通大学研究生创新教育系列教材
ISBN 978 - 7 - 5693 - 0926 - 3

Ⅰ.①嵌…　Ⅱ.①毕…　Ⅲ.①微型计算机-系统设计-研究生-教材
Ⅳ.①TP360.21

中国版本图书馆 CIP 数据核字(2018)第 249776 号

书　　名	嵌入式控制系统设计开发	
编　　著	毕宏彦	
责任编辑	屈晓燕	
出版发行	西安交通大学出版社	
	(西安市兴庆南路 1 号　邮政编码 710048)	
网　　址	http://www.xjtupress.com	
电　　话	(029)82668357　82667874(发行中心)	
	(029)82668315(总编办)	
传　　真	(029)82668280	
印　　刷	西安日报社印务中心	
开　　本	727 mm×960 mm　1/16　　印张 16.25　　字数 317 千字	
版次印次	2019 年 7 月第 1 版　2019 年 7 月第 1 次印刷	
书　　号	ISBN 978 - 7 - 5693 - 0926 - 3	
定　　价	38.00 元	

读者购书、书店添货或发现印装质量问题,请与本社发行中心联系、调换。
订购热线:(029)82665248　(029)82665249
投稿热线:(029)82664954
读者信箱:754093571@qq.com

前　言

本书介绍了嵌入式控制系统设计开发的核心知识，包括嵌入式控制系统开发流程、嵌入式控制系统硬件设计与软件设计、嵌入式实时操作系统 μC/OS 核心知识、嵌入式开发平台与开发工具等知识。作者长期从事嵌入式控制系统研究、设计与开发，本书汇集了作者多年的研究设计经验，理论联系实际，内容丰富，可供广大专业技术人员参考，也可作为机械电子工程、电子科学与技术、仪器仪表工程、电气工程专业的研究生和本科生的专业课教材及其他专业的研究生和本科生学习嵌入式控制系统的教材。

本书各章内容如下：

第1章　嵌入式控制系统开发流程及其实例，介绍嵌入式系统设计开发流程及铁路 LED 信号灯故障报警系统设计实例。

第2章　嵌入式控制系统的硬件设计，包括基于板卡、基于数字调节器和基于各类单片机的系统硬件设计知识。

第3章　嵌入式控制系统软件设计，介绍嵌入式实时操作系统 μC/OS 的功能与核心技术，并以 STM32F1/F4ARM 芯片应用为例，介绍了采用 μC/OS 的 3D 打印机控制系统软件设计、数据采集程序设计、CAN 总线通信技术与程序设计、USART通信程序设计等关键软件设计知识。

第4章　嵌入式控制系统开发平台与工具，包括 Keil、IAR、Wave6000、VW、ICCAVR、AVRStudio、STVD 等，详细介绍了在 Keil 中安装和使用各类仿真器的方法。

本书配合作者主讲的研究生课程"嵌入式控制系统设计开发"，有作者亲自编制的 PPT 课件和由西安交通大学教学视频中心录制、由作者讲授的视频课件。

本书于 2012 年作为讲义用于研究生的教学，几年来根据嵌入式技术的发展，又进行了大量增删修改，使其内容更加新颖。在本书付印之际，深感一门课程的建设，需要多方面的支持与配合。在此首先深深感谢美国 Jean J. Labrosse 先生所著、邵贝贝教授译著的《嵌入式实时操作系统 μC/OS-II》对作者开展嵌入式控制系统教学与研究所产生的巨大启迪作用，使作者对 μC/OS 这一优秀的实时操作系统到了痴迷的程度，深深感佩其精湛的设计思想所体现的巨大才华。为了使读者能掌握嵌入式实时操作系统的精髓，在本书第 3 章中，引用了 μC/OS-II 内核的一些关键程序。同时在此深深感谢西安交通大学机械工程学院工程硕士教学办公室的雷新怀老师、莫艳老师,西安交通大学电子与信息工程学院研究生教学办公室的夏星老师对本课程的热忱支持。感谢西安交通大学教学视频中心各位老师对本课程的大力支持。感谢西安交通大学出版社屈晓燕老师对本书编辑出版所付出的辛勤工作。研究生丁浩参加了第 1 章实例部分的编写,并绘制了插图,研究生佘彩青参加了第 2 章 2.2 节的插图绘制工作,研究生赵博、卫甜甜参加了本课程的实验指导,在此对他们表示感谢!

书中错误和疏漏之处在所难免,恳请读者批评指正。

作者

作者简介

毕宏彦,男,生于 1953 年,陕西扶风人,硕士,教授。毕业于西安交通大学,曾受单位派遣赴美国学习计算机模拟软件。长期执教于西安交通大学,从事控制系统研究设计与教学工作。指导毕业研究生五十多人。主讲研究生课程"计算机测控技术及应用""嵌入式系统设计开发",本科生课程"智能仪器电路设计""仪器设计训练"。2000 年以来,发表论文 22 篇(中文核心期刊 12 篇,中文科技核心期刊 4 篇,被 EI 收录 4 篇),获国家专利 11 项(发明专利 4 项,实用新型专利 7 项),主编研究生与本科生教材 5 种(西安交通大学出版社出版 4 种,西安交通大学教材中心刊印 1 种)。长期从事嵌入式控制系统设计开发,先后完成国家级、市级和横向科研课题二十余项。

目　录

第1章 嵌入式控制系统开发流程及其实例

1.1 嵌入式系统概述

嵌入式系统是以应用为中心和以计算机技术为基础的、软硬件可裁剪的、能满足应用系统对功能、可靠性、成本、体积、功耗等指标的严格要求的专用计算机系统。简而言之,就是把微控制器嵌入各种设备内部,实现设备的自动化和智能化。嵌入式系统已经应用到生产、生活的方方面面,尤其是应用到各类手持仪器、检测仪器、机器人、远程测控、电子对抗、军工产品等众多领域,成为这些领域的尖端技术。图 1.1-1 是其应用的一些实例。

TDS7000 系列数字示波器
(Tektronix TDS7000 Digital
Oscilloscopes)

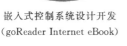

嵌入式控制系统设计开发
(goReader Internet eBook)

三星任意网络互联网屏幕电话
(Samsung AnyWeb Internet
Screen Phone)

Nixvue 数码相簿
(Nixvue Digital Album
Digital Photo Album)

雷莫特智能家用控制器
(eRemote Intelligent Home Controller)

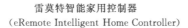

图 1.1-1 嵌入式系统应用实例

互联网的发展,极大地推动了基于互联网的嵌入式系统的发展,这种发展已经远远超出了人们的想象,把整个生产和生活过程联为整体。人们可以将嵌入式系统接入互联网,灵活地掌控需要控制的对象。嵌入式系统与互联网相连组成的系统庞大无比,结构如图 1.1-2 所示。

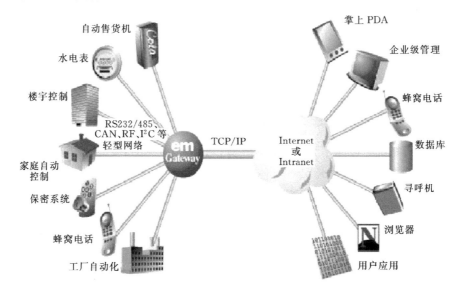

图 1.1-2　基于互联网的嵌入式系统

图 1.1-2 高屋建瓴,纵览全局,使人领略到嵌入式系统的发展,是一个包含万事万物的宏大系统。从图中可见,几乎所有人们能够涉及到的领域都可以通过嵌入式系统接入互联网的方式进行远程操作与控制,从而使嵌入式系统的应用更加广泛,成果更加丰硕。

当然,每个节点上的嵌入式系统的设计,是一个具体的嵌入式产品的设计问题。对许多嵌入式系统产品而言,能够上网可能只是这个产品的一个微不足道的小功能而已。

本书主要针对测控类嵌入式控制系统的设计流程、硬件系统设计、软件系统设计、开发平台选用等进行阐述。

嵌入式系统设计开发,通常先进行系统需求分析,列出系统所有输入输出信号及这些信号的种类和属性,列出系统运算与控制的速度要求、A/D 转换速度要求与通道数要求、数据处理速度要求,列出数据存储要求、通信方式与数据传输要求等所有功能要求,然后根据要求设计系统方案,确定硬件系统的选型与软件系统的选用。本章以铁路 LED 信号灯故障报警系统开发为例,对嵌入式系统开发流程进行系统的介绍,以使读者对嵌入式系统开发有一个系统的了解。

1.2　嵌入式控制系统设计开发步骤

1. 嵌入式控制系统功能要求的确定与系统设计开发立项

首先,任何一种产品都是由某种社会需求提出的,要求产品具有一定的功能。嵌入式系统也不例外。要设计一种嵌入式系统,首先要有这种社会需求,或者能预测到有潜在的社会需求,而且这些需求是正当合法的、对社会和人民是有益的。例如,铁轨的参数是否合乎要求对安全行车具有重要意义。为了保证铁路列车的安全行驶,在铁路建筑时要对铁轨的轨距、两条轨道的高差、轨道沿长度方向的水平度、两轨的平行度等按照规定进行铺设和调校。在铁路投入运行后,由于列车的碾压、地基的变化等会造成铁轨变形以至于影响行车安全,因此在铁路建筑和铁路日常维护中都有一项重要的工作,就是对铁轨的各项参数诸如轨距、高差、平行度、三角坑等进行检测,以判别铁路的良好程度,以便及时维修调校。这就需要一种能够方便快速地进行检测,还能显示、记录、打印检测结果,并能将现场检测获得的大量数据通过计算机通信传输给计算机,以便在计算机上进行数据的进一步分析处理及存入计算机中的海量数据库的嵌入式系统。有了这些功能要求,才能有的放矢,设计用于铁轨检测的嵌入式系统。又例如本书要介绍的铁路 LED 信号灯故障报警系统,就是应 LED 信号灯故障报警需求而立项研制的。

嵌入式系统设计开发流程通常如图 1.2 - 1 所示。

2. 方案设计

根据功能要求,对嵌入式系统进行方案设计,要比现有的同类嵌入式系统性价比更好,这就需要进行多种方案的设计对比,确定最佳方案。方案设计主要包括宏观的机械结构、宏观的电路结构、上位机选型、下位机的主要元器件选型、电源选型、通信方式选择(或现场总线选择)、上位机系统软件和工作软件及下位机系统软件和工作软件的选择等全局性、总体性工作内容的确定。

3. 机械结构设计

机械结构设计是嵌入式系统设计的重要工作,涉及到外观造型、操作机构、内部器件的安装固定等,要求造型美观,操作简便,内部器件的安装固定简便牢靠,维修时拆卸方便。由于机械结构件的制作周期较长,因此机械结构设计工作在方案确定后就应开始进行。

4. 电路设计

根据功能要求和设计方案画出电路结构框图,再对框图中的每一部分选用什么元件进行设计选型,然后使用专用的电路设计软件画出电路原理图,对电路原理图中一些不确定的地方,要使用专用的电路仿真软件进行电路仿真,确定电路参

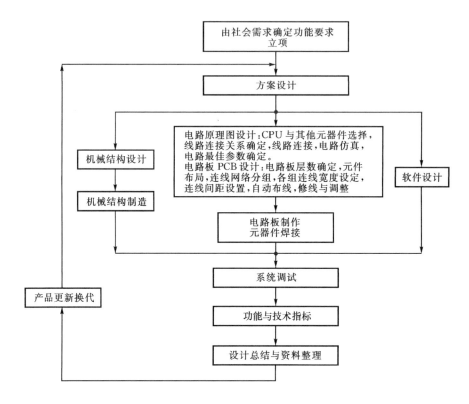

图 1.2-1　嵌入式系统设计流程图

数。然后画出印刷电路板图(PCB图),交至印刷电路板厂去加工,并根据电路图的材料清单去购买元器件,等电路板回来后就可以焊接元件、接线等。

在电路设计中,对实现同样功能的嵌入式系统可以按不同的电路去设计。在实现同样功能的条件下,水平越高的设计,其电路越简单;电路设计越复杂的,其水平越差。比较优秀的设计的特点是使用元件少,元件新颖,功能较多,电路板较小,元件布局合理,走线合理规范,焊点少,过孔少,接头少,费用低,可靠性好。比较差的设计的特点是电路设计得非常复杂,使用的元件多,元件老旧,功能单一,电路板较大,元件布局乱,走线差乱,焊点多,过孔多,接头多,费用大,故障率较高。

电路开发有一个过程,没有一版成功的电路。稍微复杂一些的电路,通常仅功能原理电路板最少要做三版以上,每个版本在测试中都肯定会存在问题,但是总会越搞越好,逐步臻于完善,重要的电路板要修改多次。在功能原理完全实现之后,就可以做结构板,也就是根据安装位置、安装孔位置等做出能够安装到设备或机箱内的电路板。当然在功能原理样机设计中,也往往把电路板的安装考虑进去,既做原理试验,也做结构试验。如果某一版花费了大量时间去测试和进行试验性改进,这一版电路就会有较大的收获,通常做的总版数就会少一些。

5. 软件设计

根据功能要求和设计方案中所确定的上位机软件功能,确定上位机采用何种开发平台软件;根据下位机软件功能要求,确定下位机采用何种开发平台软件,采用何种操作系统。画出各自的程序结构流程图,再按程序结构流程图设计各自的程序。

以上 3、4、5 三项可以组织不同的人员同时进行。

6. 系统调试

电路板焊好后,先用万用表测量电路板的电源的正负极之间的电阻,看电路是否正常,有无短路等。在确定没有短路、电阻在正常范围的情况下,打开电源开关通电,检查所有器件的温度,有无发热发烫,用手触摸其表面(不可碰触到其引脚,以防人体静电击坏器件),并闻有无特殊气味(例如焦糊味等),在排除了所有发热问题后,检测电源空载电压和带载电压。在电压全部正常时再测量电路板电流,看是否在设计范围内。在电压电流全部正常后,就可以进行硬件每一单元电路的调试。调试内容包括各单元电路的工作点、线性度、增益等(有些单元电路很简单,没有多少调试工作)。在硬件调试正常后,进行软件调试。加载所设计的软件进行硬件仿真调试,并继续进行与硬件相关的软件开发。直到所有功能软件运行正常。

7. 功能测试

此项工作包括嵌入式系统的各项功能测试、高低温试验、振动试验、浪涌与脉冲群干扰试验,有些水下工作的嵌入式系统还必须做高压防水试验和防潮试验。在自检各项指标满足行业标准规范要求后,还要送到该行业指定的专业检测机构进行检测,以获得行业准入资格的检测结果报告,才能批量生产,投放市场,服务社会。

8. 产品完善与升级设计

在产品实际使用过程中,会发现产品方方面面存在的缺陷甚至于设计失误,需要及时记录产品暴露出来的所有问题,进行分析归纳和二次开发设计,使产品臻于完善。或者根据现场需求,给产品增加新的功能,或扩展既有的功能,推出升级换代的新版本。使产品功能越来越强大,具有更好的性价比和市场竞争力。

9. 设计总结与资料整理

要将全部设计资料,包括设计方案、机械设计的全部图纸、电路设计的全部图纸、上位机和下位机的全部软件、嵌入式系统测试的全部测试数据资料整理归档,以便产品后续开发、升级换代设计时参考。

1.3　嵌入式系统开发实例:铁路 LED 信号灯故障报警系统设计

1. 开发铁路 LED 信号灯故障报警系统的意义

铁路 LED 信号灯在国外已经有二十多年的使用历史,特别在美国、英国、日本等国家的铁路系统,一半以上的铁路信号灯采用了 LED 信号灯。近些年来,随着我国铁路系统的发展,LED 信号灯在部分铁路站点开始投入使用。

LED 信号灯发光效率高,属于冷光源,使用寿命长。其耗电仅为白炽信号灯的 1/6,其寿命为白炽灯的 5 倍以上。在同样的发光亮度下,点亮 LED 信号灯仅需 5W 功耗,而点亮白炽信号灯需要 30W。目前的铁路信号灯供电系统全部采用的是白炽信号灯供电系统。这种供电系统要求信号灯必须消耗足够的电流(220V,140 mA)。其原因是信号灯的电流必须能吸起线路联锁继电器,这种继电器是一种电流驱动型继电器,其吸起电流为 140 mA。这种继电器的线圈就串联在信号灯的供电回路里。而老式信号灯都是使用的 220V、30W 的白炽灯作为光源,因此信号灯的供电就需要 220V、140 mA,可以稍大于这个电流,但不能小于这个电流,否则线路联锁继电器不能吸起,因此要想在这个供电系统中使用 LED 信号灯,就要想办法将多余的 25W 电量消耗掉,一般可采用电阻电容并联串联的方式来实现。由于要消耗掉 5/6 的能量,势必出现点灯单元内部发热等问题。虽然经过多年研究,至今仍然无法改变这种供电状况。而点灯装置一旦出现故障,对列车的行车安全会造成严重危害,因此研制点灯单元故障报警系统,使其能够对点灯装置故障及时发出报警,对于行车安全具有重要意义。

LED 信号灯故障报警系统通过检测 LED 信号灯的工作状态,可以准确及时地将故障信息上传至站内控制室,方便站内工作人员及时更换有故障的点灯装置,保证了铁路系统的安全性。因此 LED 信号灯故障报警系统会随着 LED 信号灯的推广普及而得到广泛的应用。

我国铁道部 2003 年就制定了《LED 铁路信号机构技术条件(暂行)》,并于 2010 年制定了《LED 铁路信号机构通用技术条件》,对 LED 信号灯的技术要求和报警条件等做了统一规定。这些信息表明了我国政府对 LED 信号灯的认可,LED 信号灯将逐步替代白炽信号灯,因此作为 LED 信号灯的配套设施,LED 信号灯报警系统在国内有着广阔的应用前景。

2. 方案设计

本报警系统的硬件部分主要包括报警总机和报警分机两部分。每个报警总机下辖多个报警分机,最多可以管理 512 个报警分机。每个报警分机分别管理一个

LED信号灯,报警分机的主要作用是在LED点灯装置发生故障时,通过电流环通信传递报警数据给报警总机。报警总机负责4个通道多个报警分机的报警数据的接收、校验、应答和处理,报警信息的存储、上传、查询,人机接口的设计等。报警总机主要包括通道单片机部分、主控单片机部分、人机接口部分等,所设计的系统硬件结构如图1.3-1所示。

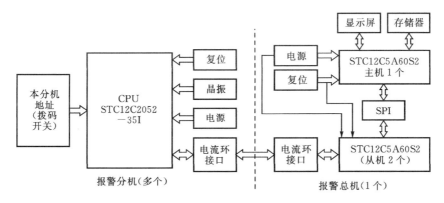

图1.3-1　系统硬件结构图

报警系统的主要工作是电路和程序的设计,机械方面的工作就是选择合适尺寸的机箱即可。因此本产品的开发工作,主要是电路和程序的设计开发。

3.硬件设计

1)报警总机电路设计

报警总机的主要作用是管理4个通道的报警信息的接收、显示、清除及上传。为了方便设计及避免通道之间的冲突,本设计采用了一个主控单片机加两个通道单片机的设计方案,为了便于程序设计中主控单片机和通道单片机之间SPI通信软件模块的调试,报警总机主控芯片和报警总机通道单片机都采用了STC12C5A60S2芯片。报警总机的结构图如图1.3-2所示。

报警总机的工作过程如下:报警总机内两个通道单片机STC12C5A60S2负责接收报警分机通过电流环传来的报警数据,每个通道单片机负责两个通道的报警数据接收、应答和给主控单片机STC12C5A60S2的数据传送。通道单片机通过SPI接口将报警数据传给主控单片机。主控单片机负责报警信息的显示、存储,接通蜂鸣器和报警继电器,给微机监测系统传送报警数据等。在主控单片机外围设计了键盘、LCD液晶显示器、时钟芯片、动态RAM芯片、IIC存储器、CAN总线控制器SJA100与CAN收发器TJA1050、485总线收发器MAX485等,主控单片机可以通过CAN或485通信总线将报警数据上传到车站微机监测主机,实现集中监控。

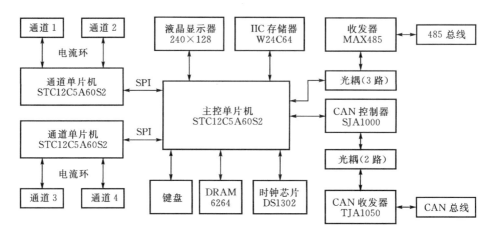

图 1.3 - 2　报警总机结构框图

2）通道单片机电路设计

通道单片机的主要功能是为了接收报警分机通过电流环上传的通道报警数据，每个通道的电流环接口需要一个串口来控制其发送与接收，STC12C5A60S2 单片机具有双串口功能，因此两个这种单片机配合可方便地管理 4 个通道报警数据的传输。在接收到报警数据后，通道单片机通过 SPI 总线将报警数据传送给主控单片机。通道单片机的电路结构如图 1.3 - 3 所示。

两个单片机的 P34 引脚一个上拉至高电平，一个接地，用于区别两个单片机。在编写程序时，可以通过检测 P34 引脚的电平来区分单片机所管理的通道号。这样可以确保各通道数据的正确传输。

因为每个通道单片机有两个串行口，每个串行口服务于一个报警通道，为了防止外部线路上感应到的各类电磁信号对通信质量的影响，在通道入口处设计了适当的滤波电路。为了防止外线路雷电感应浪涌电压和电流对系统的损害，用光耦隔开了通道与系统之间的电气连接，并且在通道入口设计了适当的防雷电路。

3）STC12C5A60S2 单片机性能特点

本报警系统中，报警总机采用的是 3 个 STC12C5A60S2 单片机，报警分机采用的是 STC12C2052 单片机。STC12C5A60S2 和 STC12C2052 的内部资源是相同的。二者内部所有寄存器的数量、功能及其地址都是相同的，使用的 C 语言头文件是同一个。二者区别仅是外部的引脚数不同而已。因此在此给出选型理由。

STC12Cxx 系列单片机是深圳宏晶科技公司生产的 1T（单时钟/机器周期）的单片机，是高速、低功耗、超强抗干扰的新一代 8051 单片机，指令代码完全兼容传

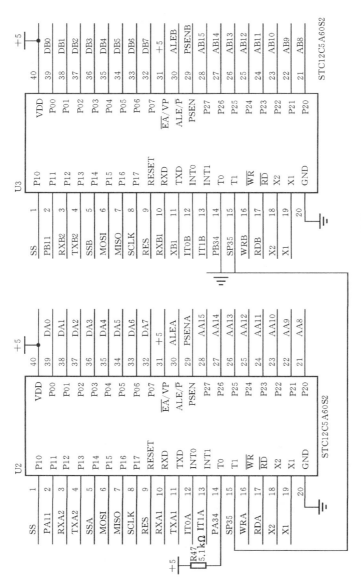

图 1.3 - 3　通道单片机电路结构图

统 8051,但速度比普通 8051 快 8~12 倍。内部集成 MAX810 专用复位电路,2 路 PWM,8 通道高速 10 位 A/D 转换器,其转换速度为 250 千次/s,针对电机控制、强干扰场合。

STC12C5A60S2 双列直插的引脚名称与功能见图 1.3-4 所示,其外形见图 1.3-5 所示。

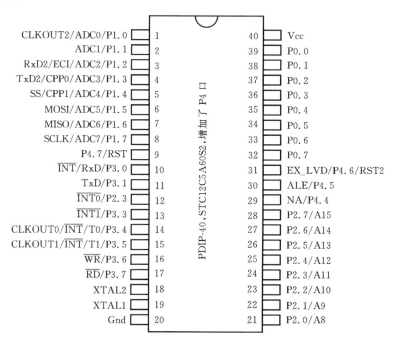

CLKOUT2/ADC0/P1.0	1		40	Vcc
ADC1/P1.1	2		39	P0.0
RxD2/ECI/ADC2/P1.2	3		38	P0.1
TxD2/CPP0/ADC3/P1.3	4		37	P0.2
SS/CPP1/ADC4/P1.4	5		36	P0.3
MOSI/ADC5/P1.5	6		35	P0.4
MISO/ADC6/P1.6	7		34	P0.5
SCLK/ADC7/P1.7	8		33	P0.6
P4.7/RST	9		32	P0.7
$\overline{INT}$/RxD/P3.0	10		31	EX_LVD/P4.6/RST2
TxD/P3.1	11		30	ALE/P4.5
$\overline{INT0}$/P2.3	12		29	NA/P4.4
$\overline{INT1}$/P3.3	13		28	P2.7/A15
CLKOUT0/$\overline{INT}$/T0/P3.4	14		27	P2.6/A14
CLKOUT1/$\overline{INT}$/T1/P3.5	15		26	P2.5/A13
$\overline{WR}$/P3.6	16		25	P2.4/A12
$\overline{RD}$/P3.7	17		24	P2.3/A11
XTAL2	18		23	P2.2/A10
XTAL1	19		22	P2.1/A9
Gnd	20		21	P2.0/A8

（中间竖排文字：PDIP-40,STC12C5A60S2,增加了 P4 口）

图 1.3-4　STC12C5A60S2DIP 封装的引脚名称与功能

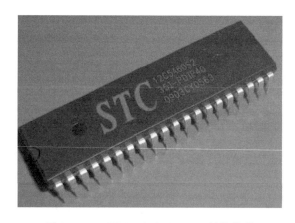

图 1.3-5　STC12C5A60S2DIP 封装外形

STC12C5A60S2 单片机具有以下特性：

(1)增强型 8051 单片机,1T 单片机(单时钟/机器周期),指令代码完全兼容传统 8051 芯片。

(2)工作电压：STC12C5A60S2 系列工作电压为 5.5～3.3V(5V 单片机),STC12LE5A60S2 系列工作电压为 3.6～2.2V(3V 单片机)。

(3)工作频率范围:0～35 MHz,相当于普通 8051 芯片的 0～420 MHz。

(4)用户应用程序空间 8/16/20/32/40/48/52/60/62KB 可选。

(5)片上集成 1280B RAM。

(6)通用 I/O 口(36/40/44 个),复位后为准双向口/弱上拉(普通 8051 芯片的传统 I/O 口),可设置成 4 种模式:准双向口/弱上拉,推挽/强上拉,仅为输入/高阻,开漏。每个 I/O 口驱动能力均可达到 20 mA,但整个芯片最大不要超过 55 mA。

(7)ISP(在系统可编程)/IAP(在应用可编程),无需专用编程器,无需专用仿真器。可通过串口(P3.0/P3.1)直接下载用户程序,数秒即可完成一片。

(8)大多数有内部E²PROM,STC12C5A62S2/AD/PWM 无内部E²PROM。

(9)内带“看门狗”。

(10)内部集成 MAX810 专用复位电路,外部晶体 12 MHz 以下时,复位脚可接 1kΩ 电阻到地。

(11)外部掉电检测电路,在 P4.6 口有一个低压门槛比较器,5V 单片机为 1.32V,误差为±5%;3.3V 单片机为 1.30V,误差为±3%。

(12)时钟源,外部高精度晶体/时钟,内部 R/C 振荡器,温漂为±5%～±10% 以内。用户在下载程序时,可选择使用内部 R/C 振荡器或外部晶体/时钟。常温下内部 R/C 振荡器频率为 5.0 Hz,单片机为 11～15.5 MHz;3.3V 单片机为 8～12 MHz。精度要求不高时,可选择使用内部时钟,但因为有制造误差和温漂,以实际测试为准。

(13)共 4 个 16 位定时器。两个与传统 8051 兼容的定时器/计数器——16 位定时器 T0 和 T1。没有定时器 2,但有独立波特率发生器做串行通信的波特率发生器,再加上 2 路 PCA 模块可以再实现 2 个 16 位定时器。

(14)2 个时钟输出口,可由 T0 的溢出在 P3.4/T0 输出时钟,可由 T1 的溢出在 P3.5/T1 输出时钟。

(15)外部中断 I/O 口 7 路,传统的下降沿中断或低电平触发中断,并新增支持上升沿中断的 PCA 模块,Power Down 模式可由外部中断唤醒,INT0/P3.2、INT1/P3.3、T0/P3.4、T1/P3.5、RxD/P3.0、CCP0/P1.3(也可通过寄存器设置到 P4.2)、CCP1/P1.4(也可通过寄存器设置到 P4.3)。

(16)2 路 PWM,2 路 PCA 可编程计数器阵列,也可用来当 2 路 D/A 使用,也可用来再实现 2 个定时器,也可用来再实现 2 个外部中断(上升沿中断/下降沿中断均可分别或同时支持)。

(17)10 位精度 A/D 转换器,共 8 个输入通道,转换速度可达 250 千次/s(每秒 25 万次)。

(18)通用全双工异步串行口(UART),由于 STC12 系列是高速的 8051,可再用定时器或 PCA 软件实现多串口。

(19)STC12C5A60S2 系列有双串口,后缀有 S2 标志的都有双串口。RX2/P1.2(可通过寄存器设置到 P4.2),TX2/P1.3(可通过寄存器设置到 P4.3)。

(20)工作温度范围:-40~+85 ℃(工业级),0~75 ℃(商业级)。

(21)封装:PDIP-40、LQFP-44、LQFP-48 的 I/O 口不够时,可用 2 到 3 根普通 I/O 口线外接 74HC164/165/595 来扩展 I/O 口(均可级联)。

4)存储器及其电路

主控单片机存储器包括 FLASH、SDRAM 和 E^2PROM,系统中使用了一片 8KB 的 IIC 存储器 W24C64、一片 8KB 的 DRAM6264,它们分别负责不同数据的储存和处理。

(1)SDRAM6264 存储器及其电路

本电路使用 SDRAM6264 缓存各种变量和变量数组。由于报警数据量比较大,在通过 LCD 液晶显示器和键盘联合调用显示的时候,每个通道最少有 10 条近期报警信息的记录,4 个通道就有 40 条记录,每条报警记录含有多个字节,年月日时分 5 个字节,通道号 1 个字节,报警分机地址 1 个字节。这样每条记录就至少有 7 个字节,40 条记录共有 280 个字节,按照数组存在 SDRAM6264 存储器中,供查询和显示。同时在非易失性存储器 IIC 存储器 W24C64 里存有这些报警记录的备份。一旦报警总机断电,虽然 RAM6264 里的数据会消失,但是 W24C64 存储器里的数据会完好保存。在查询显示时可以再调出并存入 SDRAM6264 中供显示和上传数据使用。SDRAM6264 的电路连接如图 1.3-6 所示。

(2)E^2PROM存储器及其电路

E^2PROM是一种电可擦除的非易失性存储器,通过电子方式可多次擦写,有并行接口的,也有 IIC(也称 I^2C 或 I2C,即 Inter-Integrated Circuit)接口的。IIC 本系统所用的 W24C64 就是一种 IIC 接口的E^2PROM,它具有引脚少、接口类型丰富、容量大、读写简单等特点。与 Flash 相比,E^2PROM具有以字节为单位擦除内存的能力,而 Flash 通常是按照扇区来擦除整块数据。在特定的电压下,E^2PROM可以抹除芯片上指定位置的信息,方便写入新的数据,目前被广泛应用于 BIOS 芯片等对数据可靠存储要求高的场合。在本设计中,E^2PROM用于存放系统设置、报警信息以及与报警分机号对应的 LED 信号灯名称等数据。

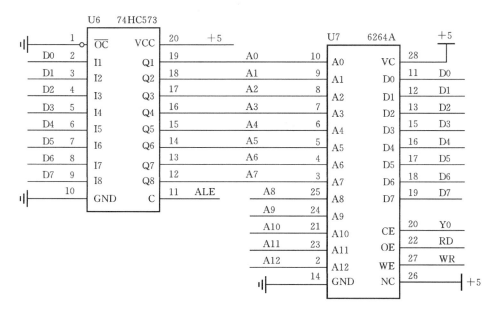

图 1.3－6　SDRAM6264 接口电路

E²PROM常用的接口方式有 IIC、SPI 等,在本系统中,使用了 W24C64 芯片,它是一种 IIC 接口的芯片,具有 8KB 的存储能力、写入速度快、数据安全性高、芯片体积小等特点。芯片的接口电路如图 1.3－7 所示。由于系统中只有一片 W24C64 芯片,因此芯片的地址引脚直接接地。W24C64 通过芯片插座插入到报警总机上,若报警总机发生故障,可以将该芯片直接拔下来插到新的报警总机上使用,其中的数据还是原来总机内保存的数据,不需要重新输入。

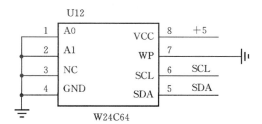

图 1.3－7　W24C64 接口示意图

5)人机接口

人机接口主要指键盘和液晶显示器接口。键盘实现参数设定时的数据输入,液晶显示器实现设备运行状况的显示。在本系统中,用户可以通过按键设置对应于各个报警分机的灯杆名称,查询或清除报警数据,设定当前时间,设置报警系统运行参数等。液晶显示器显示各通道的工作状况和报警信息以及在参数设置时显示相关内容。

人机接口电路如图 1.3 - 8 所示。显示器使用的是 240x128 点阵液晶,其主控芯片为东芝公司推出的 T6963C 芯片,Y3 为液晶的选通信号,最低位地址线 A0 和液晶控制信号选择引脚相连。

键盘以中断方式读取键值,当有键被按下时,控制器外部中断引脚会出现一个低电平信号,触发中断,单片机在中断程序中就可以读取具体的键值,本系统一共设置了 8 个按键,分别为上键、下键、查询键、设置键、返回键、确认键、清除报警和复位按键。

6)报警分机

报警分机的主要功能是在点灯电路给出报警信号时,读取本分机地址,然后通过串行口控制电流环的通断,将报警信号发送出去。主控芯片采用 STC12C2052 单片机。STC12C2052 单片机的内部资源与 STC12C5A60S2 的完全相同,使用的是同一个 C 语言头文件,其区别仅在于外部引脚数不同。

4. 软件设计

对于电子产品而言,硬件是躯壳,软件是灵魂。硬件的设计开发耗时不多,本产品在 3 个月左右就完成了硬件设计与电路板制作。而软件的工作量才是这个产品开发的重头戏,占总工作量的 80% 以上。在建立了硬件平台之后,只有在其基础之上编写对应的软件程序,才能够实现系统的功能。一个设计良好的软件程序,可以完美实现系统的功能,使系统工作稳定可靠。本节主要设计了系统的软件部分。本系统所有单片机的工作软件都是在著名的嵌入式开发平台 Keil 平台上进行的,利用 Keil 强大的编辑功能、编译器的多级优化功能、实时软仿真和硬仿真功能、近乎完美的查错功能快速高效地开发了报警系统软件。

1)软件总体设计

在系统硬件平台的基础上,采用模块化的设计思想,设计了 LED 信号灯故障报警系统软件结构,其框图如图 1.3 - 9 所示。系统软件主要包括以下三部分:通信模块、报警分机模块和报警总机模块。

通信模块主要实现报警数据的安全传输,其内容包括通信协议设计以及波特率选择。报警分机模块主要完成 LED 信号灯故障报警功能,通过电流环通信方式向报警总机发送报警分机地址编码。报警总机模块主要完成报警数据的接收、显示、存储、上传等功能,主要内容包括通道单片机子模块和主控单片机子模块等。

2)通信程序设计

当 LED 信号灯出现故障时,报警分机通过电流环向报警总机发送自己的地址编码,报警分机编码为一个字节的数据。在一个通道内,每个报警分机的编码都是

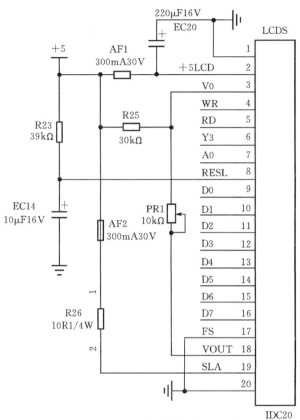

（a）液晶模块接口电路

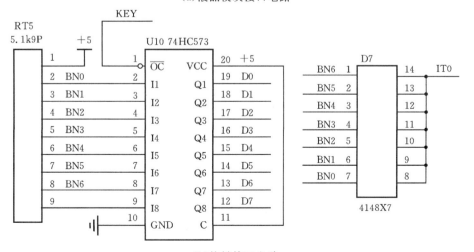

（b）按键接口电路

图 1.3-8 人机接口电路

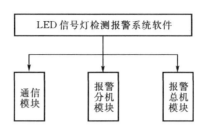

图 1.3 - 9　系统软件总体结构框图

唯一的,代表着其所监控的 LED 信号灯。报警总机内储存着对应于各个报警分机编码的 LED 信号灯编号,包括灯杆位置、灯种类等。由于在一个电流环路中,最多可挂载 128 个报警分机。当多机同时报警时,电流环中的数据会产生重叠。在这种情况下,报警系统会收到错误的地址信息,站务人员需要亲自到每个 LED 信号灯处查看是否报警,最终确认是哪个灯报警。这将大大延长故障确认时间,严重影响铁路系统的安全性。本设计针对上述问题,设计了合理可靠的通信协议,此外还对波特率选择等问题进行了分析。

(1)通信协议设计

报警分机和报警总机要实现报警信息交换,通信双方都必须遵循某种相互约定的规则,这个规则就是通信协议。协议内容包含数据的格式、信息发送和接收的时序等,确保通信双方可以准确可靠地完成通信。

通信协议设计的基本思想为:分机故障报警时,通过闭合继电器,使自己连接到电流环中,将报警分机编码及其反码通过电流环发送出去,并进入接收状态。如果没有遇到总线冲突,就可以在规定的时间内收到总机应答。分机在收到总机正确应答后,进入一个长等待状态(1min 或更长),使总线空闲。长等待结束后发起下一次报警,如此周而复始,一直向总机发送报警信息。如果分机发送了报警信息后,在规定的时间内没有收到报警应答信号,则说明可能总线冲突(两个或者更多的分机同时报警),则使用退避算法计算出一个延时长度,在 5s 以内重新发送报警信息。

在本设计中,报警分机报警时,将报警 LED 灯的 8 位编码值及其反码发送给报警总机,总机收到编码后,对收到的两个数值进行校检,确认数据正确时,将编码值按位取反后,作为应答发送给报警分机,分机收到正确的应答后,就认为本次通信成功。图 1.3 - 10 所示为一次通信过程中的时序图,报警总机的 TXm 和报警分机的 TXs 两个引脚都能控制电流环上的电流变化,因此要完成通信必须两者协同起来。

从图中可以看出,整个通信的过程可以分为四个阶段。

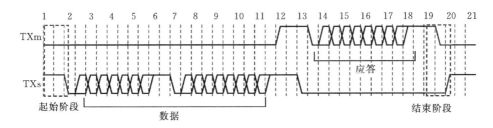

图 1.3 - 10　通信时序图

第一阶段为起始阶段：TXm＝0，TXs＝1。此时，报警总机向外可提供电流，但是没有报警分机报警时，不消耗电流。

第二阶段为分机报警阶段：TXm＝0，TXs 根据分机发送的数据而变化，总线上有无电流受报警分机控制，报警总机处于接收状态。只要分机发送数据，总机就能收到，分机此时将分机编码及其反码发送给总机。

第三阶段为总机应答阶段：总机收到报警数据后，要将应答数据发送出去，报警分机收到应答，恢复正常状态。若中途受到干扰，报警分机将不会收到正确的应答信号，报警分机和报警总机恢复到正常状态，延时后再发。

第四阶段为结束阶段：TXm＝0，TXs＝1。整个通信过程完成，TXm 和 TXs 都恢复至起始状态，图 1.3 - 11 为一次通信的波形图。

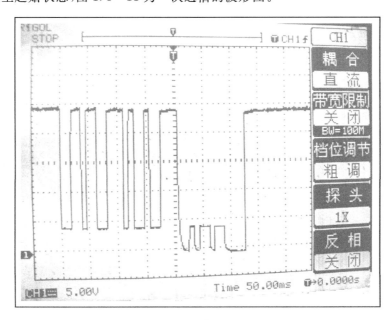

图 1.3 - 11　通信信号波形图

（2）通信波特率计算与试验

本系统中，最远的报警分机距离报警总机之间的距离有十几千米，这时，线路中的分布电容和线路的电阻就不能忽略了。根据铁道部《铁路通信线缆的一般规定》的要求，在 20 ℃时，每根通信线缆的直流电阻不大于 23.5Ω/km，分布电容不大于 100nF/km。假设最远的信号灯报警分机和报警总机间距为 20km，则两者之间单根线路电阻为

$R=23.5\times20=470$ Ω

电流环是一去一回两条线，所以线路总电阻为

$R=470\Omega\times2=940$ Ω

两者之间的分布电容不大于：

$C=100\times20=2000nF=2\times10^{-6}F$

当通信线内信号极性改变时，由于电容和电阻引起的充放电现象，将使线路中的信号不能突变，而是渐变，信号充电曲线如图 1.3 - 12 所示。

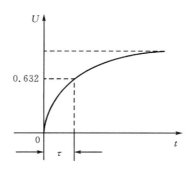

图 1.3 - 12　RC 电路充电曲线和时间常数

RC 电路的时间常数 τ 为

$\tau=R\times C=940$ Ω $\times2\times10^{-6}$ F$=1.88$ ms

为了确保通信双方完成通信，必须保证在 RX 引脚对信号采样之前，信号电压值上升至合适的数值，一般可采用 0.632U，U 指的目标电压值。RX 引脚对信号首次采样的时间一般在一个位发送过程的 1/3 处，因此发送一位的最小时间为

$T=3\times\tau=5.64$ ms

时间对应的波特率为 177b/s，该波特率为要完成通信理论上可以使用的最大波特率。

在设计的过程中，可以通过实验的方法对理论分析进行验证，并确定最终使用的波特率。将多个电阻和电容组合在一起，可以模拟长距离的通信线缆。在本实例中，实验板采用了 20 个 30 Ω 电阻串联，每两个电阻之间连接一个 0.1 μf 电容，

等效于实际 20 km 的通信电缆。实验板一端连接分机,一端连接总机,通信波特率使用了 1200 b/s、600 b/s、300 b/s、110 b/s 这 4 种进行试验,实验结果如图 1.3－13 所示,从左到右依次为 1200 b/s、600 b/s、300 b/s、110 b/s 波特率下的通信波形图。图中靠上的波形为电流环上的电压信号,靠下的波形为主机端口 RX 引脚上测得的电平信号。

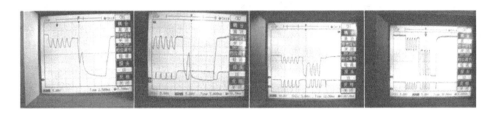

图 1.3－13　在不同波特率下通信波形图

当波特率为 1200 b/s 和 600 b/s 时,从图中可以看出,由于电阻和电容的影响,信号出现了较大畸变,通信无法正常完成。

当波特率为 300 b/s 时,信号较 600 b/s 已经有较大改善。从图中可以看出,此时电流环上电压的变化和 RX 引脚上的电平变化基本一致,但是高电平的持续时间较短,通信过程中偶尔会出现数据识别出错的问题。

当波特率为 110 b/s,电流环通信正常。RX 引脚上的电平信号持续时间满足通信要求。由图 1.3－13 可以看出,当传输完成后,总机需要再次为环路提供电流,而由于分布电容充电的影响,环路将短暂的导通,这段时间非常短,不会引起中断产生。

考虑到系统安全和保留冗余量等,采用了 110 b/s 的波特率,该波特率较以往的继电器发码方式下的通信速度有较大提升。不过由于铁路系统的特殊安全性要求,在现场使用中并不强调报警的快速性,而要求的是报警的准确性和可靠性,即无漏报、无误报。在现场使用了一段时间后发现,由于现场干扰很大,这个波特率还是偏高,偶尔会有误码。经过与应用部门协商,将波特率进一步降低,最终为 55 b/s。而采用 STC12Cxx 单片机,在晶振频率为 6 MHz 时,可以准确的设置到 55 b/s。这样一来,每一位数据在总线上的时间为 18 ms,前面 4 ms 为信号提升时间,后面有 14 ms 为信号的稳定时间,单片机可以准确地采集到这个稳定的信号,从而大幅度减少误码,提高了通信的可靠性。

3)报警分机程序设计

报警分机单片机主程序的流程如图 1.3－14 所示。在 LED 信号灯正常工作时,程序处于一个循环之中,点灯单元的单片机通过对点灯电压、主副灯电压、取样电阻上的电压等多个电压的采集,判断点灯系统有没有故障。如果各测点电压正常,就不报警,否则启动报警分机向报警总机发送报警信号,并等待应答信号。若没有收到应答,将根据通信协议的设定,延时 5s,再次发送报警数据。若收到应答,在信号灯被工作人员更换之前,报警分机每隔 1min,向报警总机再次发送报警信号。确保在故障没有排除之前,会一直有报警信息上传,使车站的工作人员在微机监测屏幕上一直可以看到还在继续报警的那些灯的报警信息,以提示工作人员排除故障。直到故障被排除后,才不再报警。这样可以确保发生故障的信号灯得到及时可靠的更换或修复,防止漏修。

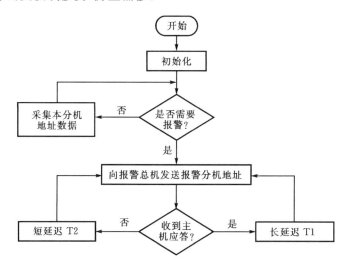

图 1.3 - 14   报警分机主程序流程图

4)报警总机程序设计

报警总机的程序设计包括通道单片机程序设计和主控单片机程序设计。

(1)通道单片机程序设计

通道单片机的程序结构如图 1.3 - 15 所示。

其中图 1.3 - 15(a)为系统主程序流程图。系统开始运行后将初始化两个串口及 SPI,并初始化串口和 SPI 的中断。之后程序循环检测是否产生接收中断或发送中断。当产生接收中断时,说明有报警分机通过电流环发送了报警数据。通道单片机通过 SPI 将接收到的数据上传至主控单片机。图 1.3 - 15(b)为报警通信程序流程图,当通道单片机通过 SPI 发送完报警数据后,需要主控单片机向其返回应答信号,通道单片机收到应答时,表示主控单片机已经接收到报警数据。通道单片机通过电流环向报警分机发送应答信号。若在规定的时间内,通道单片机仍

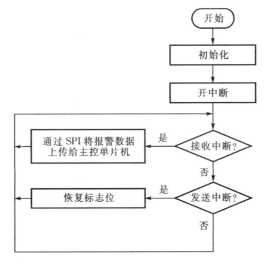

（a）系统主程序流程图

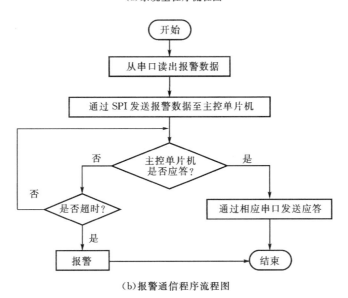

（b）报警通信程序流程图

图1.3-15　通道单片机的程序结构

收不到应答信号,则表示通信线路可能出现问题,通道单片机通过 LED 及蜂鸣器等外设向工作人员发出报警信号。

（2）主控单片机程序设计

主控单片机程序设计主要包括了设备初始化、共享内存的建立和映射以及建立一个处理中断信息的子程序,其程序流程图如图1.3-16所示。

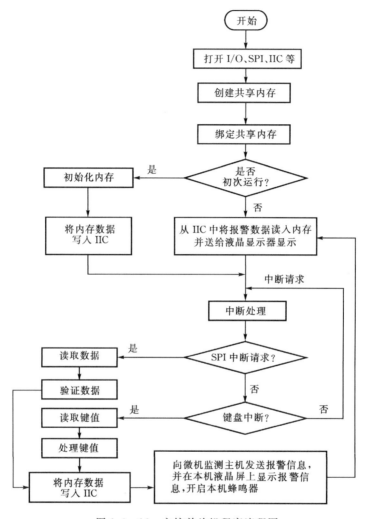

图 1.3 - 16   主控单片机程序流程图

5)通信安全

在本系统中,报警数据首先从报警分机经电流环上传至通道单片机,然后从通道单片机经过 SPI 通信上传给主控单片机。在传输过程中,必须对报警数据进行校验,才能确保通信安全、正确。

在电流环通信时,主要依靠检错重发机制保证通信数据的正确传输。报警分机发送分机编码及其反码,总机收到数据后,将两次接收的数据进行校验,只有编码正确时,主机才向报警分机发送应答信号,报警分机可以通过应答来判断通信是否成功,确保报警数据被正确地传输至报警总机。

在报警总机内,报警数据是从通道单片机传输至主控单片机,两者之间通过 SPI 传输。为了防止相邻线路间的串扰或其他外界因素引起的通信错误,在 SPI 通信的过程中,也需要一定的检错机制,在 SPI 通信中,使用了累加和校验的方式,确保通信的准确性。

在 SPI 通信中,需要将通道号和报警分机号两部分内容上传至主控单片机,通道号只占了 1 个字节内的高 4 位,而低 4 位没有有效数据,报警分机号占用了 1 个字节,因此在通道单片机发送数据之前,将报警分机号的高 4 位、低 4 位和通道号所在字节的高 4 位依次进行异或运算,并将结果存储在通道号所在字节的低 4 位中,当主控单片机收到 2 个字节的数据后,将字节中的数据和储存在低 4 位的校检码进行比较,若内容匹配,说明主控单片机收到的数据正确,此时主控单片机向通道单片机发送应答信号,通道单片机收到应答后,一次 SPI 通信结束,否则延时重发。

经过测试,上述校验方案效果良好,能够确保数据的安全传输。

图 1.3 - 17 为研制完成、测试完成、正式投产的报警总机。

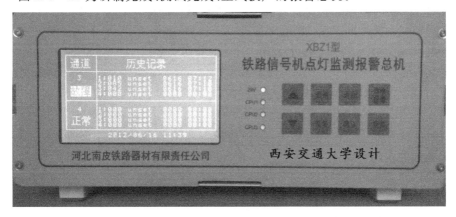

图 1.3 - 17 正式投产的报警总机

最后对所开发的报警系统在铁路现场进行了上道使用,根据运行中发现的不足进行了完善。对所有设计资料进行了总结归档。

1.4 本章小结

本章介绍了嵌入式控制系统设计开发流程,以铁路 LED 信号灯报警系统的开发过程为例,对嵌入式系统设计中的方案设计、结构设计、硬件电路设计、软件设计等进行了系统阐述。

第 2 章　嵌入式控制系统的硬件设计

在嵌入式控制系统设计中,当系统的功能要求确定后,就要进行方案设计。方案设计过程中要确定硬件方案和软件方案,而硬件方案最重要的是采用何种控制系统。目前流行的控制系统硬件方案有 PC 板卡控制、数字调节器控制、PLC 控制、单片机控制、PC 机＋单片机系统、PC 机＋PLC＋单片机的组合系统等。许多分布式控制系统除了采用有线网络外,还采用了无线网络。要根据目标系统的控制需求,确定最好的方案。往往要做出几套方案进行对比分析,取长补短,最后形成性价比最优的方案。在方案确定后,才进行具体的电路设计。本章介绍常用的嵌入式控制系统中的基于 PC 板卡的控制系统、数字调节器、单片机控制系统的设计开发技术。由于 PLC 控制器有专著介绍,本书从略。

2.1　基于 PC 板卡的控制系统

当前国内外工控机型号很多,工控机的生产厂家很多,国外有美国的 IBM 和 ICS、德国的西门子、日本的康泰克等,这些厂家的产品可靠性好、市场定位高。

我国台湾地区是工控机的重要生产区,其品牌主要有研华、威达、艾讯、磐仪、大众、博文等厂家。其中,研华是世界三大工控厂商之一,在中国大陆及台湾市场均有较高的市场占有率。

中国大陆地区也有很多工控机品牌,如研祥、华控、康拓、艾雷斯、北京华北等。

2.1.1　PC 板卡

工控机主要使用基于 PC 总线的板卡作为控制系统的核心设备,这些板卡大多数是 PCI 总线,直接插在 PC 机的 PCI 插槽里使用。老式板卡采用 ISA 总线,插在老式 PC 机的 ISA 插槽里使用。现在还有 USB 接口的板卡,通过 USB 接口与 PC 机相连。这些板卡都以 PC 机作为数据采集、计算、结果处理、数据存储、输出控制、人机交互的平台。因为 PC 机的原理大家在大学里已经学过了,因此这里仅对各种板卡进行简要的介绍。

基于 PC 总线的板卡种类很多,其分类方法也有很多种。按照板卡处理信号的不同可以分为模拟量输入板卡(A/D卡)、模拟量输出板卡(D/A卡)、数字量输入板卡、数字量输出板卡、脉冲量输入板卡、多功能板卡等,其中多功能板卡可以集成多个功能。下面以研华 PC 系列测控板卡为例,介绍不同种类的典型板卡的性能和特点。

1. 模拟量输入板卡(A/D卡)

基于 PC 总线的 A/D 板卡是基于 PC 系列总线如 ISA、PCI 等总线标准设计的。板卡通常有三种输入方式:单端输入、差分输入以及两种方式组合输入。板卡内部通常设置一定的采样缓冲器,对采样数据进行缓冲处理。缓冲器的大小也是板卡的性能指标之一。在抗干扰方面,A/D 板卡通常采用光电隔离技术实现信号的隔离。板卡的模拟信号采集精度和速度指标通常由板卡所采用的 A/D 转换芯片决定。

例如研华 PCI-1713 模拟量输入数据采集卡,如图 2.1-1 所示。该板卡具有32 路单端或 16 路差分模拟量输入或组合方式输入三种输入方式。它带有 2500V直流隔离保护;采用 12 位 A/D 转换器,采样速率可达 100kHz;板载 4KB 采样FIFO 缓冲器;每个输入通道的增益可编程。

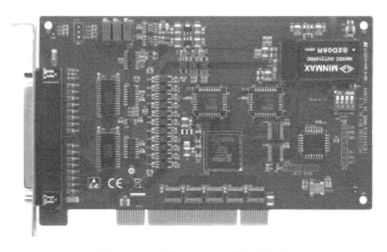

图 2.1-1　研华 PCI-1713 数据采集卡

2. 模拟量输出板卡(D/A卡)

模拟量输出板卡完成数字量到模拟量的转换。根据所采用的 D/A 转换芯片的不同,D/A 转换板卡的转换性能指标有很大差别。D/A 转换除了具有分辨率、转换精度等性能指标外,还有建立时间、温度系数等指标约束。模拟量输出板卡通常还要考虑输出形式以及带负载能力。

例如研华 PCI-1720 模拟量输出卡,如图 2.1-2 所示。PCI-1720 提供了 4 个用于 PCI 总线的 12 位隔离数字量到模拟量输出通道。它是过程控制、伺服控制和可编程电压源最好的解决方案。由于能够在输出和 PCI 总线之间提供 2500V 直流的隔离保护,PCI-1720 非常适合需要高电压保护的工业场合。

图 2.1-2　研华 PCI-1720 模拟量输出卡

3. 数字量输入/输出板卡(I/O 卡)

数字量又称为开关量。数字量输入输出板卡接口相对简单,一般需要缓冲电路和光电隔离部分。输入通道需要输入缓冲器和输入调理电路,输出通道需要有输出锁存器和输出驱动器。

例如研华 PCI-1760U 光隔离数字量输入输出卡,如图 2.1-3 所示。PCI-1760U 提供了 8 路数字量输入通道和 8 路继电器输出通道。与传统卡比较,PCI-

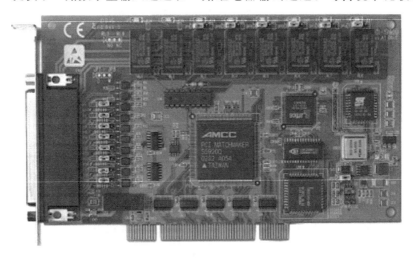

图 2.1-3　PCI-1760U 光隔离数字量输入输出卡

1760 为每个数字量输入通道增加了可编程的数字滤波器。此功能使相应输入通道的状态不会更新,直到高/低信号保持了用户设定的一段时间后才改变。这样有助于保持系统的可靠性。

4.脉冲量输入板卡

工业控制现场有许多高速的脉冲信号,如旋转编码器、流量检测信号等,这些可以用脉冲量输入板卡或一些专用测量模块进行测量。脉冲量输入板卡可以实现脉冲数字量的输入和采集,并可以通过跳线器选择计数、定时、测频等不同工作方式。考虑到现场强电的干扰,该类型板卡多采用光电隔离技术,使计算机与现场信号之间全部隔离,来提高板卡测量的抗干扰能力。

例如研华 PCI-1780 计数/定时卡,如图 2.1 - 4 所示,是基于 PCI 总线设计的接口卡,该卡使用了 AM9513 芯片,能够通过 CPLD 实现计数器/定时器功能。此外,该卡还提供 8 个 16 位计数器通道,该卡具有 8 通道可编程时钟资源、8 路 TTL 数字量输出/8 路 TTL 数字量输入、最高输入频率达 20 MHz、多种时钟可以选择、可编程计数器输出、计数器通道选择等功能。

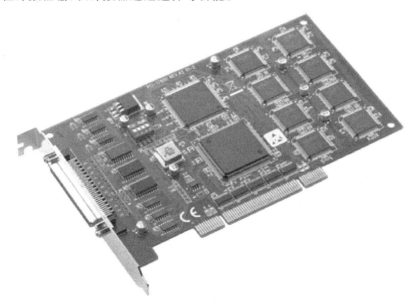

图 2.1 - 4　PCI-1780 计数/定时卡

2.1.2　基于板卡与工控机的控制系统硬件组成与特点

1.硬件组成

工业现场生产过程中的各种工况参数(温度、压力、流量、成分、位置、转速等)

由传感器或一次测量仪表进行检测,然后经变送器把它们统一变换成 4～20 mA 的电信号,经过模数转换器转换成数字量送入计算机。计算机则对被测信号按一定的控制规律(如 PID 规律)进行计算,计算出送给执行机构的控制量。控制量由计算机输出,经 I/O 接口送往输出通道,形成闭环控制。

基于工控机和板卡组成的计算机控制系统由硬件和软件两部分组成。其硬件组成如下。

(1)控制计算机

控制计算机是控制系统的核心,可以对输入的现场信息和操作人员的操作信息进行分析、处理。根据预先确定的控制规律,实时发出控制指令,控制和管理其他设备。考虑到工业控制领域较恶劣的环境,一般选用工业控制计算机。

(2)输入输出(I/O)通道

输入输出(I/O)通道在计算机控制系统中完成传感器输出信号和工业控制计算机之间,或工业控制计算机和驱动元件之间的信号转换和匹配功能,称其为接口电路。它使工业控制计算机能正确地接收被控对象工作状态的检测信号,而且能实时、准确地对驱动元件进行控制。

(3)参数检测器件

被控对象需要检测的参数分为模拟量参数和开关量参数两类。对于模拟量参数的检测,主要选用合适的传感器,通过传感器将这类参数转换为成正比例的模拟量电信号。开关量参数检测常用行程开关、光电开关、接近开关、继电器或接触器的吸合释放等开关型元件来完成,通过这些元件向计算机输入开关量电信号。

(4)输出驱动接口

被控对象的输出驱动,按输出信号形式不同,也可分为模拟量信号输出驱动和开关量输出驱动两种。模拟量信号输出驱动主要用于伺服系统控制、变频控制和调节阀等,开关量输出驱动主要用于控制只有两种工作状态的驱动元件的运行。

(5)人机接口

人机接口是操作人员和计算机控制系统之间信息交换的设备,是计算机控制系统中必不可少的部分,主要由键盘、鼠标和显示器等组成。直接使用键盘和鼠标等输入控制命令和指令数据,使用显示器显示运行状态和故障并帮助查找和诊断故障,以及运行过程中数据的检查、统计等。

2.特点

基于 PC 总线的计算机控制系统是一个典型的直接数字控制(DDC)系统,它具有以下特点。

(1)时间上具有离散性

计算机 DDC 系统对生产过程的有关参量进行控制时,是以定时采样和阶段控制来代替常规仪表的连续测量和连续控制的。因此,确定合适的采样周期和A/D、D/A 转换器的位数是提高系统控制精度、减少转换误差的关键。

(2)采用分时控制方式

DDC 系统中的一台计算机要控制多个回路,为此,该类系统采用"分时"控制的方法,即将某一回路的采样和 A/D 转换、运算、输出控制三部分的时间与其前后回路错开,放在不同的控制时间里。这样,既保证了控制过程的正常进行,又能充分利用系统中的各种设备,提高了控制效率。

(3)具有人机对话功能

计算机控制系统的人机对话是一种计算机控制系统必须具备的操作者和计算机系统互相联系的功能。操作者通过输入设备向计算机送入控制命令,计算机则通过输出设备送出有关信息。一般的计算机DDC 系统除了普通的各种指示外,还通过相应接口连接显示屏、打印机、控制键盘、越限报警装置等。

(4)控制方案灵活

对于一个模拟系统,控制算法是由硬件实现的,硬件确定后控制算法也就确定了。而计算机 DDC 控制系统的控制算法是由软件实现的,通过改变程序即可达到改变控制算法的目的,不仅方便灵活,并且还可实现复杂的控制规律。对于多回路控制系统,计算机 DDC 系统具有价格优势,路数越多,这种优势越明显。

(5)危险集中

由于这类系统中一台计算机控制几十个回路,所以一旦计算机的软件或硬件出现故障将会使整个系统瘫痪。DDC 系统的计算机直接与生产过程连接,而工业现场的环境恶劣,干扰频繁,直接威胁着计算机的可靠运行。因此,不仅需要计算机本身具有较高的可靠性,还必须采取抗干扰措施来提高系统的可靠性,使之能适应各种工业现场。

我们在设计时要充分考虑以上特点,才能设计出实用可靠的控制系统。

2.1.3　PC 板卡应用技术

下面以应用最多的一种多功能 PC 板卡 PCI-1711 为例,介绍 PC 板卡的应用技术。

1. PCI-1711 的功能

(1)16 个模拟量输入端(AI0～AI15);

(2)2 个模拟量输出端(DA0_OUT、DA1_OUT);

(3)16 个数字量输入端(DI0～DI15);

(4)16 个数字量输出端(DO0～DO15);

(5)1 个计数器脉冲输入端口;

(6)1 个脉冲输出端口,可以输出 PWM 波。

2.PCI-1711 的内部结构

PCI-1711 实物结构见图 2.1－5。

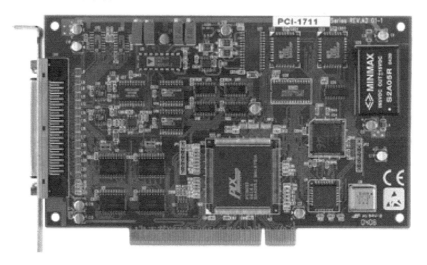

图 2.1－5 PCI-1711 实物结构

PCI-1711 内部结构见图 2.1－6 所示。

3.PCI-1711 对外接口

PCI-1711 对外接口见图 2.1－7,这是我们对外部接线的依据。有专用于该接口的接线端子板,接线端子板的一端与 PCI-1711 对插,另一端可以通过小螺钉固定对外的连接线,连接到外部设备上。

4.在 LabVIEW 平台上使用 PCI-1711

1)首先要在 PC 机上进行相关软硬件的安装,如以下 3 项。

(1)安装好 LabVIEW 及其设备驱动程序 visa503full.exe。

(2)将 PCI-1711 卡插入 PCI 插槽。注意关机后插入!

(3)安装 PCI-1711 的驱动程序。

2)板卡测试前的设置

安装完成后,先要对 PCI-1711 进行测试。

首先在 PC 电脑上按照图 2.1－8 所示进入研华卡测试程序。研华卡测试程序是研华公司研制的基于 Windows 平台的专用于测试研华卡的软件,就包含在 PCI-1711 的驱动程序中。在 PC 机上安装完 PCI-1711 的驱动程序后,测试程序也就安装好了。

按照图 2.1－8 点选后,就进入了研华卡测试程序,出现图 2.1－9 所示窗口。在该窗口中可以对欲测试的研华卡品种进行选择,进行设置(Setup)、测试(Test)、

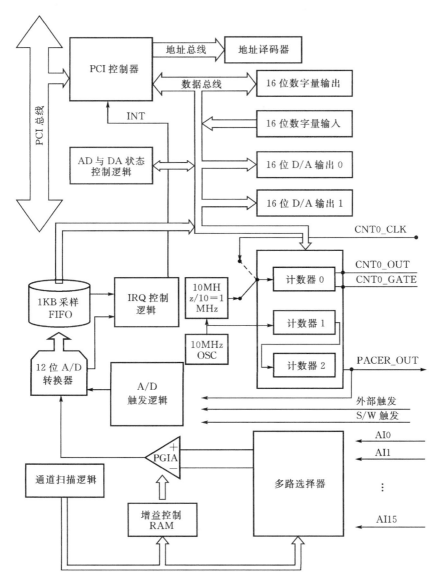

图 2.1－6　PCI-1711 内部结构

移除(Remove)、关闭(Close)等操作。

　　点选图 2.1－9 中的 Setup,出现图 2.1－10 所示对话框。要求对两路 D/A 的参考电压进行选择。

　　在图 2.1－10 中,两个通道 D/A 的参考电压都选内部(Internal)。

　　点击"OK"按钮确认,然后可以对板卡进行测试。

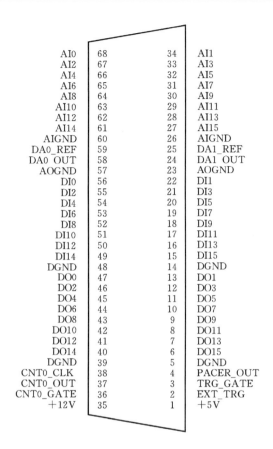

图 2.1-7　PCI-1711 对外接口

图 2.1-8　进入研华卡测试程序

图 2.1－9　测试窗口

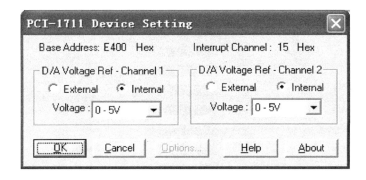

图 2.1－10　PCI-1711D/A 参考电压设置对话框

3)板卡各种功能测试

　　点击图 2.1－9 中的"Test"按钮,出现图 2.1－11 所示窗口,这是测试主窗口,在此窗口中可以完成板卡所有功能的测试。

　　图 2.1-11 为测试模拟输入(0～7 路)窗口,通过点选图中的 Analog input 标签获得。

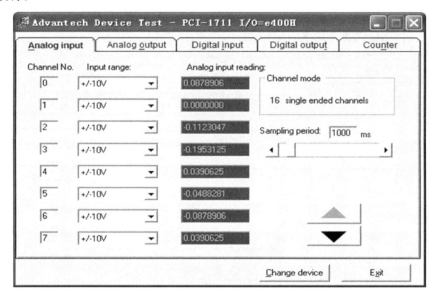

图 2.1-11　测试模拟输入(0～7 路)窗口

　　图 2.1-12 为测试模拟输入(8～15 路)窗口,通过点击下翻箭头获得。

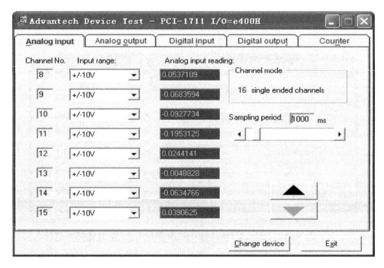

图 2.1-12　测试模拟输入(8～15 路)窗口

　　图 2.1-13 为测试模拟输出(0～1 路)窗口,通过点选图中的 Analog output

标签获得。

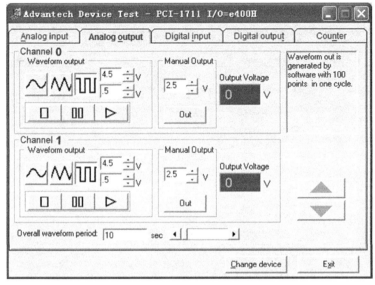

图 2.1-13　测试模拟输出(0~1 路)窗口

图 2.1-14 为测试数字量输入(16 路)窗口,通过点选图中的 Digital input 标签获得。

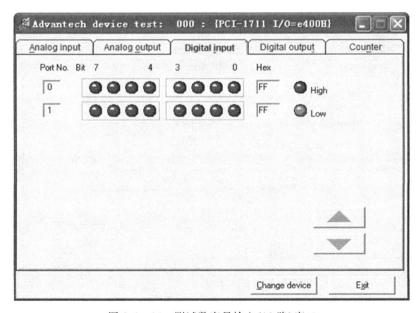

图 2.1-14　测试数字量输入(16 路)窗口

图 2.1-15 为测试数字量输出(16 路)窗口,通过点选图中的 Digital output 标签获得。

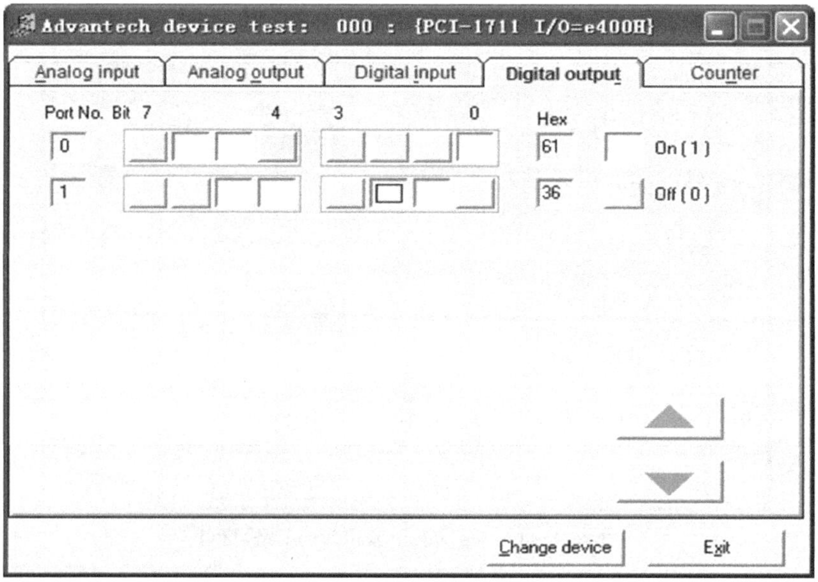

图 2.1-15　测试数字量输出(16 路)窗口

图 2.1-16 为测试脉冲输入与输出窗口,通过点选图中的 Counter 标签获得。

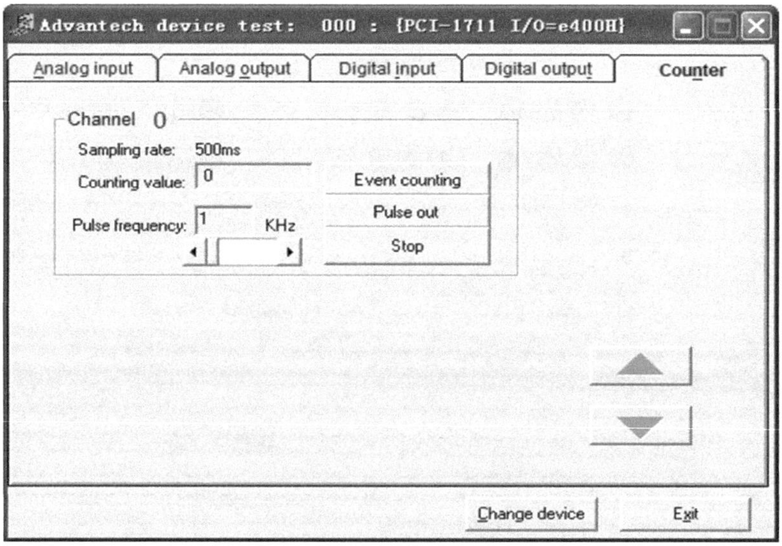

图 2.1-16　测试脉冲输入与输出窗口

4）在 Labview 中进行 PCI-1711 应用程序设计

进入 Labview，按图 2.1-17 操作，点击查看—函数选板。

图 2.1-17　点击查看—函数选板

在出现的函数窗口中点用户库，用户库下边出现三个图标，右边两个图标就是研华卡的操作程序，如图 2.1-18 所示。

图 2.1-18　研华卡在函数窗口中的位置

图中用户库里的绿色块和白色块是研华卡的操作程序模块，二者功能基本相同，但白色块更好用一些。

图 2.1－19 是 PCI-1711 的数据采集程序。图 2.1－20 是其对应的前面板。

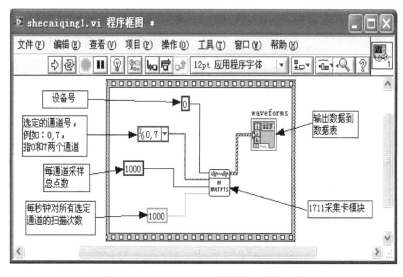

图 2.1－19　PCI-1711 卡的数据采集程序

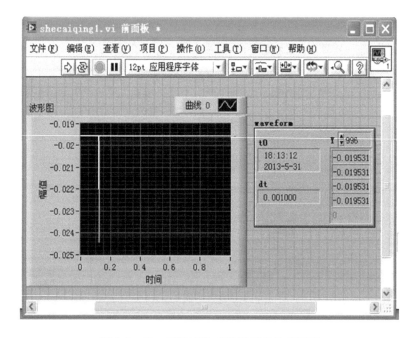

图 2.1－20　PCI-1711 卡数据采集的前面板

通道选定方法见图 2.1－19。0,7 指选定 0 和 7 两个通道,0:7 指选定 0 到 7

号共 8 个通道。逗号和冒号可以混合使用。图 2.1 - 20 是 PCI-1711 数据采集的前面板。

测试运行时间的程序见图 2.1 - 21，对应的前面板见图 2.1 - 22。

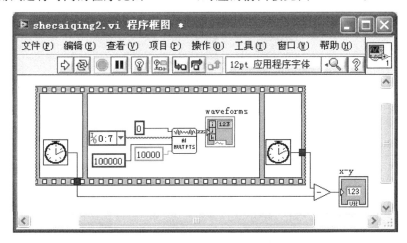

图 2.1 - 21　测试运行时间的程序

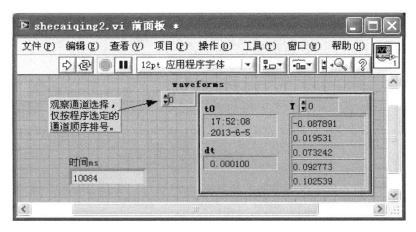

图 2.1 - 22　测试运行时间程序的前面板

图 2.1 - 23 是多路数据采集程序，图中设定的是 0～8 路。

图 2.1 - 24 是多路数据采集程序的前面板，图中选的是 8 路。

所有研华卡的使用方法都大同小异。通过以上关于 PCI-1711 多功能卡的学习使用，读者就会掌握各种研华卡的使用方法。由此构成自己的 PC 板卡控制系统，用于各种机器或仪器的控制。

经检验，用研华卡构建的皮带疲劳试验机控制系统、转子测量实验控制系统、

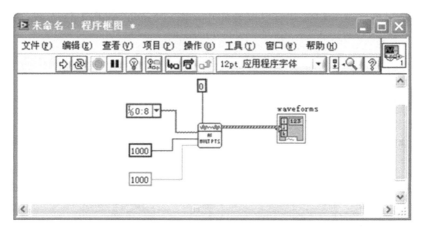

图 2.1 - 23　多路数据采集程序

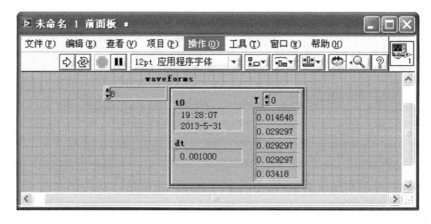

图 2.1 - 24　多路数据采集程序的前面板

真空等离子焊机控制系统等应用控制系统,效果良好。实践表明,这是实现测控目标的一种便捷实用可靠的方法,值得推广应用。

2.2　基于数字调节器的控制系统

数字调节器是一种数字化的过程控制仪表,其外表类似于一般的盘装仪表,而其内部是由微处理器、RAM、ROM、模拟量和数字量 I/O 通道、电源等部分构成的一个微型计算机系统。有单回路、2 回路、4 回路或 8 回路的调节器。控制方式除一般 PID 之外,还可组成串级控制、前馈控制等。

数字调节器的外观见图 2.2 - 1。

图 2.2 - 1　数字调节器的外观

下面以国内应用很普遍的深圳亚特克的 ALXXX 系列调节器为例来介绍数字调节器的控制系统。

该数字调节器采用了国际上多项先进技术,诸如专用微处理器、电擦除存储器、开关电源、特殊高速 16 位 A/D 转换器、抗干扰自动恢复技术、无超调 PID 算法与 PID 自整定技术等。

所有软件功能可以通过按键操作进行组态,组态方式对用户全部公开。

其硬件采用模块方式,软件采用组态方式,因此适用于各种测控需求。例如温度、湿度、压力、称重、流量、液位、酸碱度等多种物理量的测量与控制。

2.2.1　数字调节器

1. 数字调节器的特点

(1)运算控制功能强;

(2)通过软件实现所需功能;

(3)带有自诊断功能;

(4)带有数字通信功能;

(5)具有简洁的人机界面。

2. 数字调节器的分类

数字调节器根据用途和性能的差异可以分为以下几种类型。

(1)定程序控制器

制造厂把编好的程序固化在控制器的 ROM 中,用户只需要通过组态,不必编写程序。它适合于典型的对象和通用的生产过程。

(2)可编程调节器

用户可以从调节器内部提供的诸多功能模块中选择所需要的功能模块,用编程方式组合成用户程序,使调节器按照要求工作。这种调节器优点是使用灵活,编程方便,缺点是需要编程器,而且需要编制程序才能使用,对使用者要求较高。

(3)混合控制器

这是一种专为控制混合物成分用的控制器,虽然前两种控制器也能用在混合工艺中,但不如这种经济方便。

(4)批量控制器

这是一种常用于液体或粉粒体包装和定量装载用的控制器,特别为周期性工作设计,大量应用于洗涤剂、食品、饮料、药品等生产线上。

3. 数字调节器的结构

模拟调节器只是由硬件(模拟元器件)构成,它的功能完全由硬件决定,因此其控制功能比较单一;而数字调节器是由微处理器为核心构成的硬件电路和由系统程序、用户程序构成的软件两大部分组成,其功能主要是由软件所决定,可以实现不同的控制功能。

(1)数字调节器的硬件组成

数字调节器本身就是一个计算机测控系统,因此其硬件结构包含有一个独立的计算机,包括 CPU、程序存储器、数据存储器、人机界面、通信接口等。此外,由于其目标是进行测控,因此数字调节器还包括用于信号输入采集的 A/D 转换电路、开关量信号输入电路,用于输出控制的 D/A 转换电路、开关量输出电路等。其硬件组成见图 2.2 - 2 所示。

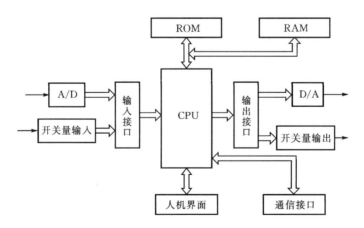

图 2.2 - 2　数字调节器的硬件组成

(2)数字调节器的前面板

数字调节器的前面板用于设置、操作与显示。其前面板与各部位的主要功能见图 2.2 - 3。数字调节器的所有几十项参数的设置都可以通过前面板实现。

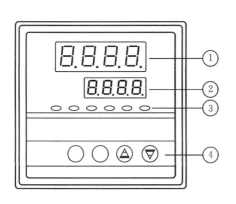

图 2.2 - 3　数字调节器的前面板及
　　　　各部分的意义

序号	项目	功能说明
①	PV 显示窗	显示测量值,参数代码
②	SV 显示窗	显示设定值,手动输出值,参数值,报警代码
③	OP1	第 1 输出指示灯
	OP2	第 2 输出指示灯
	COM	通讯发送指示灯
	RAMP	曲线程序运行指示灯
	MAN	手动控制指示灯
	AL1	报警 1 指示灯
④	PAR	参数设置键
	A/M	自动/手动切换键
	▲	数值增加键
	▼	数值减小键

　　许多数字调节器带有 485 或者 232 通信接口,这些配有通信接口的数字调节器也可以通过通信接口由计算机设置其参数,这类数字调节器在使用过程中也可以由计算机根据需要,实时进行参数的设置与修改,给应用提供了极大的方便。

　　(3)数字调节器的后面板

　　数字调节器的后面板用于接线,主要是电源线、受控设备信号输入线、控制信号输出线、通信线等的连接。具体见图 2.2 - 4 所示。

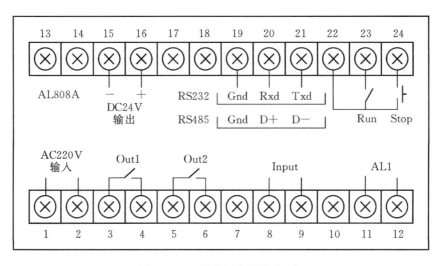

图 2.2 - 4　数字调节器的后面板

（4）数字调节器的电气接线图

电气接线主要是与外部设备的连接。图 2.2 - 5 为 AL808M 型数字调节器的接线图。

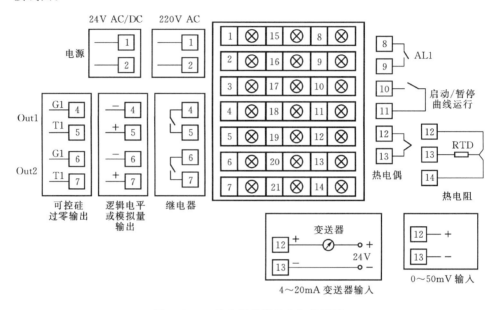

图 2.2 - 5　数字调节器的电气接线图

4.三相半控桥接线图

三相半控桥常用于三相全波整流电路,广泛应用于发电厂、变电站、大型机房、基站等需要直流供电的场合。图 2.2 - 6 是数字调节器 AL830 用于三相半控桥整流器的接线图。

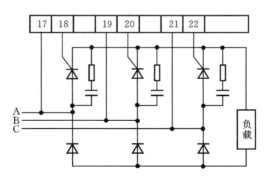

图 2.2 - 6　AL830 三相半控桥接线图

5. 单相可控硅过零触发电路接线图

单相可控硅大量用于各种加热器,在需要进行温度控制的场合,采用数字调节器是一种简便可靠的控制方法。图 2.2 - 7 给出了使用数字调节器的单相双向可控硅和单向可控硅并联的过零触发控制电路的接线图。

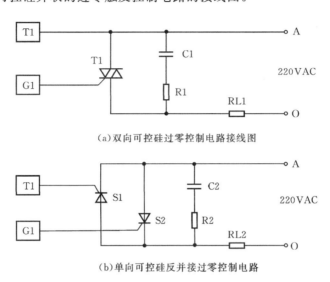

（a）双向可控硅过零控制电路接线图

（b）单向可控硅反并接过零控制电路

图 2.2 - 7　可控硅过零触发电路接线图

6. 数字调节器组成的控制系统

使用数字调节器不但可以实现单回路控制,还可以实现诸如串级控制、前馈控制、变增益控制等复杂控制方案。因此,由数字调节器组成的控制回路往往被认为是一个典型的直接数字控制回路(DDC)。另外,由于数字调节器具有较强的通信功能,上位机可以读取回路数据,也可以设置回路参数。这样多台数字调节器与上位机一起就可以构成一个中小型的数字控制系统(DCS)。

数字调节器可以与上位计算机一起组成中小型 DCS 控制系统。数字调节器实现回路控制,构成独立的 DDC 控制,多个数字调节器控制的许多回路都与上位机进行通信。这种类型的控制系统如图 2.2 - 8 所示。

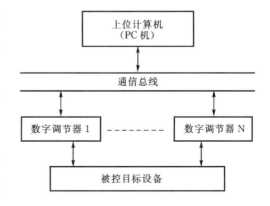

图 2.2 - 8　使用数字调节器的计算机控制系统

2.2.2　数字调节器的软件

数字调节器的软件分为系统程序和用户程序两大部分。

1.系统程序

系统程序是控制器软件的主体部分,通常由监控程序和功能模块两部分组成。监控程序使控制器各硬件电路能正常工作并实现所规定的功能,同时完成各组成部分之间的管理。功能模块提供了各种功能,用户可以选择所需要的功能模块以构成用户程序,使控制器实现用户所规定的功能。

2.用户程序

用户程序是用户根据控制系统要求,在系统程序中选择所需要的功能模块,并将它们按一定的规则连接起来,其作用是使控制器完成预定的控制与运算功能。用户编制程序实际上是完成功能模块的连接,也即组态工作。表 2.2-1 是 AL808 数字调节器用于程序设定的功能参数代码及其含义。

2.2.3　数字调节器的应用

在我们所设计的各类控制系统中,不少地方使用了数字调节器。尤其是在用量不大的控制系统开发时,采用数字调节器来控制系统中的一些目标量,比较简便快捷。在目标系统对象比较复杂的情况下,对其中的某些物理量的控制采用数字调节器也会起到事半功倍的效果。

1.温度控制

各类数字调节器在温度控制方面有着广泛的应用,例如各类金属冶炼炉、金属热处理炉、化工反应炉、油气热解炉等大量应用数字调节器。

表 2.2-1　AL808 数字调节器用于程序设定的功能参数代码及其含义

序号	参数名称	调整范围	说明
1	设定值最大值	输入信号量程	
2	设定值最小值	输入信号量程	
3	最大输出功率	0.0～100.0	
4	故障输出功率	0.0～100.0	
5	输入误差修正值	-19.99～99.99	
6	测量单位	C(摄氏度) F(华氏度)	当 Sr 为线性输入时不显示

序号	参数名称	调整范围	说明
7	输入信号	Jkc	J 型热电偶
		CRkc	K 型热电偶
		Ekc	E 型热电偶
		rkc	R 型热电偶
		Skc	S 型热电偶
		bkc	B 型热电偶
		kkc	T 型热电偶
		ctd(ctd)	P1100 铂电阻(带小数)
		Cu(Cu)	Cu50 铜电阻(带小数)
		Lkn(Lkn)	线性过程输入(带小数)
		PkE(PkE)	远传压力电阻信号(带小数)
8	本机通讯地址	00～99	
9	通讯波特率	2400,4800 9600,19.2	
10	控制方式	DrDF	恒温控制(ON/OFF 调节)
		P,d	恒温控制(PtD 调节)
		r SP	恒温控制(PtD 调节,升温速率控制)
		Prog	曲线程序控制(PID 调节)
11	上电升温速率值	0.01～99.99	当 Ctrl 设为 r SP 显示
12	第一输出 (主输出)	EP	时间比例输出
		0～20	0～20 mA 输出
		4～20	4～20 mA 输出
13	第二输出功能	DFF	关闭
		cool	冷却控制
		Pl02	第 2 报警输出
		Putr	测量值变送输出
		Sutr	设定值变送输出
14	第二输出信号	bP	时间比例输出
		0～20	0～20 mA 输出
		4～20	4～20 mA 输出

续表 2.2 - 1

序号	参数名称	调整范围	说明	
15	第1报警输出模式(AL1)	H,RL	超上限报警	当 CP2 作为第 2 报警输出时 RLo2 才显示(DP2 设置为 RL02)
		LoRL	欠下限报警	
		HdR	超上偏差报警	
		LdR	欠下偏差报警	
16	第2报警输出模式(AL2)	dRo	偏差内报警	
		ndRo	偏差外报警	
		Pout	曲线程序运行时报警	
		PEnd	曲线程序结束时报警	
17	自动/手动	Ruto	禁止自动/手动切换	
		HRnd	允许自动/手动切换	
18	加热比例带单位	C−F	摄氏度-华氏度	
		Ln	线性单位	
		Pct	百分数	
19	加热比例系数	10~1500℃	当 Pb d 设置为 Pct 时显示	
20	曲线程序运行的时间单位	min	分钟	当 Ctrl 设为 Prog 时显示
		S	秒钟	
21	曲线分段功率控制功能	on	有分段功率限制功能	
		DFF	无分段功率控制功能	
22	程序运行结束时的处理	DFF	停止输出	
		SP	恒温控制,设定值 SP	
23	上电免报警功能	DFF	无上电免报警功能	
		on	有上电免报警功能	
24	报警回差功能	DFF	无报警回差功能	
		on	有报警回差功能	
25	反馈方式	rEu	反控制(负反馈)	
		Dir	正控制(正反馈)	
26	输出信号滤波系数	DFF	无滤波功能	开关量输出无此功能
		0.1~100.0s	系数越大输出越平稳	
27	数字滤波系数	0.01~99.99	当输入信号为结性输入时才显示(Sn 设为 Lin 或 Lin,PeE 或 PrE)	
28	线性输入编程校验	P1		
		P2		
29	程序运行过程中的事件输出功能		☆可选功能	

通常将数字调节器与电源、受控设备、传感器、通信接口等所有连线按规定接好,检查无误后,就可以接通电源,进行调试了。可以采用 PT100 作为传感器,也有用热电偶作传感器的。采用什么传感器,在调节器参数设置中就要选择并确认这种传感器及其规格。数字调节器内部有针对各种传感器的信号调理电路,可以根据设定自动选择其信号调理电路。图 2.2-9 是我们设计的皮带疲劳试验机上温度控制部分的电路接线图,我们用数字调节器作为其温度的控制器,效果良好。

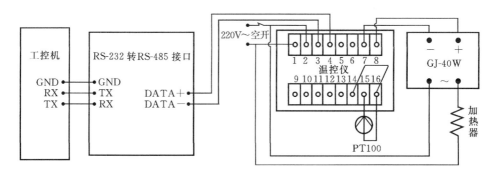

图 2.2-9 皮带疲劳试验机上温度控制部分的电路接线图

图 2.2-10 是温度控制调试试验现场的接线图。

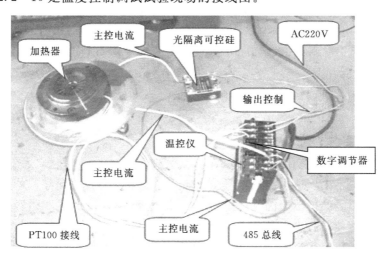

图 2.2-10 温度控制调试试验现场接线图

对于温度控制,可以先进行 PID 参数自整定。由于控制对象的系统大小不同,热惯性不同,加热与散热条件不同,控制过程的 PID 参数必然不同,因此,要进行参数整定,即寻求最佳参数。

通常是将数字调节器置于自整定模式,设定好目标温度,开启自整定功能,通常在温度起伏的 1.5 个振荡周期就可以获得最佳参数,完成自整定。

对于高温控制,例如 1000 ℃以上的温度控制,为保证设备安全,应从低到高分几次整定。

整定好的系统,就可以正常工作了。但是在开机上电升温过程中,还要考虑升温的速率,调节器也有对应的控制设置。

2. 数字调节器的现状与发展

数字调节器品种较多,国内著名的有深圳亚特克、江苏润江电热仪表有限公司生产的数字调节器等。国外著名的调节器品牌有岛电、欧姆龙等。

目前我国数字调节器市场的总体情况是:国外的数字调节器在国内有一定的市场;国内的产品在温度稳定性、可靠性、使用寿命等方面正在逐步接近国际品牌,有些功能不亚于国外著名品牌,价格较低,在国内占有相当大的市场。相信国内的数字调节器质量很快会赶上或超越国际著名品牌。

2.3　基于单片机的控制系统

单片机是专为控制需求设计的计算机处理器,是真正意义上的嵌入式系统专用处理器,国内统称其为单片机,国际上统称其为微控制器(microcontroller),它包括了 8051、AVR、PIC、DSP、ARM 等从 8 位到 32 位的各类专用于嵌入式系统的处理器。为了叙述方便,本书以下将嵌入式处理器统称为单片机,在不会引起歧义的地方,也简称其为处理器。

要用好单片机,就要对单片机有基本的了解,此处对单片机的一些关键知识作以简要介绍。

2.3.1　单片机关键知识

此处为书写简便和阅读省时,将嵌入式处理器简称为单片机。

根据结构不同,可把单片机分为哈佛结构单片机和冯诺依曼结构单片机。

在冯诺伊曼结构单片机中,程序指令和数据采用统一编址的存储器,对数据和指令的寻址不能同时进行,只能交替完成。

在哈佛结构单片机中,数据和指令分开存储,通过不同的总线访问,具体特点体现在两个方面:

(1)程序存储器和数据存储器分离,分别存储指令和数据。

(2)使用两套彼此独立的存储器总线,单片机通过两套总线分别读、写程序存储器或数据存储器。

在哈佛结构单片机中,因为有独立的指令总线和独立的数据存储器总线,两套总线可以并行工作,因此可以同时进行指令和数据的访问,从而提高系统性能。而改进的哈佛结构单片机中,独立的存储总线可以不止两套,比如有多套总线,可以进一步提高数据访问的速度。

根据指令格式的不同可以把单片机分为 CISC(Complex Instruction Set Computer,复杂指令集计算机)单片机和 RISC(Reduced Instruction Set Computer,精简指令集计算机)单片机。

1. 采用 CISC 指令集的单片机

早期的单片机都采用 CISC 指令,最典型的就是 x86 系列处理器。CISC 的特点是有大量复杂的指令,指令长度可变,寻址方式多样。

这种具有大量复杂指令、指令长度可变,且寻址方式多样的指令系统就是传统 CISC 指令系统。采用复杂指令系统的计算机有着较强的处理高级语言的能力,这有利于提高计算机的性能。但另一方面,复杂的指令,变长的编码,灵活的寻址方式大大增加了指令解码的难度,而在现在的高速硬件发展下,复杂指令所带来的速度提升已不能抵消在解码上浪费的时间。

IBM 公司于 1975 年组织力量研究指令系统的合理性问题,发现 CISC 存在一些缺点:首先,在这种计算机中,各种指令的使用率差别很大,一个典型程序的运算过程所使用的 80% 指令,只占一个处理器指令系统的 20%,最频繁使用的是取、存和加这些最简单的指令,而占指令数 80% 的复杂指令却只有 20% 的机会用到。复杂的指令系统必然带来结构的复杂性,增加了设计、制造的难度。尽管大规模集成电路技术已经发展到很高的水平,但也很难把 CISC 的全部硬件做在一个芯片上,妨碍单片计算机的发展。另外,在 CISC 中,许多复杂指令需要完成复杂的操作,这类指令多数是某种高级语言的翻版,因而通用性差。采用二级微码执行方式,降低了那些被频繁调用的简单指令系统的运行速度。

针对 CISC 的这些弊病,业界提出了精简指令的设计思想,即指令系统应当只包含那些使用频率很高的少量指令,并提供一些必要的指令以支持操作系统和高级语言。按照这个原则发展而成的计算机被称为精简指令集计算机(Reduced Instruction Set Computer),简称为 RISC。

2. 采用 RISC 指令集的单片机

RISC 的最大特点是指令长度固定,指令种类少,寻址方式种类少,大多数是简单指令且都能在一个时钟周期内完成,易于设计超标量与流水线,寄存器数量多,大量操作在寄存器之间进行。一般认为 RISC 处理器有以下几个方面的优点。

(1)芯片面积小

实现精简的指令系统需要的晶体管少,芯片面积自然就小一些。节约的面积可以用于实现提高性能的功能部件,如高速缓存、存储器管理和浮点运算器等,也便于在单片上集成更多其它模块,如网络控制器、语音/视频编码器、SDRAM 控制器、PCI 总线控制器等。

(2)开发时间短

开发一个结构简洁的处理器在人力、物力上的投入要更少,整个开发工作的开发时间更易于预测和控制。

(3)性能好

在 CISC 处理器中,一些复杂的操作有专用的指令,对于单个的操作使用专用指令可以提高处理效率,但复杂指令的使用降低了所有其他指令的执行效率。完成同样功能的程序时,RISC 处理器需要更多的指令,但 RISC 单个指令执行效率高,而且 RISC 处理器容易实现更高的工作频率,从而使整体性能得到提高。RISC 处理器性能上的优点在处理器发展的实践中得到验证。

目前,通用计算机,如个人电脑、服务器等大多采用 CISC 结构的 x86 处理器,随着技术的发展,新的 x86 处理器融合了 RISC 的特性。在嵌入式处理器中,RISC 技术则得到普遍应用,如 AVR 单片机、PIC 单片机、MSP430 单片机、DSP 处理器、ARM 处理器等都采用了 RISC 指令。

3. 大端方式和小端方式

在计算机中,内存可寻址的最小存储单位是字节。多字节数存放在内存中时有字节顺序问题,即高位字节在前,还是低位字节在前,不同的处理器采取的字节顺序可能不一样。Motorola 的 Power PC 系列单片机和 Intel 的 x86 系列单片机是两个不同字节顺序的典型代表。Power PC 系列低地址存放最高有效字节,即所谓用大端方式(big endian);x86 系列则是低地址存放最低有效字节,即所谓小端方式(little endian)。

为了说明小端方式和大端方式的区别,以一个 16 进制的 4 字节数 0x12345678 为例,其最低有效字节是 0x78,最高有效字节是 0x12。在小端方式,0x78 存储的起始地址最小,其它字节沿地址增大方向存储,0x12 存放在高地址处。在大端方式,0x12 存放在低地址处,0x78 存放在高地址处。具体如图 2.3-1 所示。

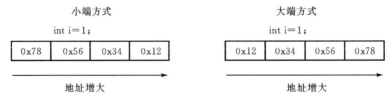

图 2.3-1　小端方式和大端方式

嵌入式系统开发中,字节顺序的差异可能带来软件兼容性问题,需要特别注意。在很多嵌入式处理器中,小端方式和大端方式两种方式都可以支持,但具体采用何种方式,需要对处理器进行相应的设置。而有些处理器仅支持一种方式,就要按它所支持的方式工作。

4. 影响单片机性能的因素

影响单片机性能的因素很多,主要有以下几种。

(1)单片机的字长,也就是单片机内部总线的宽度,字长有 4 位、8 位、16 位、32 位、64 位等类型,一般字长越大,性能越强。

(2)指令效率与单指令执行所需要的时间。

(3)单片机的系统架构。

5. 单片机的结构

单片机的典型组成部分包括运算器、控制器、寄存器阵列及连接各个部分的内部总线,其内部结构如图 2.3 - 2 所示。

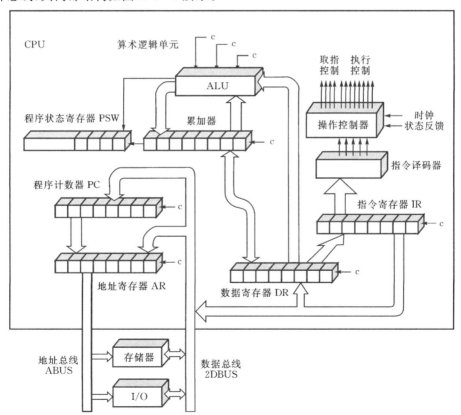

图 2.3 - 2　单片机内部结构

　　运算器包括算术逻辑单元、累加器、暂存器及标志寄存器等,完成加、减、乘、除四则运算及各种逻辑运算。

　　控制器由指令寄存器、指令译码器、控制逻辑电路组成,完成单片机的全部控制功能。单片机从存储器取出指令,通过数据总线存入指令寄存器,然后由指令译码器对指令进行译码。译码产生的结果与时钟信号配合,在控制逻辑电路中产生各种操作所必须的控制信号。

　　控制信号经由控制总线送到微处理器系统的其它功能部件中,以便执行各种操作。单片机在操作过程中需要获取数据并产生一些新数据,为了提高单片机的速度,在单片机内部设计一组临时存储器单元,用于操作数据及中间结果的存放与转移,这就是单片机的寄存器阵列。

　　上面描述的只是单片机的基本组成,现在一般意义的单片机内部包含的内容比这要丰富得多,如可能集成了 Cache(高速缓存)、中断控制器、RAM 控制器、PCI 总线控制器等,甚至一个芯片内集成了多个处理器核。

　　6.单片机的指令系统

　　指令是单片机能理解并执行的命令,一条完整的指令一般包括操作码和操作数两个部分,操作码决定要完成的操作,而操作数则是操作过程中需要的数据或数据的地址。

　　一条指令只能完成一个简单的功能,如加/减运算、逻辑判断、数据读、数据写等。如果要完成复杂功能,就需要把很多指令组合起来协调执行,这些有机组合在一起的一串指令就是程序。

　　不同单片机支持的指令不同,单片机支持的所有指令的集合就是该单片机的指令系统,如 x86 指令系统、ARM 指令系统、8051 指令系统等。指令系统是单片机的基本属性。

　　指令系统主要包括以下几种类型的指令。

　　(1)算术运算指令

　　这类指令实现加、减、乘、除等数的计算。

　　(2)逻辑运算指令

　　这类指令实现逻辑数的与、或、非、异或等逻辑运算。

　　(3)数据传送指令

　　这类指令实现寄存器与寄存器、寄存器与存储单元以及存储单元与存储单元之间数据的传送。

　　(4)移位操作指令

　　这类指令包括算术移位、逻辑移位和循环移位三种,实现对操作数左移、右移一位或若干位的操作。

（5）其他指令

除以上指令外还有一些其他指令，如堆栈操作指令、转移类指令、输入输出指令、多处理器控制指令、空操作指令等。

7. 嵌入式处理器分类

参照通用计算机与嵌入式系统的分类，可以将微处理器分为通用处理器与嵌入式处理器两类。

通用处理器以 x86 体系结构的产品为代表，基本被 Intel 和 AMD 两家公司所垄断。通用处理器针对通用计算机的需要进行设计，追求更快的计算速度、更大的数据吞吐率。从 8 位、16 位、32 位到 64 位一代代发展过来。通用处理器也可能应用在一些需要很高计算性能的嵌入式系统中，如在一些 PC104、Compact PCI 的主控板上可见到 Pentium 处理器，这是通用计算机技术在嵌入式领域的一种应用。

在嵌入式领域，通用处理器的应用较少，真正的主角当然是各色嵌入式处理器。因为嵌入式系统有应用针对性的特点，不同的系统对处理器要求千差万别，所以嵌入式处理器种类繁多。据不完全统计，全世界嵌入式处理器的种类已经有数千种，流行的体系结构有几十个。

所有嵌入式处理器中，8051 体系占有相当份额，生产 8051 单片机的半导体厂家有 20 多个，有上千种衍生产品，还有 AVR 单片机、PIC 单片机、MSP430 单片机、各类 ARM 处理器等。随着手机的普及与更新换代，现在市场对 ARM 的需求剧增，目前许多半导体制造商都生产 ARM 嵌入式处理器，越来越多的公司有自己的处理器设计部门。

嵌入式系统中的处理器可以分成下面几类。

（1）嵌入式微处理器（Micro Processor Unit，MPU）

嵌入式微处理器字长一般为 16 位或 32 位。Intel、AMD、Motorola、ARM 等公司提供很多这样的处理器产品。嵌入式微处理器通用性比较好，处理能力较强，可扩展性好，寻址范围大，支持各种灵活的设计，且不限于某个具体的应用领域。

在应用中，嵌入式微处理器需要在芯片外配置 RAM 和 ROM，根据应用要求往往要扩展一些外部接口设备，如网络接口、GPS、A/D 接口等。将嵌入式微处理器及其存储器、总线、外设等安装在一块电路板上，称之为单板计算机。

嵌入式微处理器在结构上有点类似通用处理器，但前者在功能、价格、功耗、芯片封装、温度适应性、电磁兼容方面更适合嵌入式系统的应用要求。

嵌入式处理器有很多种类型，如 xScale、Geode、Power PC、MIPS、ARM 等处理器系列。

（2）嵌入式微控制器（Microcontroler Unit，MCU）

嵌入式微控制器又称单片机，在嵌入式系统中有着广泛的应用。这种处理器内部集成 RAM、各种非易失性存储器、总线控制器、定时/计数器、看门狗、I/O、串行口、脉宽调制输出、A/D、D/A 等各种必要的功能和外设。和嵌入式微处理器相比，微控制器的最大特点是将计算机最小系统所需要的部件及一些应用需要的控制器/外部设备集成在一个芯片上，实现单片化，使得芯片尺寸大大减小，从而使系统总功耗和成本下降、可靠性提高。微控制器的片上外设资源一般比较丰富，适合于控制，因此称为微控制器（MCU）。微控制器品种丰富、价格低廉，应用较为普遍。

（3）嵌入式 DSP（Embedded Digital Signal Processor，EDSP）

在数字化时代，数字信号处理是一门应用广泛的技术，如数字滤波、FFT、谱分析、语音编码、视频编码、数据编码、雷达目标提取等。传统微处理器在进行这类计算操作时的性能较低，专门的数字信号处理芯片——DSP 也就应运而生。DSP 的系统结构和指令系统针对数字信号处理进行了特殊设计，因而在执行相关操作时具有很高的效率。在应用中，DSP 总是完成某些特定的任务，硬件和软件需要为应用进行专门定制，因此 DSP 是一种嵌入式处理器。

（4）嵌入式片上系统（System on Chip，SoC）

某一类特定的应用对嵌入式系统的性能、功能、接口有相似的要求，针对嵌入式系统的这个特点，利用大规模集成电路技术将某一类应用需要的大多数模块集成在一个芯片上，从而在芯片上实现一个嵌入式系统大部分核心功能，这种处理器就是 SoC。

SoC 把微处理器和特定应用中常用的模块集成在一个芯片上，应用时往往只需要在其外部扩充内存、接口驱动、一些分立元件及供电电路就可以构成一套实用的系统，极大地简化了系统设计的难度，同时还有利于减小电路板面积、降低系统成本、提高系统可靠性。SoC 是嵌入式处理器的一个重要发展趋势。

嵌入式微控制器和 SoC 都具有高集成度的特点，将计算机系统的全部或大部分集成在单个芯片中，有些文献将嵌入式微控制器归为 SoC。

8. 嵌入式处理器的特点

嵌入式处理器针对嵌入式系统的特殊需要设计，具有以下特点。

（1）嵌入式处理器种类繁多、功能多样、性能跨度大

这是由嵌入式系统应用针对性决定的。不同的系统对处理器的功能、性能、功耗、工作环境、封装等要求不同，根据各种应用需要，嵌入式处理器发展出极其丰富的产品类型，这与通用处理器有很大的区别。应用在通用计算机的处理器产品追求的是高速度，接口和功能有一定的标准规范，流行的产品种类有限。

（2）嵌入式处理器功耗低

嵌入式系统往往作为一个部件"嵌入"在一个设备/系统中，因供电限制或散热的限制，功耗必须得到有效控制。在嵌入式系统中，处理器往往是功耗较大的器

件,所以嵌入式处理器一般都有良好的功耗设计,尤其在电池供电的系统中,功耗是个至关重要的问题。

(3)提供灵活的地址空间寻址能力

通用计算机结构标准化程度高,其地址空间的划分很明确。但嵌入式系统则不同,因为嵌入式应用千差万别,嵌入式系统地址空间的分配有很大的自由度,为了适应嵌入式系统的这个特点,嵌入式处理器一般有灵活的地址空间寻址能力。为此,一些嵌入式处理器提供多个片选信号,而且片选信号对应的起始地址、存储空间范围、存储器位宽可以自由设置。

(4)支持灵活的功耗控制

嵌入式处理器一般有严格的功耗设计,除了降低正常工作的功耗外,还有很多降低功耗的措施,如可变工作频率、降低工作电压,还可以设置多种工作模式,如正常模式、睡眠(sleep)模式、掉电(power down)模式等。

(5)片内集成许多外部设备,功能密集,外部接口丰富灵活

为了降低功耗、降低系统成本、使系统更精简,嵌入式处理器中集成的外部设备(功能模块)越来越多,除了处理器核心外,很多传统的外部设备被集成到微处理器中,如中断控制器、DMA 控制器、LCD 显示控制器、串行接口控制器、CAN 控制器、USB 控制器、网络控制器、A/D 转换器、D/A 转换器、多个定时器、多个通用且可以复用的 I/O 接口等。

9.嵌入式处理器的 JTAG 调试接口

调试是利用可控的软件和硬件手段完成对嵌入式系统软件和硬件功能及正确性检测的过程。嵌入式处理器最常用的调试方式是采用 JTAG 调试技术。通过 JTAG 接口,不需要在目标系统上运行任何监控程序,就可实现对目标系统调试的功能。JTAG 调试接口几乎是各种高性能处理器的标准配置,如 AVR 单片机、PIC 单片机、C8051F 单片机、ARM、MIPS 处理器,以及各种 DSP、FPGA 等芯片。

JTAG(Joint Test Action Group)原指联合测试行动组织,该组织最早提出了一种测试访问端口和边界扫描体系结构(Test Access Port and Boundary Scan Architecture)。JTAG 调试技术也即边界扫描技术,它是在靠近芯片的输入、输出引脚上插入一个移位寄存器(也称边界扫描单元),通过这个寄存器,可以把外部信号(数据)加载到该管脚中去,也可以"捕获"该管脚上的输出信号,从而完全控制芯片的工作,达到调试的目的。这些边界扫描寄存器单元相互串接,在芯片周围形成一条链,称扫描链。数据通过扫描链从 JTAG 的 TDI 引入,TDO 引出,它一方面将 JTAG 电路与内核逻辑电路联系起来,另一方面又隔离内核电路与芯片引脚。通过不同功能的扫描链,可以实现不同的在线仿真功能。

JTAG 有五个接口信号:TCK、TMS、TDI、TDO 和 TRST。

TRST(Test Reset Input):用来对 JTAG 接口控制器进行复位,它不是必须的,通过在 TMS 脚也可以实现 JTAG 复位功能。

TCK(Test Clock Input):为 JTAG 接口控制器提供了一个独立的、基本的时钟信号,JTAG 接口所有操作都是通过这个时钟信号来驱动的。

TMS(Test Mode Selection Input):用来控制 JTAG 接口控制器状态机的转换。通过 TMS 信号,可以控制 JTAG 接口在不同的状态间相互转换。TMS 信号在 TCK 的上升沿有效。

TDI(Test Data Input):数据输入接口。所有要输入到 JTAG 特定寄存器的数据都通过 TDI 接口在 TCK 的同步下一位一位地串行输入。

TDO(Test Data Output):数据输出接口。所有要从 JTAG 特定寄存器中输出的数据都通过 TDO 接口在 TCK 的同步下一位一位地串行输出。

JTAG 在嵌入式系统开发过程中有重要的作用,主要包括以下几个方面:

(1)硬件基本功能的测试。通过 JTAG,可以读写处理器内部的寄存器,设置 I/O 引脚的状态,通过这些操作,可对处理器的基本工作状态进行判断。另外通过 JTAG 可以读写处理器外部的存储器单元,可以在不编写测试程序的情况下对系统内存基本功能进行测试。

(2)软件下载。嵌入式系统软件一般采用交叉开发的方式,在开发机中生成目标机的运行代码后,可通过 JTAG 下载到目标机中运行。这种代码下载不需要目标机中有任何程序的支持。

(3)软件调试。运行代码下载到嵌入式目标机后,通过 JTAG 接口,开发机的调试工具可以对目标代码的运行进行跟踪、设置断点、查看/修改寄存器值等调试操作。

(4)Flash 烧写。通过 JTAG 口,开发机可把最终的运行代码烧写到目标机的 Flash 存储器中。

2.3.2 各类单片机

以下介绍几类常用经典、性能优异、市场表现好的单片机,以便读者在系统设计时能够宏观地把握。

作为单片嵌入式系统的核心控制部件的单片机,它从体系结构到指令系统都是按照嵌入式系统的应用特点设计的,它能最好地满足应用系统的嵌入、现场的可靠运行和优良的控制功能要求。因此,单片嵌入式应用是发展最快、品种最多、数量最大的嵌入式系统,有着广泛的应用前景。由于单片机具有嵌入式系统的专用体系结构和指令系统,因此在其基本体系结构上,可衍生出能满足各种不同应用要求的系统和产品。用户可根据应用系统的各种不同要求和功能,选择最佳型号的单片机。

　　作为一个典型的嵌入式系统——单片嵌入式系统,在我国大规模应用已有四十年的历史。它在中、小型工控领域、智能仪器仪表、家用电器、电子通信设备和电子系统中普遍应用。同时由于单片嵌入式系统的广泛应用和不断发展,大大推动了嵌入式系统技术的快速发展。因此对于电子、通信、工业控制、智能仪器仪表等相关专业的学生,深入学习和掌握单片机嵌入式系统的原理与应用,不仅能对所学的基础知识进行检验,加深和拓展自己的知识领域,而且能够培养和锻炼自己分析问题、综合应用和动手实践的能力,掌握真正的专业技能和应用技术。同时,深入学习和掌握单片机嵌入式系统的原理与应用,也为更好地掌握其它嵌入式系统打下重要的基础,这个特点尤其表现在硬件设计方面。

　　1.8051 单片机

　　8051 单片机的发展可以用波澜壮阔、百花齐放、技术创新来形容。由于其卓越的功能和丰富的指令系统,使其得到了广泛的应用。全世界围绕 8051 所作的软件开发、仿真机开发、技术书籍、资料、教材和系统集成工作,超过了其他任何单片机。8051 系列拥有最多的硬件和软件开发资源,使得应用 8051 的产品或者系统,设计开发周期短,速度快,成本低,效率高。又由于 8051 系列大批量的生产供货,其生产工艺更加成熟,芯片的质量得到很好的保证,并且综合成本大大降低,因而价格较低。因此,采用 8051 开发的产品有较低的成本和很高的可靠性。

　　根据片内存储器形式,8051 单片机有四种不同的结构。

　　(1)片内 ROM 型

　　在器件内部集成有一定容量的只能一次写入的只读存储器(掩膜 ROM),如 8051 系列、OTPROM 系列单片机。

　　(2)片内 EPROM 型

　　片内含有一定容量可供用户多次编程的 EPROM 存储器,如 8751 系列单片机。

　　(3)无 ROM 型

　　片内无 ROM,必须外接程序存储器,如 8031 单片机。

　　(4)片内 FLASHROM 型

　　片内含有一定容量可供用户多次编程的 FLASH(闪速)存储器,如 89C×× 系列、W78E×× 系列单片机。

　　这四种类型器件,其封装几乎完全相同,引脚兼容。它们适合于不同的应用需求。

　　8051 已被多家计算机厂家作为基核,发展了许多兼容系列。尤其是 ATMEL 公司将 51 基核与 FLASH 存储器技术相结合,研制了功能更强的 AT89C51 系列单片机,风靡全球,为众多的设计开发人员所钟爱。由 ATMEL 公司挪威设计中心的 A 先生与 V 先生利用 ATMEL 公司的 Flash 技术,共同研发出 RISC 精简指令集的高速 8 位单片机,简称 AVR 单片机。其功能更加强大,高速、低耗、保密、I/O 口功能强,具有 A/D 转换和看门狗等电路,有功能强大的定时器/计数器及通信接口。尤其是 AVR 单片机内带边界扫描电路,可以通过 JETAG 接口进行仿真与程序下载,大大提高了产品开发的效率。

总线外扩是 8051 单片机的特点,这一特点可以使得单片机方便地进行总线扩展,能在片外扩展一定量的并行接口存储器和并行接口的外部设备,而且对外部扩展部件的访问,只需要一个机器周期,这是那些总线没有外扩的单片机所无法实现的。例如 MSP430 单片机、STM8 和 STM32 单片机、PIC 单片机、AVR 单片机、mega 单片机,都无法实现在一个操作周期对并行接口器件的访问。这些单片机要实现对外部并行接口的存储器和设备的访问,必须通过多个操作周期,才能实现一次访问。其原因是,这些单片机的控制总线和地址总线没有外扩,只能使用不同的 I/O 端口担当数据总线、地址总线和控制总线的功能,而不同的 I/O 端口不能在同一个操作周期被操作,因此三总线的使用只能根据外部并行总线芯片的时序,在不同的操作周期对不同的端口进行操作,间接地实现三总线的时序功能,通常需要按时序进行 6 次操作,才能实现对并行接口器件的一次访问。访问效率低,访问程序复杂。

I/O 口的每个口线可以单独操作,是 8051 单片机的又一大特色。大多数的 PIC 单片机、AVR 单片机、MSP430 单片机、STM8 和 STM32 单片机都无法实现对单个 I/O 口线的操作,只能实现对 8 位为一组或者 16 位为一组的一个 I/O 端口的操作。对这些单片机来说,要对一个 8 位端口内的某一位操作,只能通过对整个 8 位进行操作才能实现对目标位的操作。这样在程序上就复杂多了,就要对所要操作的目标位进行"与"操作或者"或"操作或者"异或"操作,在不改变端口上其他位的数据的条件下,把这些目标位设置好,然后才能执行对端口的一次操作。比起 8051 来,实在是复杂太多了,端口操作的效率也低得太多了。

以上所述的总线外扩和口线可以单独按位操作的特性,使得 8051 在单片机领域至今在技术上仍然遥遥领先,独占鳌头。这是 8051 内核被多家半导体厂家频繁购买、生产的唯一原因,也是多家厂家购买 8051 内核作为基核开发自家 8 位单片机的唯一原因。技术上的超前给它的开发商 intel 公司带来了丰厚的利润,也给全球控制领域送来了称手的利器。这真正体现了科学技术是第一生产力的科学论断。如果 8051 没有技术上的超前设计,估计它也无法发展到今天这样百花齐放、声名卓著的程度。据笔者浅见,稍微知道一点单片机的人,没有不知道 8051 的,可见其为 8 位单片机的首位明星,绝不是浪得虚名。

在此,也感谢四十年前我国电子工业部的领导和专家们独具慧眼的明智选择。

在当时,我国的单片机还是空白,而当时世界上有三大主流单片机。在对这些单片机性能分析和前景进行科学预测的基础上,专家们做出了在我国引进并推广 8051 的重大决定。并由国家投资在江苏启东建立了 8051 开发基地,为 8051 在我国的遍地开花奠定了坚实的基础,使得我国没有偏离世界单片机发展的潮流。

当然,8051 单片机也有缺陷,就是老式的 8051 单片机,其仿真方式至今还是侵入式仿真。所幸后来开发的基于 8051 内核的几大单片机品牌克服了其不足,建立了片内边界扫描电路,使单片机能够通过 JTAG 接口进行仿真和程序下载,大大方便了单片机的程序开发,提高了开发效率。8051 单片机的另一个缺陷是在 8051 内部的所有数据传送都要经过累加器 ACC,这造成了累加器数据处理的瓶颈现象,对单片机的数据处理效率有一定的不良影响。

8051 单片机原理结构如图 2.3 - 3 所示。

2. C8051F 单片机

美国 Silicon 公司生产的基于 8051 内核的 C8051F 系列单片机,是一种性能大为增强的 8051 单片机。其内部资源丰富。以 C8051F020 为例,其内部结构见图 2.3 - 4。

C8051FXXX 内含可多路输入的 12 位 A/D 转换器和 12 位 D/A 转换器,输入信号可编程分级放大。更具优越性的是,这种单片机内部结构采用流水线方式运行程序,处理指令的速度非常快,其中的 C8051F36× 已达到 100MIPS(1MIPS 意指每秒钟执行 100 万条指令),普通 8 位或 16 位单片机在规定的最高时钟频率下的指令运行速度仅为 1MIPS,也就是说其运行速度为普通 8051 单片机的 100 倍。这类单片机内部程序存储器从 8KB 到 128KB 不等,为 FLASH 程序存储器,还有最大为 8KB+256B 的 RAM,而且其使用温度全部按工业级标准,为 -40～+85℃。使单片机有了更为强大而复杂的功能。其内部结构也有很大改进,其引脚封装形式也不同于普通的 8051 单片机,在使用时应该注意。就开发过程中的仿真方式来说,两者也完全不同。普通 8051 单片机用的仿真机,其仿真头直接插在用户板的 8051 单片机插座中,在开发过程中容易损坏插座的针脚。而 C8051F 系列单片机和 AVR 单片机通过边界扫描方式的 JTAG 接口进行实时仿真,与单片机插座无关。

3. AVR 单片机

ATMEL 公司的 AVR 单片机是其公司的 A 先生和 V 先生开发成功的 8 位单片机中第一个真正的 RISC(精简指令集)结构的单片机,因此将其称为 AVR 单片机。它采用了大型快速存取寄存器组、快速的单周期指令系统以及单级流水线等先进技术,使得 AVR 单片机具有高达 1MIPS/MHz 的高速运行处理能力。

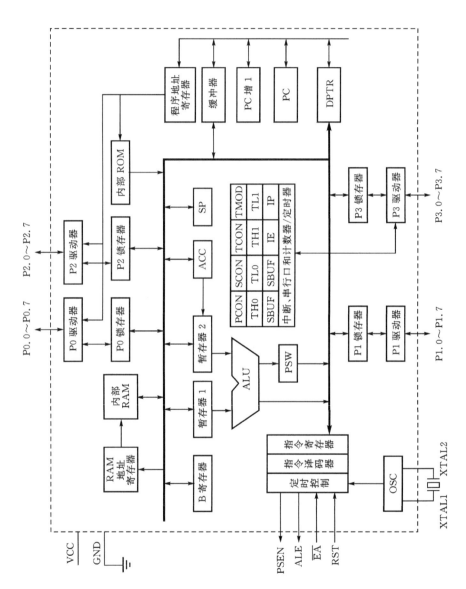

图 2.3-3　8051 单片机原理结构

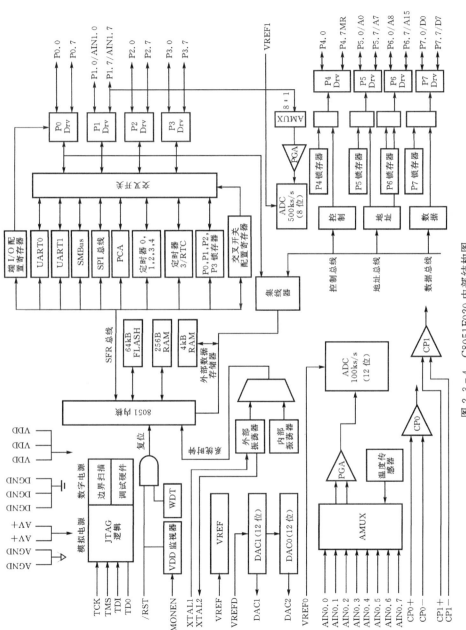

图 2.3 - 4　C8051F020 内部结构图

1)AVR 单片机简介

AVR 单片机采用流水线技术,在前一条指令执行的时候,就取出现行的指令,然后以一个时钟周期执行指令,大大提高了单片机的运行速度。而在其它的 CISC 以及类似的 RISC 结构的单片机中,外部振荡器的时钟被分频降低到传统的内部指令执行周期,这种分频最大达 12 倍。

另外一点,传统的基于累加器的单片机(如 8051),需要大量的程序代码来完成和实现在累加器和存储器之间的数据传送。而在 AVR 单片机中,由于采用 32 个通用工作寄存器构成快速存取寄存器组,用 32 个通用工作寄存器代替了累加器,从而避免了在传统结构中累加器和存储器之间数据传送造成的瓶颈现象,进一步提高了指令的运行效率和速度。

对于以单片机为核心所组成的高端嵌入式系统来说,用高级语言编程已成为一种标准设计方法。AVR 单片机采用 RISC 结构,其目的就是在于能够更好地采用高级语言(例如 C 语言、BASIC 语言)来编写嵌入式系统的程序,从而能高效地开发出目标代码。

AVR 单片机采用低功率、非挥发的 CMOS 工艺制造,内部分别集成 Flash、E^2PROM 和 SRAM 三种不同性能和用途的存储器。除了可以通过使用一般的编程器(并行高压方式)对 AVR 单片机的 Flash 程序存储器和 E^2PROM 数据存储器进行编程外,大多数的 AVR 单片机还具有 ISP 在线编程的特点以及 IAP 在应用编程的特点。这些优点为使用 AVR 单片机开发设计和生产产品提供了极大的方便。

2)AVR 单片机特点

AVR 单片机吸取了 PIC 及 8051 等单片机的优点,同时在内部结构上作了一些重大改进。其主要特点如下:

(1)程序存储器为价格低廉、可擦写 1 万次以上、指令长度单元为 16 位(字)的 FlashROM(即程序存储器宽度为 16 位,按 8 位字节计算时应乘 2)。而数据存贮器为 8 位,因此 AVR 还是属于 8 位单片机。

(2)采用 CMOS 技术和 RISC 架构,实现高速(50ns)、低功耗(μA 级)、具有 SLEEP(休眠)功能。AVR 的一条指令执行速度可达 50ns(20 MHz),而耗电则在 1 μA~2.5 mA 间。AVR 采用 Harvard(哈佛)结构,以及一级流水线的预取指令功能,即对程序的读取和数据的操作使用不同的总线。因此,当执行某一指令时,能够同时将下一指令从程序存储器中取出。这使得每一个时钟周期都可以执行一条指令。

(3)高度保密。可多次烧写的 Flash 且具有多重密码保护锁定(LOCK)功能,因此可低价快速完成产品商品化,且可多次更改程序(产品升级)。方便了系统调试,而且不必浪费 IC 或电路板,大大提高了产品质量及竞争力。

(4)工业级产品。具有大电流 10~20 mA(输出电流)或 40 mA(吸入电流)的特点,可直接驱动 LED 或继电器。有看门狗定时器(WDT)安全保护,可防止程序跑飞,提高产品的抗干扰能力。

(5)使用寄存器组与精简指令,具有 32 个通用工作寄存器(相当于 8051 中的 32 个累加器),克服了单一累加器数据处理造成的瓶颈现象。片内含有 128B~4KB 字节不等的 SRAM,可灵活使用指令运算,适合采用功能很强的 C 语言编程,易学、易写、易移植。

(6)程序写入器件时,可以使用并行方式写入(用编程器写入),也可使用串行在线下载(ISP)、在应用下载(IAP)方法下载写入。也就是说不必将单片机芯片从系统板上拆下拿到万用编程器上烧录,而可直接在电路板上进行程序的修改、烧录等操作,方便产品升级,尤其是对于使用 SMD 表贴封装器件,更利于产品微型化。

(7)通用数字 I/O 口的输入输出特性与 PIC 的 HI/LOW 输出及三态高阻抗 HI-Z 输入类似,同时可设定类似于 8051P1、P2、P3 口内部有上拉电阻的输入端功能,便于各种应用所需(多功能 I/O 口),AVR 的 I/O 口是真正的 I/O 口,与其端口相关的三个寄存器 PORTX、DDRX、PINX,能正确反映 I/O 口的输入/输出的真实情况。

(8)单片机内有高速 A/D 转换器,也有模拟比较器可组成廉价的 A/D 转换器。

(9)像 8051 一样,有多个固定中断向量入口地址,可快速响应中断。

(10)带有可设置的启动复位延时计数器。AVR 单片机内部有电源上电启动计数器,当系统 RESET 复位上电后,利用内部的 RC 看门狗定时器,可延迟 MCU 正式开始读取指令执行程序的时间。这种延时启动的特性,可使 MCU 在系统电源、外部电路达到稳定后再正式开始执行程序,提高了系统工作的可靠性,同时也可节省外加的复位延时电路。

(11)具有多种不同方式的休眠省电功能和低功耗的工作方式。

(12)许多 AVR 单片机具有内部的 RC 振荡器,提供 1/2/4/8 MHz 的工作时钟,使该类单片机无需外加时钟电路元器件即可工作,非常简单和方便。

(13)有多个带预分频器的 8 位和 16 位功能强大的计数器/定时器(C/T),除了实现普通的定时和计数功能外,还具有输入捕获、产生 PWM 输出等更多的功能。

(14)性能优良的串行同/异步通信 USART 口,不占用定时器。可实现高速同/异步通信。

(15)Mega8515 及 Mega128 等芯片具有可并行扩展的外部接口,扩展能力达 64KB。

(16)工作电压范围宽,为 2.7V～6.0V,具有系统电源低电压检测功能,电源抗干扰性能强,有多通道的 10 位 A/D 及实时时钟 RTC。许多 AVR 芯片内部集成了 8 路 10 位 A/D 接口,如 mega8、mega16、mega8535 等。

(17)AVR 单片机还在片内集成了可擦写 10 万次的 E^2PROM数据存储器,等于又增加了一个芯片,可用于保存系统的设定参数、固定表格和掉电后数据的保存。既方便了使用,减小了系统空间,又大大提高了系统的保密性。

(18)mega 系列单片机的性能不仅优越,同时也有非常好的性价比。引脚数最少(28 个引脚)的 ATmega8,目前在我国国内市场上的价格不超过 10 元人民币,却有 1KB 的 SRAM、8KB 的 Flash、512B 的 E^2PROM,2 个 8 位和 1 个 16 位共 3个超强功能的定时器/计数器,以及 USART、SPI、8 路 10 位 ADC、WDT、RTC、ISP、IAP、TWI(I^2C)、片内高精度 RC 振荡器等多种功能的接口和特性。

(19)ATmega2560 是目前 AVR 中配置最全、功能最强的一款。它的引脚数最多(100 个引脚),在片内集成了 8KB 的 SRAM、256KB 的 Flash、4KB 的 E^2PROM,支持 64KB 空间的外部并行扩展,2 个 8 位和 4 个 16 位共 6 个超强功能的定时器/计数器,以及 4 路 USART、SPI、多路 10 位 ADC、WDT、RTC、ISP、IAP、TWI(I^2C)、片内高精度 RC 振荡器等多种功能的接口和特性,适合高档电子产品的应用。

(20)与普通 8051 单片机相比,AVR 单片机不但集成了很多外部设备,而且内部有边界扫描电路,带有 JTAG 接口,可以通过 JTAG 接口进行硬件仿真,对提高开发速度有重要意义,因此受到广大嵌入式工程师的欢迎。

4.STC 单片机

STC 系列单片机是深圳宏晶公司生产的基于 8051 内核的性能优秀的单片机。其 89C 系列单片机继承了 8051 单片机的所有优良特性。其 12C～15C 系列是单时钟(1T)的单片机,是高速低功耗、超强抗干扰的新一代 8051 系列单片机。其指令与 8051 完全兼容,但速度提高 8～12 倍。内部集成 8 路高速 10 位 A/D,2路 PWM 输出。除了没有边界扫描电路与仿真器外,其它性能与 AVR 单片机相当。

1)STC12C～15C 系列单片机特点

(1)超强抗干扰

①高抗静电(ESD 保护);

②轻松过 2kV/4kV 快速脉冲干扰(EFT 测试);

③宽电压,不怕电源抖动;

④宽温度范围,－40 ℃～85 ℃;

⑤I/O 口经过特殊处理,可以耐受瞬时高电压的冲击;

⑥单片机内部的电源供电系统经过特殊处理；

⑦单片机内部的时钟电路经过特殊处理；

⑧单片机内部的复位电路经过特殊处理；

⑨单片机内部的看门狗电路经过特殊处理。

（2）三大降低单片机时钟对外部电磁辐射的措施

①在不对外部设备进行访问时，禁止 ALE 输出；

②如选 6 时钟/机器周期，外部时钟频率可降一半；

③单片机时钟振荡器增益可设为 1/2。

（3）超低功耗

①掉电模式：典型功耗<$0.1\mu A$；

②空闲模式：典型功耗 2 mA；

③正常工作模式：典型功耗 4 mA～7 mA；

④掉电模式可由外部中断唤醒，适用于电池供电系统，如水表、气表、便携设备等。

（4）在系统可编程，无需编程器，可远程升级

可供应内部集成 MAX810 专用复位电路的单片机，只有 D 版本才有内部集成专用复位电路，原复位电路可以保留，也可以不用，不用时 RESET 脚直接连接到地。

2）STC12C2052～STC15C4052 的主要性能

（1）高速：1 个时钟/机器周期，RISC 型 CPU 内核，速度比普通 8051 快 12 倍；

（2）宽电压：3.4～5.5V，2.0～3.8V（STC12LE2052AD 系列）；

（3）低功耗设计：空闲模式，掉电模式（可由外部中断唤醒）；

（4）工作频率：0～35 MHz，相当于普通 8051 的 0～420 MHz；

（5）时钟：外部晶体或内部 RC 振荡器可选；

（6）512B/1KB/2KB/3KB/4KB/5KB 片内 FLASH 程序存储器，擦写次数 10 万次以上；

（7）256 字节片内 RAM 数据存储器；

（8）芯片内有 E^2PROM 存储器；

（9）具有在系统编程 ISP 和在应用编程 IAP 功能；

（10）2 个模拟比较器；

（11）8 通道高精度 8 位 ADC；

（12）2 通道捕获/比较单元（CCU/PCA/PWM），提供 PWM 功能；

（13）2 个 16 位定时器；

（14）硬件看门狗（WDT）；

(15)高速 SPI 通信端口；

(16)增强型 UART；

(17)先进的 RISC 精简指令集结构，兼容普通 8051 指令集 111 条功能强大的指令，有 12 条指令只需 1 个时钟就可完成；

(18)片内集成硬件乘法器和硬件除法器(执行速度为 4 个时钟周期)4 组 8 个 8 位通用工作寄存器(共 32 个通用寄存器)。

STC 单片机现在也有了可以在线仿真的芯片，使用的是支持在线调试的几款单片机。将其插到目标板的单片机插座上，打开 STC 的下载软件 stc-isp-15xx-v6.86I.exe，把型号选择调到该单片机的型号上，并把晶振频率调到 11.0592 MHz (为了仿真通信正确)，其他默认。点击"KELL 仿真设置"，找到该单片机的型号设置成仿真芯片，之后点击该窗口，然后给该单片机断电后再通电，把仿真程序烧入单片机内。之后把仿真相关的文件导入到 KELL 软件内，注意要选择 Keil 在 C 盘上的安装路径。点击"确定"后，会出现"STC MCU 添加成功！"提示，点击"确定"即可。到此就完成了仿真芯片在 Keil 内的驱动安装。然后打开 Keil 软件，进入"options"，点击"Debug"，点选"USE"，在其下拉窗口内就可以看到"STC Monitor 51 Driver"，点选之即可。然后点击"Settings"，在弹出的窗口内选择通信端口与通信波特率，然后就可以方便地仿真了。

以前这种单片机的主要缺点是没有硬件仿真器。尽管其他公司看到这种单片机的优点，想要开发其仿真器，有些公司还尝试设计开发了其仿真器，例如长沙的菊阳电子公司就开发了 STC 单片机的仿真器。现在 STC 自己开发成功了仿真芯片，成功实现了在线仿真调试，是国产单片机的一大进步。

5.MSP430 单片机

MSP430 是美国德州仪器公司开发的具有 16 位总线的内带 FLASH 存储器的单片机，由于其性价比和集成度高，受到广大技术开发人员的青睐。

1)MSP430 特点

MSP430 系列单片机在低功耗方面有良好的性能，因此更适合应用于使用电池供电的仪器、仪表类产品中。MSP430 系列基本架构是 16 位的，同时在其内部的数据总线经过转换还存在 8 位的总线，再加上本身就是混合型的结构，因而对它这样的开放型架构来说，无论扩展 8 位的功能模块，还是 16 位的功能模块，都是很方便的。这就是 MSP430 系列产品和其中功能部件迅速增加的原因。在开发工具上面，由于 MSP430 引进了 Flash 型程序存储器和 JTAG 技术，不仅使开发工具变得简便，而且价格也相对低廉，还可以实现在线编程。

2)MSP430 内部结构

MSP430 系列器件包含 CPU、程序存储器(ROM、OTPROM 和 Flash ROM)、

数据存储器(RAM)、运行控制、外围模块、振荡器和倍频器等主要功能模块。

MSP430CPU 由一个 16 位的 ALU、16 个寄存器和一套指令控制逻辑组成。在 16 个寄存器中,程序计数器 PC、堆栈指针 SP、状态寄存器 SR 和常数发生器 CG1、CG2 这 4 个寄存器有特殊用途。除了 R3/CG2 和 R2/CG1 外,所有寄存器都可作为通用寄存器来用于所有指令操作。常数发生器是为指令执行时提供常数的,而不是用于存储数据的。在 CPU 内部有一组 16 位数据总线和 16 位的地址总线;CPU 运行正交设计、对模块高度透明的精简指令集;PC、SR 和 SP 配合精简指令所实现的控制,使应用开发可实现复杂的寻址模式和软件算法。

3)存储器

MSP430 系列采用"冯诺依曼结构"。支持外部扩展存储器是将来性能增强的目标。特殊功能寄存器及外围模块安排在 000H～1FFH 区域;RAM 和 ROM 共享 0200H～FFFFH 区域,RAM 的起始地址是 0200H。

(1)程序存储器

MSP430 系列程序存储器的类型有 ROM、OTPROM 和 Flash ROM 三种,ROM 的容量在 1KB～60KB 之间;对于 Flash 型的芯片,内部还集成有两段 128B (共 256B)的信息存储器以及 1KB 存放自举程序的自举存储器(BOOT ROM);对程序存储器的访问总是以字形式取得代码,而对数据可以用字或字节方式访问。每次访问需要 16 条数据总线(MDB)和访问当前存储器模块所需的地址总线(MAB);存储器模块由模块允许信号自动选中。最低的 64KB 空间的顶部 16 个字,即 0FFFFH～0FFE0H,存放复位和中断向量;在程序存储器中还可以存放表格数据,以实现查表处理等应用;对程序存储器可以任意读取,但不能写入。

(2)数据存储器

数据存储器(RAM)经两条总线与 CPU 相连,即存储器地址总线 MAB 和存储器数据总线 MDB。数据存储器可以以字或字节宽度集成在片内,其容量在 128B～10KB 之间;所有指令可以对字节或字进行操作。但是对堆栈和 PC 的操作是按字宽度进行的,寻址时必须对准偶地址。

4)运行控制

MSP430 系列微控制器的运行主要受控于存储在特殊寄存器(SFR)中的信息。不同 SFR 中的位可以允许中断,以支持取决于中断标志状态的软件以及定义外围模块的工作模式。禁止外围模块,停止它的功能,可以减少电流消耗,而所有存储在模块寄存器中的数据仍被保留。外围模块的工作模式可以用 SFR 的特定位置来标明。

5)外围模块

外围模块包括基本定时器(Basic Timer)、16b 定时器(Timer_A 及 Timer_B)、

A/D 转换器、I/O 端口、异步及同步串行通信口(USART)以及液晶显示驱动模块等。外围模块经 MAB、MDB 与 CPU 相连。外围模块可分为字(16b)模块和字节(8b)模块两种。对大多数外围模块,MAB 通常是 16b,MDB 是 8b 或 16b。字节(8b)模块的数据总线是 8b 的,需经总线转换电路与 16b 的 CPU 相连。这些模块的数据交换毫无例外地要用字节指令处理;对字(16b)模块,其数据总线是 16b 的,无需经过转换而直接与 CPU 的 16b 数据总线相连,这些模块的操作指令没有任何限制。

6)振荡器和时钟发生器

振荡器 LFXT1(LF)是专门为通用的低功耗 32768Hz 时钟晶振设计的。除了晶体外接外,所有的模拟元件都集成在片内。但是也可以用一个高速的晶振工作,这时需要外接负载电容。对于 F13X、F14X、F15X 和 F16X 以及 F4XX 系列,片内还有一个可接入高速晶振的 XT2 振荡器。除了晶体振荡器之外,F13X、F14X、F15X 和 F16X 系列都有一个数字控制 RC 振荡器(DCO),用它实现对振荡器的数字控制和频率调节。对于 F4XX 系列,将晶振频率用一个锁频环电路(FLL 或FLL+)进行倍频。FLL 或 FLL+在上电后以最低频率开始工作,并通过控制一个数控振荡器(DCO)来调整到适当的频率。供处理器工作的时钟发生器的频率固定在晶振的倍频上,并提供时钟信号 MCLK。外围模块及 CPU 的时钟源选择非常灵活,可以用以实现各种低功耗模式下的运行。

6. PIC 单片机

PIC 单片机也是一种采用精简指令集 RISC 的高性能单片机,品种较多,其 8 位单片机类似于 AVR 的 MEGA16 单片机,其 32 位的单片机类似于 CORTEX-M3 核的 ARM 处理器。PIC 单片机在嵌入式处理器市场上占有相当的份额,受到许多电子工程师的喜爱。篇幅所限,这里仅对其 32 位的 PIC32MX5XX/6XX/7XX 系列单片机性能作以介绍。其 32 位单片机的性能如下。

1)32 位高性能 RISC CPU

(1)带 5 级流水线的 32 位 MIPS32®M4K®内核。

(2)最高 80 MHz 的频率。

(3)零等待状态,访问闪存时性能为 1.56DMIPS/MHz(Dhrystone 2.1)。

(4)单周期乘法单元和高性能除法单元。

(5)MIPS16e®模式可使代码压缩最多 40%。

(6)两组各 32 个内核文件寄存器(32b),可减少中断延时。

(7)预取高速缓存模块可加速从闪存取指令的执行速度。

2)PIC 单片机特性

(1)工作电压范围为 2.3V～3.6V。

(2)64KB～512KB 的闪存(附加一个 12KB 的引导闪存)。

(3)16KB～128KB 的 SRAM 存储器。

(4)引脚与大部分 PIC24/dsPIC® DSC 器件兼容。

(5)多种功耗管理模式。

(6)多个具有独立可编程优先级的中断向量。

(7)故障保护时钟监视器模式。

(8)带有片内低功耗 RC 振荡器的可配置看门狗定时器,确保器件可靠工作。

3)片内外设特性

(1)可在选择外设寄存器上执行原子级的置 1、清零和翻转操作。

(2)最多 8 通道具有自动数据大小检测功能的硬件 DMA。

(3)支持符合 USB2.0 规范的全速设备和 OTG(On-The-Go)控制器,专用的 DMA 通道。

(4)带 MII 和 RMII 接口的 10/100(Mb/s)以太网 MAC,专用的 DMA 通道。

(5)CAN 模块 2.0B 主动模式,且支持 DeviceNet™ 寻址,专用的 DMA 通道。

(6)3 MHz 至 25 MHz 的晶振。

(7)内部 8 MHz 和 32 kHz 振荡器。

(8)配有以下项目的 6 个 UART 模块,支持 RS-232、RS-485 和 LIN,带片内硬件编码器和解码器的红外接口 IrDA®。

(9)最多 4 个 SPI 模块。

(10)最多 5 个 I²C™ 模块。

(11)为 CPU 和 USB 时钟分别提供独立的 PLL。

(12)带 8b 和 16b 数据线以及最多 16 条地址线的并行主/从端口(Parallel Master and Slave Port,PMP/PSP)。

(13)硬件实时时钟和日历(Hardware Real-Time Clock/Calendar,RTCC)。

(14)5 个 16 位定时器/计数器(两个 16 位定时器对组合可构成两个 32 位定时器)。

(15)5 路捕捉输入。

(16)5 路比较 PWM 输出,5 个外部中断引脚。

(17)可在最高 80 MHz 时翻转的高速 I/O 引脚。

(18)所有 I/O 引脚上的拉/灌电流(18 mA/18 mA)。

(19)数字 I/O 引脚上的可配置漏极开路输出。

4)调试特性

(1)2 个编程和调试接口。一个双线接口,可与应用程序进行非抢占式访问和实时数据交换。一个 4 线 MIPS® 标准增强型联合测试行动小组(Joint Test Action Group——JTAG)接口。

(2)基于硬件的非抢占式指令跟踪。

(3)符合 IEEE 标准 1149.2(JTAG)的边界扫描特性。

5)模拟特性

(1)最多 16 通道的 10 位模数转换器,1M 次/s 的转换速率,可在休眠和空闲模式下进行转换。

(2)2 个模拟比较器。

2.3.3　ARM 处理器

说到 ARM,有两方面的含义,一方面指是 ARM 公司,另一方面指基于 ARM IP(Intellectual Property,知识产权)核的嵌入式微处理器。

1990 年 11 月 ARM 公司成立于英国,原名 Advanced RISC Machine 有限公司,是 Apple 电脑、Acorn 电脑集团和 VLSI Technology 的合资企业。1991 年,ARM 推出首个嵌入式 RISC 核心——ARM6 系列处理器后不久,VLSI 率先获得授权,一年后夏普和 GEC Plessey 也成为授权用户,1993 年德州仪器和 Cirrus Logic 亦签署了授权协议,从此 ARM 的知识产权产品和授权用户急剧扩大。

ARM 是一家微处理器技术知识产权供应商,它既不生产芯片,也不销售芯片,只设计 RISC 微处理器,这些微处理器的知识产权就是公司的主要产品。

ARM 知识产权授权用户众多,全球 20 家最大的半导体厂家中有 19 家是 ARM 的用户,全世界有 70 多家公司生产 ARM 处理器产品。ARM 微处理器应用范围广泛,包括汽车电子、消费电子、多媒体产品、工业控制、网络设备、信息安全、无线通信等。目前,基于 ARM 技术的微处理器占据 32 位 RISC 芯片 75% 的市场份额。

1. ARM 体系结构

ARM 指令系统共定义了 7 个版本。从版本 1 到版本 7,指令集功能越来越丰富,另外在发展过程中还提出了几套扩展指令集。另有 T 变种、M 变种、E 变种、J 变种、SIMD 变种等多个扩展,实际在处理器的应用中有多种组合。

ARM 十几年如一日地开发新的处理器内核和系统功能块。这些包括流行的 ARM7TDMI 处理器,还有更新的高档产品 ARM1176TZ(F)—S 处理器,后者能拿去做各类掌上电脑、高档手机。功能的不断进化,处理水平的持续提高,年深日久造就了一系列的 ARM 架构。要说明的是,架构版本号和名字中的数字并不是一码事,比如,ARM7TDMI 是基于 ARMV4T 架构的(T 表示支持"Thumb 指令"),ARMV5TE 架构则是伴随着 ARM9E 处理器家族亮相的。ARM9E 家族成员包括 ARM926E—S 和 ARM946E—S。ARMV5TE 架构添加了"服务于多媒体应用增强的 DSP 指令"。ARM11,ARM11 是基于 ARMV6 架构建成的。基于

ARMV6 架构的处理器包括 ARM1136J（F）—S，ARM1156T2（F）—S，以及 ARM1176JZ(F)—S。ARMV6 是 ARM 进化史上的一个重要里程碑，从那时候起，许多突破性的新技术被引进，存储器系统加入了很多新的特性，单指令流、多数据流（SIMD）指令也是从 V 6 开始首次引入。而最前卫的新技术，就是经过优化的 Thumb—2 指令集，它专为低成本的单片机及汽车组件市场而设计。

ARMV6 的设计中还有另一个重大的决定，虽然这个架构要能上能下，从最低端的 MCU 到最高端的"应用处理器"都通用，但不能因此就这也会，那也会，但就是都不精，所以仍须定位准确，使处理器的架构能胜任每个应用领域。结果就是，要使 ARMV6 能够灵活地配置和剪裁。对于成本敏感的市场，要设计一个低门数的架构，让它有极强的确定性；另一方面，在高端市场上，不管是要功能丰富的还是要高性能的，都要有独具匠心的设计。

最近几年，基于从 ARMV6 开始的新设计理念，ARM 进一步扩展了它的 CPU 设计，成果就是 ARMV7 架构的闪亮登场。在这个版本中，内核架构首次从单一款式变成 3 种款式。

款式 A：设计用于高性能的"开放应用平台"，越来越接近电脑了。

款式 R：用于高端的嵌入式系统，尤其是那些带有实时要求的，又要快又要实时。

款式 M：用于深度嵌入的，单片机风格的系统中。

让我们再近距离地考察这 3 种款式。

款式 A（ARMV7-A）：需要运行复杂应用程序的"应用处理器"。支持大型嵌入式操作系统（不一定实时），例如 Symbian（诺基亚智能手机用）、Linux、以及微软的 Windows CE 和智能手机操作系统 Windows Mobile。这些应用需要强大的处理性能，并且需要硬件 MMU 实现的完整而强大的虚拟内存机制，基本上还会配有 Java 支持，有时还要求一个安全程序执行环境。典型的产品包括高端手机和手持仪器，电子钱包以及金融事务处理机。这里的"应用"尤指大型应用程序，像办公软件、导航软件、网页浏览器等。这些软件的使用习惯和开发模式都很像 PC 上的软件，但是基本上没有实时要求。

款式 R（ARMV7-R）：硬实时且高性能的处理器。目的是应用于高端实时市场，那些高级的设备，像高档轿车的组件、大型发电机控制器、机器手臂控制器等。它们使用的处理器不但要速度高，功能多，还要极其可靠，对事件的反应也要极其敏捷。

款式 M（ARMV7-M）：认准了单片机的应用而量身定制。在这些应用中，尤其是对于实时控制系统，低成本、低功耗、快速中断反应以及高处理效率，都是至关重要的。

Cortex 系列是 V 7 架构的第一次亮相,其中 Cortex - M3/M4 就是按款式 M 设计的。

2. ARM 处理器的片内总线

ARM 公司设计各种处理器内核,并将设计授权给其他半导体厂家,这些厂家在 ARMIP 核的基础上,集成各种外部控件,生产出自己的 ARM 兼容 SOC 处理器产品。在 SOC 的设计中,除了处理器内核外,还有大量控制功能模块,模块之间的连接一般采用片内总线实现。

片内总线有多种规范,如 IBM CoreConnect 总线、OCP 总线、Wishbone 总线、Avalon 总线等。为了规范 ARM 兼容 SOC 设计,ARM 公司制定了 AMBA 片内总线标准,目前市场上的 ARM 处理器大多按照 AMBA 结构设计。

在实际产品中,AMBA2.0 标准应用较普遍,该标准包括四个部分:AHB(AdvancedHigh-Performance Bus)、ASB(Advanced System Bus)、APB(Advanced Peripheral Bus)和 TestMethodology。在 ARM SOC 设计中,常见 AHB 和 APB 二级总线的结构设计,AHB 负责 ARM 处理器内核与 DMA 控制器、片内存储器、SDRAM 控制器、LCD 控制器、快速以太网控制器等高速模块的连接,而 APB 总线则用于连接一些慢速的设备,如 UART 控制器、RTC、I^{2}C 控制器等。两条总线通过 AHB-APB 桥控制器互连,一起组成 SOC 芯片的片内架构,Cortex-M3 的片内总线结构如图 2.3－5 所示。

从图 2.3－5 可以看出,Cortex-M3 内部系统结构很复杂,尤其是总线结构,是在 ARM9、ARM11 等早期版本的基础上,继承了它们的优秀结构,又有所改进,使得系统的数据传输和指令传输更加流畅。尤其是通过高速 DMA 通道进行的数据传输,速度更快,更节省 CPU 的时间,性能更好。通过两个传输桥 AHB1 和 AHB2,将片内丰富的外部设备和 AHB 总线相连接,使得 CPU 能够快速地与这些外部设备实现数据交换,大大提高了系统的响应速度。

AHB 总线由 Master(主设备)、Slave(从设备)、Infrastructure(总线逻辑)三部分组成。所有的 AHB 总线操作都由 Master 发出,而由 Slave 响应 Master 发起的操作。AHB 系统中可同时存在多个主设备,存在总线竞争,因此需要总线仲裁(Arbiter)。

AHB 的从设备都映射到不同的地址空间,主设备发起操作时给出对应的 Slave 地址,由集中的地址译码器(Decoder)为地址范围内的 Slave 产生选择信号。

在计算机总线中,设备对总线的驱动常采用三态驱动器,当设备不应该向总线发出信号时,驱动器输出为高阻态,即将设备与总线断开,避免影响总线的工作。当驱动使能信号"ENB"无效时,驱动器关闭,对应的设备与总线隔离。实际应用中,一般控制、地址信号由 CPU 发出,是单向驱动,而数据信号是双向驱动。

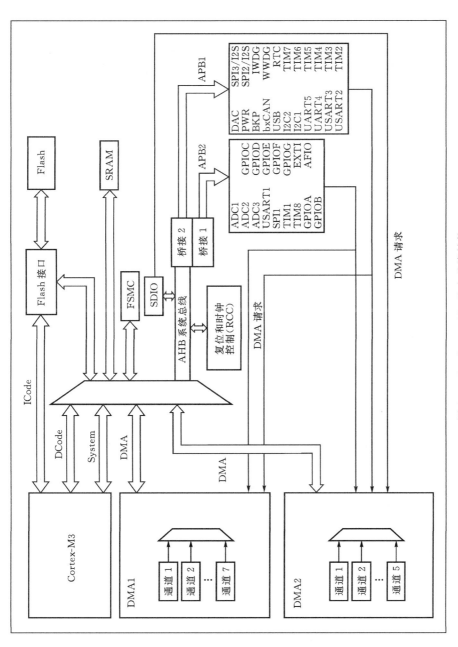

图 2.3 - 5　Cortex-M3 片内总线结构

AHB 总线没有采用传统的三态驱动方式,而采用复用器为通信的主、从设备建立连接,复用器起着多路开关的作用,根据总线仲裁的结果选通获得总线控制的主设备,或根据地址译码的结果选择对应的从设备。

在 AHB 系统中,设备采用彼此独立的读、写数据总线,主设备的写数据总线通过仲裁器控制的复用器送到从设备,从设备的读数据总线通过地址译码控制的复用器送到主设备。

APB 总线用于连接 UART、I²C、RTC 类的慢速设备,结构比 AHB 简单。APB 不是多主(Multi-Master)总线,在 APB 系统里,唯一的主设备就是 AHB-APB 桥控制器,因此不需要总线仲裁管理。

3.STM32F1 处理器的功能

STM32F1 是 32 位基于 ARMV7 架构的 ARM 处理器,采用 Cortex-M3 内核,具有高性能、低功耗、低价格的特点,是当前在嵌入式控制系统中应用很火的一款高性能的 ARM 处理器,适合应用在各种低成本、低功耗的嵌入式控制系统中。

为了简化硬件设计、控制系统综合成本、降低系统功耗,除了 Cortex-M3 ARM 处理器内核外,处理器基于 AMBA 片内总线结构集成了大量的功能模块,最大限度地减少扩展外部控件的需要。

1)内核:ARM32 位的 Cortex™-M3CPU

(1)最高 72 MHz 工作频率,在存储器的 0 等待周期访问时可达 1.25DMips/MHz(Dhrystone 2.1);

(2)单周期乘法和硬件除法。

2)存储器

从 64KB 到 512KB 的闪存程序存储器,从 20KB 到 512KB 的 SRAM。

3)时钟、复位和电源管理

(1)2.0~3.6V 供电和 I/O 引脚。

(2)上电/断电复位(POR/PDR)、可编程电压监测器(PVD);

(3)4~16 MHz 晶体振荡器;

(4)内嵌经出厂调校的 8 MHz 的 RC 振荡器;

(5)内嵌带校准的 40 kHz 的 RC 振荡器;

(6)带校准功能的 32 kHz RTC 振荡器;

(7)产生 CPU 时钟的 PLL。

4)低功耗

(1)睡眠、停机和待机模式;

(2)VBAT 为 RTC 和后备寄存器供电。

5)2 个 12 位模数转换器,1μs 转换时间(多达 16 个输入通道)

(1)转换范围:0 至 3.6V;

(2)双采样和保持功能;温度传感器。

6)DMA

(1)7 通道 DMA 控制器;

(2)支持的外设:定时器、ADC、SPI、I²C 和 USART。

7)多达 112 个快速 I/O 端口

(1)对应于不同引脚数的芯片,分别有 26、37、51、80、112 个 I/O 口。所有 I/O 口可以映像到 16 个外部中断;

(2)几乎所有端口均可耐受 5V 信号;

(3)I/O 口除了具有通用 I/O 功能外,都有各种片内外设的复用功能。

8)调试模式

串行单线调试(SWD)和 JTAG 调试接口。

9)多达 8 个定时器

(1)3 个 16 位定时器,每个定时器有多达 4 个用于输入捕获/输出比较/PWM 或脉冲计数的通道和增量编码器输入;

(2)1 个 16 位带死区控制和紧急刹车、用于电机控制的 PWM 高级控制定时器;

(3)2 个看门狗定时器(独立的和窗口型的);

(4)系统时间定时器:24 位自减型计数器。

10)多达 9 个通信接口

(1)多达 2 个 I²C 接口(支持 SMBus/PMBus);

(2)多达 3 个 USART 接口(支持 ISO7816 接口、LIN、IrDA 接口和调制解调控制);

(3)多达 2 个 SPI 接口(18Mb/s);CAN 接口(2.0B 主动);USB2.0 全速接口。

11)CRC 计算单元,96 位的芯片唯一代码

12)STM32 的供电系统

STM32F 的供电系统也比较复杂,涉及到内核 1.8V 供电、PLL 和 ADC 等模拟电路部件单独供电、后备电路单独供电、其他部分 3.3V 供电等。图 2.3-6 是 STM32F1 芯片的供电系统结构图。

13)STM32 引脚功能

图 2.3-7 是 STM32F103VE100pin 芯片的引脚功能图。图中显示了各个 I/O 口的复用功能。可以看出,大部分 I/O 口具有多个复用功能。

14)STM32 开发板

目前,因为使用 STM32 系列单片机的人越来越多,网上的使用笔记资料非常

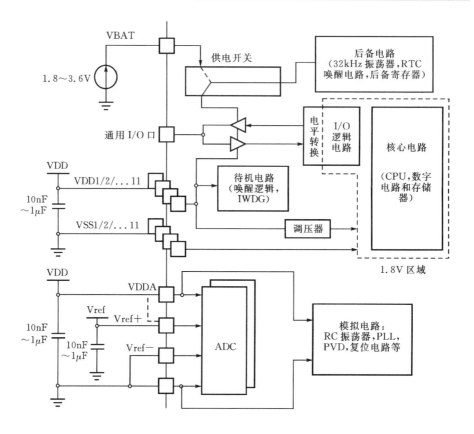

图 2.3－6　STM32F1 芯片的供电系统结构图

丰富,不懂之处在网上搜索学习,很快就可以弄明白,许多应用程序可以在网上找到并下载,经过适当的修改就可以应用于工程,加上网上丰富的硬件电路设计资料,再加上 ST 公司为 STM32 开发的比较成熟的固件库,使得 STM32 开发工作现在越来越简便易行,使得 STM32 系列单片机的应用十分广泛,成为近年来单片机应用的主流。因此许多公司推出了它们的开发板,这些开发板给用户开发单片机系统提供了极大的方便。同时对技术人员和学生学习这些单片机也起到了极好的推动作用。利用成熟的开发板进行产品的前期开发,成为单片机系统开发的首选方法。使得一款产品的开发,一开始就有一个硬件平台,就可以直接上手开发试验产品预计的一些基本功能,然后再完善电路和程序。这样可以大大加快开发进度,提高开发效率。

市售的基于 STM32 系列单片机的开发板很多,有硕耀、百为、红牛、正点原子、浩普、志明、鑫盛等品牌。这些都是国产开发板,性能稳定,价格较低,并配送大

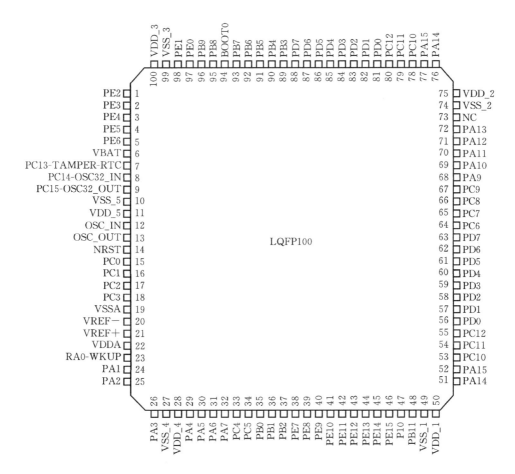

图 2.3 - 7　STM32F103XX100 脚芯片引脚图

量资料和开发实例,很适合于开发使用。也说明了国内在基于 STM32 的控制系统开发方面已经积累了一定的经验和人才。而且有些开发板设计精良,制作质量良好,用户只需要做一些外围电路与其相连就能组成系统,可以直接用于实际控制工程。这就大大减少了产品开发的工作量,提高了开发效率,而且直接采用别人批量生产的板子,通常要比自己做的数量很少的开发板质量好,稳定性和可靠性有保障。这些开发板被广泛用于各种实用控制系统的开发,方便快捷。使得用户不必要自己制作开发板,仅以此为核心硬件,只需要设计一些外围接口电路或功率接口电路与其预留的 I/O 插针相连,就可以进行控制系统的开发工作。图 2.3 - 8 是浩普 STM32F407VET6 开发板功能原理框图。图 2.3 - 9 是浩普 STM32F407VET6 开发板实物图。

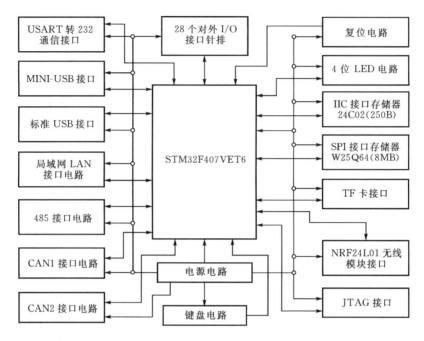

图 2.3-8　浩普 STM32F407VET6 开发板功能原理框图

15)STM32F4 相对于 F3 的改进

STM32F4xx(以下简称其为 F4)相对于 STM32F1xx(以下简称其为 F1)有一定的改进,对比相关资料将二者的区别汇总如下。

(1)F4 采用 Crotex M4 内核,F1 采用 Crotex M3 内核。

(2)F4 最高主频 168 MHz,F1 最高主频 72 MHz。

(3)F4 具有单精度浮点运算单元,F1 没有浮点运算单元。

(4)F4 有增强的 DSP 指令集。F4 执行 16 位 DSP 指令的时间只有 F1 的 30%～70%。F4 执行 32 位 DSP 指令的时间只有 F1 的 25%～60%。

(5)F4 内部 SRAM 有 192KB(112KB＋64KB＋16KB),F1 内部 SRAM 最大只有 64KB。

(6)F4 有备份域 SRAM(通过 Vbat 供电保持数据),F1 没有备份域 SRAM。

(7)F4 从内部 SRAM 和外部 FSMC 存储器执行程序的速度比 F1 快很多。F1 的指令总线 I-Bus 只接到 Flash 上,从 SRAM 和 FSMC 取指令只能通过 S-Bus,速度较慢。F4 的 I-Bus 不但连接到 Flash 上,而且还连接到 SRAM 和 FSMC 上,从而加快从 SRAM 或 FSMC 取指令的速度。

(8)F4 最大封装有 176 脚,可提供 140 个 GPIO;F1 最大封装为 144 脚,可提

图 2.3 - 9　浩普 STM32F407VET6 开发板实物图

供 112 个 GPIO。

(9)F4 的 GPIO 在设置为输出模式时,上下拉电阻的配置依然有效,即 F4 可以配置为开漏输出,内部上拉电阻使能。F1 的 GPIO 的内部上下拉电阻配置仅仅针对输入模式有用,输出时无效。

(10)F4 的 GPIO 最高翻转速度为 84 MHz,F1 最大翻转速度只有 18 MHz。

(11)F4 最多可以提供 6 个 UART 串口,F1 最多可提供 5 个 UART 串口。

(12)F4 可以提供 3 个 I2C 接口,F1 可提供 2 个 IIC 接口。

(13)F4 和 F1 都具有 3 个 12 位的独立 ADC,F1 可提供 21 个输入通道,F4 可以提供 24 个输入通道。F1 的 ADC 最大采样频率为 1M 次/s,2 路交替采样可到 2M 次/s(F1 不支持 3 路交替采样)。F4 的 ADC 最大采样频率为 2.4M 次/s,3 路交替采样可到 7.2M 次/s。

(14)F4 有 16 个 DMA 通道,F1 只有 12 个 DMA 通道。F4 的每个 DMA 通道有 4×32 位 FIFO,F1 没有 FIFO。

(15)F4 的 SPI 时钟最高速度为 37.5 MHz,F1 最高只有 18 MHz。

(16)F4 的 TIM2 和 TIM5 具有 32 位上下计数功能,F1 没有独立的 32 位定时器(32 位需要级联实现)。

(17)F4 和 F1 都有 2 个 I2S 接口,但是 F1 的 I2S 只支持半双工(同一时刻要么放音,要么录音),而 F4 的 I2S 支持全双工,放音和录音可以同时进行。

以作者多年使用 STM32 的经历,感觉对于运动控制类,以 F1 为主,其频率较低,抗干扰性能优于 F4。对需要大量快速数据处理的场合,F4 应是较好的选择。

2.3.4　STM32 关键技术

1.STM32F1 的 I/O 口结构及其工作原理

CPU 的 I/O 口一般指的是一个具体的输入输出口或者所有的输入输出口,CPU 端口通常指的是能一次操作的一组 I/O 口,例如 PA 口、PB 口等,STM32 的一个端口有 16 个 I/O 口。端口是处理器和外部联系的通道,处理器通过端口采集外部信息,输出显示内容,输出控制信号,与其他计算机或芯片进行数据通信或数据传输。

1)STM32F1/F4GPIO 口的内部结构

每一个 GPIO 口的内部结构如图 2.3-10 所示。

STM32F1/F4 一个端口内的任一位不能单独操作,在底层必须是按字(32 位)操作,而最终只有 32 位的低半字 16 位有效。

2)GPIO 端口的每个引脚可以由软件分别配置成多种模式如下:

(1)GPIO_Mode_AIN 模拟输入。

(2)GPIO_Mode_IN_FLOATING 浮空输入。

(3)GPIO_Mode_IPD 下拉输入。

(4)GPIO_Mode_IPU 上拉输入。

(5)GPIO_Mode_Out_OD 开漏输出。

(6)GPIO_Mode_Out_PP 推挽输出。

(7)GPIO_Mode_AF_OD 复用开漏输出。

(8)GPIO_Mode_AF_PP 复用推挽输出。

GPIOxBSRR 和 GPIOxBRR 寄存器允许对任何 GPIO 寄存器的读/更改的独立访问,这样,在读和更改访问期间产生中断时不会发生危险。

3)STM32F1/F4 端口配置寄存器如下:

端口配置低寄存器(GPIOx_CRL)(x=A..E)

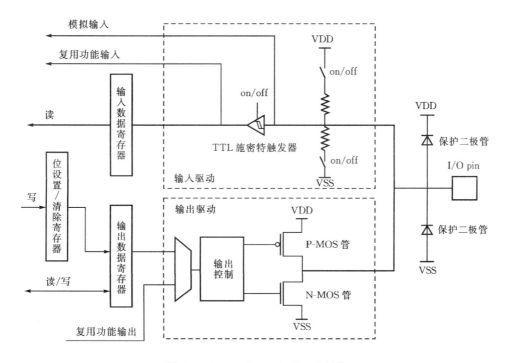

图 2.3 - 10　一个 GPIO 端口的结构

端口配置高寄存器(GPIOx_CRH)(x＝A..E)

端口输入数据寄存器(GPIOx_IDR)(x＝A..E)

端口输出数据寄存器(GPIOx_ODR)(x＝A..E)

端口位设置/清除寄存器(GPIOx_BSRR)(x＝A..E)

端口位清除寄存器(GPIOx_BRR)(x＝A..E)

端口配置锁定寄存器(GPIOx_LCKR)(x＝A..E)

4)STM32F1/F4 的 I/O 口寄存器功能归纳(每个 GPIO 端口)

(1)有两个 32 位配置寄存器 GPIOx_CRL 和 GPIOx_CRH。GPIOx_CRL 用于端口 x 低 8 位的配置,GPIOx_CRH 用于端口 x 高 8 位的配置。

(2)两个 32 位数据寄存器 GPIOx_IDR 和 GPIOx_ODR。GPIOx_IDR 是输入数据寄存器,它在每个 APB2 时钟周期捕捉 I/O 引脚上的数据(不论 I/O 引脚实际上是输出还是输入)。GPIOx_ODR 是输出数据寄存器,在将 I/O 口配置为通用输出时,GPIOx_ODR 的数据将会输出到对应的 I/O 引脚上。

(3)1 个 32 位置位/复位寄存器 GPIOx_BSRR。该寄存器的位 31:16 是 BR15-BR0:其作用是清除端口 x 的位 BRy(y＝0…15)为 0。这些位只能写入并只能以字(16 位)的形式操作。

0:对对应的 ODRy 位不产生影响;

1:清除对应的 ODRy 位为 0。

注:如果同时设置了 BSy 和 BRy 的对应位,BSy 位起作用。

位 15:0 是 BS15—BS0:设置端口 x 的位 BSy(y=0…15)为 1。这些位只能写入并只能以字(16 位)的形式操作。

0:对对应的 ODRy 位不产生影响;

1:设置对应的 ODRy 位为 1。

1 个 16 位复位寄存器 GPIOx_BRR。该寄存器的位 15:0 是 BRy:清除端口 x 的位 y(y=0…15)为 0,其作用与寄存器 GPIOx_BSRR 的位 31:16 功能相同,就是清除端口 x 的位 BRy(y=0…15)为 0。这些位只能写入并只能以字(16 位)的形式操作。

0:对对应的 ODRy 位不产生影响;

1:清除对应的 ODRy 位为 0。

1 个 32 位锁定寄存器 GPIOx_LCKR。当执行正确的写序列设置了该寄存器的位 16(LCKK)时,该寄存器用来锁定端口位的配置。位[15:0]用于锁定 GPIO 端口的配置。在规定的写入操作期间,不能改变 LCKP[15:0]。当对相应的端口位执行了 LOCK 序列后,在下次系统复位之前将不能再更改端口位的配置。

5)端口工作原理

当作为输出配置时,写到输出数据寄存器上的值(GPIOx_ODR)输出到相应的 I/O 引脚。可以以推挽模式或开漏模式(当输出 0 时,只有 N-MOS 被打开)使用输出驱动器。

输入数据寄存器(GPIOx_IDR)在每个 APB2 时钟周期捕捉 I/O 引脚上的数据(不论 I/O 引脚实际上是输出还是输入)。

所有 GPIO 引脚有一个内部弱上拉和弱下拉,当配置为输入时,它们可以被激活也可以被断开。

6)I/O 口配置数据

输入配置(MODE=00);输出配置(MODE>00)。

复用功能配置(CNF=1X);通用 I/O(CNF=0X)。

模拟输入配置(CNF=00)。

具体见表 2.3-1 所示。表中的 CNF1、CNF0、MODE1、MODE0 是 STM32F1/F4 的 I/O 口控制寄存器 GPIOx_CRL、GPIOx_CRH 中对应于每个 I/O 引脚的相应位,PxODR 是端口输出数据寄存器。该表说明了 STM32F1/F4 I/O 口配置所规定的数据,将其设置到对应的 GPIOx_CRL、GPIOx_CRH 寄存器中就可以了。

表 2.3-1　STM32F1/F4 端口配置数据表

配置模式		CNF1	CNF0	MODE1	MODE0	PxODR 寄存器
通用输出	推挽式（Push-Pull）	0	0	01		0 或 1
	开漏（Open-Drain）		1	10		0 或 1
复用功能输出	推挽式（Push-Pull）	1	0	11		不使用
	开漏（Open-Drain）		1	表 2.3-2 输出速度设置		不使用
输入	模拟输入	0	0			不使用
	浮空输入		1	00		不使用
	下拉输入	1	0			0
	上拉输入					1

MODE[1:0]	意义
00	保留
01	最大输出速度为 10 MHz
10	最大输出速度为 2 MHz
11	最大输出速度为 50 MHz

7)复用重映射(像)和调试 I/O 配置寄存器(AFIO_MAPR)

为了优化 64 脚或 100 脚封装的外设数目,便于对有些端口 16 位的整体使用,可以把一些复用功能重新映射到其他引脚上。STM32F1/F4 在内部设置了可以被重新映射的各个内部外设的引脚,可以通过重映射将这些外设连接到这些引脚上,可以通过设置复用重映射和调试 I/O 配置寄存器(AFIO_MAPR)实现引脚的重新映射。这时,复用功能不再连接到它们的原始引脚上,而是连接到重映射的引脚上。重映射和调试 I/O 配置寄存器(AFIO_MAPR)内容见表 2.3-2。

复用功能或者重映射功能的实现,就是通过对寄存器 AFIO_MAPR 的设置实现的。例如对定时器 4 的重映射,是通过对 AFIO_MAPR 的位 12 置 1 实现的。位 12 是定时器 4 的重映射 TIM4_REMAP,该位可由软件置'1'或置'0',控制将 TIM4 的通道 1~4 映射到 GPIO 端口上。

0:没有重映射(TIM4_CH1/PB6(Pin92),TIM4_CH2/PB7,TIM4_CH3/PB8,TIM4_CH4/PB9);

1:完全映射(TIM4_CH1/PD12(Pin59),TIM4_CH2/PD13,TIM4_CH3/PD14,TIM4_CH4/PD15)。

注:重映射不影响在 PE0 上的 TIM4_ETR(ETR 指的是外部触发)。

8)复位后的 I/O 端口状态

复位期间和刚复位后,复用功能未开启,I/O 端口被配置成浮空输入模式(CNFx[1:0]=01b,MODEx[1:0]=00b)。复位后,JTAG 引脚被置于输入上拉或下拉模式:

PA15:JTDI 置于上拉模式,PA14:JTCK 置于下拉模式,PA13:JTMS 置于上拉模式,PB4:JNTRST 置于上拉模式。

这种配置方式对于所有连接在 I/O 口上的外部设备,都是安全的。

表 2.3-2　复用重映射(重映像)和调试 I/O 配置寄存器 AFIO_MAPR

地址偏移:0x04

复位值:0x0000 0000

31	30	29	28	27	26	25	24	23	22	21	20	19	18	17	16
保留					SWJ_CFG[2:0]			保留			ADC2_E TRGREG REMAP	ADC2_E TRGINJ REMAP	ADC1_E TRGREG REMAP	ADC1_E TRGINJ REMAP	TIM5CH 4_IREM AP
					rw	rw	rw								

15	14	13	12	11	10	9	8	7	6	5	4	3	2	1	0
PD01_ REMAP	CAN_REMAP [1:0]		TIM4_ REMAP	TIM3_REMAP [1:0]		TIM2_REMAP [1:0]		TIM1_REMAP [1:0]		USART3_REMAP [1:0]		USART2 _REMAP	USART1 _REMAP	I2C1_ REMAP	SPI1_ REMAP
rw	rw	rw	rw	rw	rw	rw	rw	rw	rw	rw	rw	rw	rw	rw	rw

位 31:27	保留。

2.AD 转换的规则转换组与注入转换组

STM32 的每个 ADC 模块通过内部的模拟多路开关,可以切换到不同的输入通道并进行转换。STM32 特别地加入了多种成组转换的模式,可以由程序设置好之后,对多个模拟通道自动地进行逐个的采样转换。

有 2 种划分转换组的方式:规则通道组和注入通道组。通常规则通道组中可以安排最多 16 个通道,而注入通道组可以安排最多 4 个通道。

规则通道组的转换是在程序中确定的位置安排的转换,当程序运行到这里时就开始转换。注入通道组是在中断函数中进行的转换,由于许多中断的发生不在指定的程序位置上,几乎都是随机发生的,因此中断函数可能会在程序运行的任何允许中断的程序段内被执行。因此可以说,注入转换组的转换也是随机的,但是由于它是在中断函数内执行的,而中断函数的优先级永远高于普通程序段,因此注入组转换的优先级也高于规则组的转换。

在执行规则通道组扫描转换时,如有带有注入通道组的转换的被允许的中断发生,就会打断规则组的转换,而执行注入组的转换,等本次中断服务完成后,再继续进行被打断的规则组转换。

二者的关系:规则通道组的转换是程序的正常执行,而注入通道组的转换则是程序正常执行被打断,在中断函数内发生的转换。

例如在院子内放了 5 个温度探头,室内放了 3 个温度探头,需要一直监视室外温度,但偶尔也想看看室内的温度,因此可以使用规则通道组循环扫描室外的 5 个探头并显示 AD 转换结果。当想看室内温度时,通过一个按钮启动注入转换组(3 个室内探头)并暂时显示室内温度。当放开这个按钮后,系统又会回到规则通道组继续监测室外温度。从系统设计上,测量并显示室内温度的过程打断了测量并显示室外温度的过程。但程序设计上可以在初始化阶段分别设置好不同的转换组,系统运行中不必再变更循环转换的配置,从而实现两个任务互不干扰和快速切换的目的。可以设想一下,如果没有规则组和注入组的划分,当按下按钮后,需要重新配置 AD 循环扫描的通道,然后在释放按钮后需再次配置 AD 循环扫描的通道。

上面的例子因为速度较慢,不能完全体现这样区分(规则组和注入组)的好处,但在工业应用领域中有很多检测和监视探头需要较快地处理,因此将 AD 分为规则组和注入组能简化事件处理的程序并提高事件处理的速度。

3. 独立看门狗与窗口看门狗

STM32F103 有两个看门狗,独立看门狗和窗口看门狗,其实两者的功能是类似的,只是喂狗的限制时间不同。

独立看门狗是限制喂狗时间在 0~x 内,x 由相关寄存器决定,喂狗的时间不能过晚。可见独立看门狗与其他单片机中的看门狗是相同的,所以此处不再介绍。

这里主要介绍 STM32 的窗口看门狗,其喂狗时间有上下限范围,可以通过设定相关寄存器,设定其上限时间和下限时间。喂狗的时间不能过早也不能过晚。

窗口看门狗技术具体如下:

(1)控制寄存器 WWDG-＞CR,低 8 位有效。其 D7 位为看门狗激活位。低 7 位[6:0]为看门狗计数器的计数值。

(2)配置寄存器 WWDG-＞CFR,低 10 位有效。其 D10 位为 EWI,提醒唤起中断。此位置 1,当计数器值到达 0x40 时,将产生中断。

D9、D8 位 WDGTB 为计数器分频系数设置位。其定义如下:

00:CK 计时器时钟(PCLK1 除以 4096)除以 1;

01:CK 计时器时钟(PCLK1 除以 4096)除以 2;

10:CK 计时器时钟(PCLK1 除以 4096)除以 4;

11:CK 计时器时钟(PCLK1 除以 4096)除以 8;

低 7 位[6:0]为窗口值。

(3)一个可编程的递减计数器。

(4)触发芯片复位的条件:未在规定的时间范围内喂狗(喂狗就是对规定的递减计数器更新)。具体如下:

①喂狗太晚,太长时间没有喂狗,超过了规定的时间。

②喂狗太早,早于需要的最短时间。

(5)看门狗复位预警中断,该中断让应用程序在芯片复位前有机会喂狗。

窗口看门狗的上窗口就是配置寄存器 WWDG—>CFR 里设定的 W[6:0];下窗口是固定的 0x40;当窗口看门狗的计数器在上窗口值之外,或是低于下窗口值都会产生复位。

(6)上窗口的值为 7 位,7 位二进制数最大只可以设定为 127(0x7F),最小又必须大于下窗口的 0x40,所以其取值范围为 64~127(即:0x40~0x7F)。

(7)配置寄存器 WWDG—>CFR 中为计数器设定时钟分频系数,确定这个计数器可以定时的时间范围,从而确定窗口的时间范围。

(8)窗口看门狗的时钟来自于 PCLK1,在时钟配置中,其频率为外部时钟经分频器后的二分频时钟,即为 36 MHz,根据手册可以知道其定时时间计算方法:

上窗口时间:$T\_min = 4096 \times (2^{\hat{}}WDGTB) \times (WWDG\_CR[6:0] - WWDG\_CFR[6:0])/36(\mu s)$

下窗口时间:$T\_max = 4096 \times (2^{\hat{}}WDGTB) \times (WWDG\_CR[6:0] - 0x40)/36(\mu s)$

基于 36 MHz 不同分频值时窗口看门狗的喂狗时间范围见表 2.3 - 3。

表 2.3 - 3　基于 36 MHz 不同分频值时窗口看门狗的喂狗时间范围

WDGTB(计数器分频值)	最早喂狗时间/μs	最晚喂狗时间/ms
0	113	7.28
1	227	14.56
2	455	29.12
3	910	58.25

在正确设置了基频 36 MHz 后,再将窗口看门狗的计数器分频值 WDGTB 设置为 3,测试窗口看门狗的复位情况,结果如下:

①在 30ms 时喂狗,在窗口范围内喂狗,正常;

②在 100μs 时喂狗,小于下窗口,在窗口范围外,导致复位;

③在 100ms 时喂狗,大于上窗口,在窗口范围外,导致复位;

④主函数不执行喂狗,开启提前唤醒中断,在 WWDG 中断函数中喂狗。

库函数实现在提前唤醒中断内进行喂狗操作,程序正常运行。当外部中断发生,长时间不喂狗,引发窗口看门狗复位。

2.3.5　嵌入式处理器的选择

嵌入式系统是为特定应用进行硬件、软件定制的专用计算机系统,应用千差万别,所以应用对嵌入式处理器的需求存在巨大差异。在设计一个新的嵌入式系统时,处理器的选择是一个需要仔细研究的问题。这一点和通用计算机处理器的选择有很大的区别。而在为 PC 机选择处理器时,需要考虑的问题比较单纯,在价格承受的范围里,计算速度是选择处理器的最关键因素。

在嵌入式系统设计中,可能有多种处理器都可以满足系统的功能/性能要求,具体选择哪一种,往往需要综合考虑,在多种因素中取得一个平衡结果。

为嵌入式系统选择处理器需要考虑以下几个方面的因素。

1. 处理器性能

嵌入式处理器的性能取决于多个方面的因素,如字长、体系结构、时钟频率、cache 设计、片内/片外总线带宽等。对于嵌入式系统中的处理器,一般并不过度追求速度,而是重点在于确保性能可以满足系统特定应用的需要,过高的速度往往伴随着成本的上升和功耗的增加。

2. 处理器功能与接口

不同于 PC 机那样有着标准化的功能和接口,嵌入式系统硬件差异性很大。在为嵌入式选择处理器时,需要研究处理器提供的功能和接口。一般嵌入式处理器都会集成一些功能模块和接口控制器,如网络接口、LCD 显示接口、RS-232 串行接口、RTC、I²C 等,使用这些内置的功能和接口,可以减少整个系统芯片的数量、降低功耗、提高稳定性,而且减轻了系统开发工作量。

3. 处理器的扩展能力

现在的嵌入式处理器集成度很高,但不能保证满足所有的应用要求,大多情况下,在应用中要为处理器扩展一些外部功能。实际设计中,要研究系统片内存储器(RAM、Flash 等)、外部存储器(如 IDE 硬盘、SD 存储卡、存储条、存储器芯片等)、标准总线(如 PCI)、A/D 接口、显示接口(如 VGA 显示接口、LCD 显示接口、LED 数码管接口等)等功能扩展的需求,并以此作为处理器选型的一个依据。

4. 处理器对内部存储器的支持

内部存储器是计算机的基本组成部分,嵌入式系统中的存储器有多种类型,常见的有 SRAM、SDRAM、NOR Flash、NAND Flash 等,嵌入式处理器对存储器类型的支持、寻址的能力、是否有足够容量的片内存储器等,是器件选型的一个重要因素。

5. 处理器对网络的支持

网络化是嵌入式系统的一个发展趋势,对于需要支持网络接口的系统,在选择处理器时要考虑其对网络的支持能力,包括硬件支持和软件支持两个方面。硬件上,处理器要支持网络接口,一种方式是芯片内部集成网络控制器,另一种是外部扩展相关硬件模块;软件上,处理器需要支持相关网络协议,如 TCP/IP 协议,协议可以附带在嵌入式操作系统中,也可以是在裸机上的驱动。

6. 处理器的功耗与电源管理

嵌入式系统一般都有比较严格的功耗控制要求,尤其对于电池供电的系统,过高的功耗是致命性的问题。处理器往往是嵌入式系统中功耗最大的器件之一,在功耗要求严格的系统中,处理器一定要用低功耗的类型。另外,如果处理器支持灵活的电源管理,将有利于控制系统的运行功耗,如在任务执行过程中,系统全速运行,而在空闲期间,处理器可以控制系统进入睡眠状态,甚至掉电状态,从而显著地降低系统总功耗。

7. 处理器的环境适应性

嵌入式系统都有特定的应用环境,处理器必须能够适应系统环境的要求。工作温度范围是一个非常重要的指标,民用级、工业级和军用级的处理器工作温度范围不一样。另外一些特殊的应用有特殊的环境要求,如在航天器中,处理器可能还需要有防空间辐射的要求。

8. 操作系统的支持

在功能简单的嵌入式系统中,不需要运行操作系统,但对于那些复杂功能的系统,嵌入式操作系统可能是必不可少的软件平台。在这种情况下,选择处理器时要考虑其是否支持嵌入式操作系统,支持的操作系统是否满足系统设计的要求。

9. 软件资源是否丰富

在嵌入式系统的设计过程中,软件开发的工作量很大,为了缩短开发周期,提高软件的可靠性,经常需要充分利用已有成熟、可靠的软件资源,如协议栈(如 H.323协议栈、SIP 协议栈、TCP/IP 协议栈等)、设备驱动程序、甚至操作系统下的应用软件。

10. 软件开发工具

嵌入式软件的开发包括代码编辑、编译、链接、调试几个阶段,一般采用交叉开发的方法,在开发机上设计软件并生成目标机的可执行代码,在目标机上调试运行。开发过程复杂,涉及很多的软件工具,所以嵌入式处理器一般有对应的软件集成开发环境(IDE),将软件开发过程设计的所有工具集成在一个图形化的开发平台中。功能完善、界面友善的 IDE 可以使软件的开发工作事半功倍。

11. 处理器支持的调试接口

嵌入式系统开发中软件调试、下载及系统测试是一个非常重要的工作,为此很多处理器提供灵活的调试接口,通过这个接口,使用专门的开发工具可以将运行代码下载到目标机中,并可跟踪软件的运行,随时查看处理器的寄存器和系统存储器的内容。友好的调试接口为嵌入式系统开发提供有力的支持,常见的调试接口有 JTAG 与单线接口。

12. 处理器的封装形式

嵌入式系统往往需要定制硬件,涉及到 PCB 设计、生产及元/器件焊接。在实际工作中芯片的封装是个需要考虑的问题。元/器件封装有直插和表面贴装两种,表面贴装技术具有组装密度高,可靠性高,高频性能好、可以降低成本、便于自动化生产等优点。嵌入式处理器越来越多地采用表面贴装的封装形式,如 QFP、SOP、BGA 等,选择处理器封装要考虑 PCB 元件密度、焊接成本、调试要求等因素。

13. 处理器的评估板/开发板

评估板为处理器提供一个功能评测的实际平台,通常也是一个很好的软、硬件设计参考。对于一个开发团队不熟悉的处理器型号来说,评估板有着尤其重要的作用。通过对评估板的测试,可对处理器的功能、性能有客观的认识,从而指导处理器的选型。另外,评估板也可以作为具体应用设计的参考,大大降低系统开发的难度,缩短开发周期。

14. 处理器成本及系统综合成本

通常成本是嵌入式系统开发需要考虑的关键问题,选择处理器当然要考虑价格因素。分析成本时,不能仅看处理器本身,要看系统综合成本。有时候一种处理器价格低,但外部需要扩充一些控制器,而另一种处理器价格高,可需要的控制器已经集成在芯片内,这时候要分析系统的综合成本。

15. 单片机的市场接受度和市场占有率

市场占有率越高的单片机,其生命周期越长。例如 8051 单片机,从现今技术的发展来看,十年前就应该淘汰了,但是就是由于其市场占有率居高不下,许多大公司投入巨额资金支持开发基于 51 内核的性能更强的 51 单片机,使其品种越来越多,功能越来越强。其原因除了 8051 单片机本身性能优异(这一点很重要)外,还有就是用得多了,积累的资料也就多了,在网上随手就能查到任何复杂算法的8051 单片机程序模块,能查到不计其数的 8051 应用电路和程序,就会很快地设计好自己的系统。而且一旦碰到问题,马上能在网上得到解答,很快就会完成工作,大大节省了产品的开发成本和开发周期。而且由于这种单片机卓越的性能,由其担纲的嵌入式测控系统稳定可靠,表现出色。美国 ATMEL 公司的 AT89CXX 和

AVR 单片机、美国德州仪器公司的 MSP430 系列和 DSP 系列以及各半导体公司的 ARM 系列处理器也各显神通,经久不衰。

16. 应用的普遍性、稳定性、可靠性

一般来说,权威厂家的处理器产品,或是经过长期、广泛应用的处理器产品技术支持好,而且稳定性、可靠性经过普遍验证,值得信赖。对于新推出的处理器或冷门处理器,选用前要做好充分的论证和测试。

17. 项目开发人员对产品的熟悉程度

产品是人设计出来的,选择开发人员熟悉的处理器,可以降低开发风险、缩短开发周期。

18. 产品的供货周期和生命期

选择的处理器产品供货周期必须要满足系统开发、生产的要求。另外,嵌入式处理器产品的生命期要长,能够稳定地提供产品生产、再生产以及后续维护、维修的产品供货。

总之,在选择单片机时一定要选择那些市场用量大、生命周期长、网上资源多、开发速度快的单片机。

2.3.6 嵌入式系统外围电路与接口电路设计

外围电路与接口电路主要有电源电路、数字量输入与输出电路、模拟量输入与输出电路、功率输出接口电路、通信接口、键盘与显示器接口等,处理器与这些外围电路相结合才能实现嵌入式系统预定的功能。

1. 市电供电的嵌入式系统电源方案

电源是嵌入式系统工作的动力源,电源的稳定是嵌入式系统能够稳定工作的保证。由市电供电的嵌入式系统,其电源可以直接购买市场出售的电源,只要电源的输出功率足够,电压稳定就行。笔者推荐最好使用开关电源,当然这是一个颇有争议的问题。长期以来,许多同行认为开关电源纹波大,不能用于处理器的供电,对于处理器的供电,要用线性稳压电源(工频变压器整流、滤波的稳压电源)。这是因为很早以前的开关电源纹波较大,对嵌入式系统工作有不良影响。而现在的开关电源质量已经大大提升,一般能满足嵌入式系统的供电需要,例如所有的 PC 机都使用的是开关电源,因为相对于线性电源来说开关电源有如下诸多优点:

(1)显著的优点就是效率高。功率器件工作于开关状态,功耗小。

(2)开关电源可对市电进行直接整流、滤波,然后通过功率开关管进行调整,不需要线性稳压中的体积笨重的工频变压器。隔离式的 DC-DC 变换器,它也使用变压器,但由于功率开关管开关频率高,所用变压器为高频变压器,功率相同的前提下,高频变压器比工频变压器要轻小很多,同时功率器件功率小,所需的散热器件也小,此外功率开关管开关频率高,所需的滤波用电感电容数值较小,所以开关电源相对于线性电源来说体积小、重量轻。

(3)在保证输出电压的前提下,开关电源可以允许很宽的输入电压波动,在市电不稳的情况下,仍然能提供稳定的输出。

(4)输出调节能力强,在负载变化较大、输出电流变化较大时,仍然能输出稳定的电压。

所以笔者推荐在市电供电情况下的嵌入式系统,最好选用开关电源供电。

2. 便携式嵌入式系统电源方案

这里给出便携嵌入式系统电源设计的注意事项以及设计中应遵循的准则。这些原则对任何具有强大功能且必须以电池供电的便携嵌入式系统电源设计都是适用的。根据所描述的构造模块,读者可以为特定设计选择合适的器件以及设计策略。

(1)供电路径选择:为电源电路规定具体的功能和架构模块并非微不足道,这些工作直接影响到电池供电系统的工作时间。电源系统架构会因嵌入式产品和应用领域的不同而各异。假设产品由电池组或外接电源供电。电源路径控制器的功能是,当有多个电源时,负责切换至合适的电源。在某些设计中可能需要考虑包括新兴的 USB 和以太网供电(POE)等供电方式。对于电源路径控制器,一个经常被忽略的问题是当从一个电源切换到另一个时,无论时间多短,都不能在两者间形成回路。这可能需要额外的反向连接二极管或开关。同样,当采用其中一个电源供电时,该电源的电压不应通到另一个电源的输入端。

(2)电源保护:保护电路保护电池免受过压、欠压、过热、过流及其它异常状况的损坏;专门的电池充电电路应在一旦有其它供电来源的情况就对电池进行充电;电量计量电路连续监测电池电量状况,并为用户和电源管理软件提供电池状态信息。

(3)多电源、多电压供电:系统可能需要多个 DC-DC 功率变换器。例如开关电源(SMPS)、LDO 稳压器、电荷泵等。这些不同的变换器用于产品设计内所有可能的输入电源和所需的不同电压。数字接口或硬件按钮控制器负责开启和关闭系统——有时也称软启动。在一些最近推出的功率变换器中,数字接口也可被用来微调各种变换器产生的输出电压。在具有功耗意识的电源设计中,这种微调是必需的。

(4)高效电源的标准:在嵌入式应用中,电源效率并不限于传统的系统输出功率与系统输入功率之比这样一个定义。在嵌入式系统,高效电源方案应满足以下标准:

①采用电池供电时,设备可长时间工作。

②延长电池寿命(充放电次数)。

③限制元器件和电池本身的温升。

④提供集成智能软件,以使效率最大化。

事实上,没有单一的指导方针可以最大化电源方案的效率,设计人员在开发电源系统时会综合考虑这些问题。电池寿命(充放电次数)取决于电池的充电特性,对锂离子电池来说,制造商通常建议遵循最优充电电流(恒流模式)和终止/预充电电流值。当设计充电器电路时,必须严格遵守这些规范。

(5)电池管理:对于消费类电子产品,电池保护必须被视为基本特性,因为它与用户的人身安全息息相关。必须采取充分的措施检测电池的过压、欠压和温度;必须选用诸如温变电阻等合适的器件来确保无论在任何异常条件下,都能自动限制电流的大小;必须安装电量计进行电量检测,除了正常电量检测功能外,电量计还能确保电池安全。大部分电量计安装于电池上,可用于检测电池温度、放电电流等。

(6)电源拓扑结构:由于存在很多可用的功率变换器拓扑结构,所以正确选择电源变换器并非易事。一般来说,在需要高效率和大输出电流的场合,必须避免使用线性稳压器。在采用开关电源的场合,设计人员应确保采用适当的拓扑(降压、升压、降压-升压,电荷泵,SEPIC 等),以保证即使在电池电压下降到最低工作值的情况下,电源也能维持期望的输出电压,这有助于延长设备的工作时间。

(7)降压变换器:同步变换器通常具有比异步变换器更高的效率。不过,这种架构选择在很大程度上取决于该变换器在工作状态下所需的输出电流以及占空比。因此,采用同步变换器所带来的少许效率提升并不足以弥补所增加的成本。

(8)滤波电感:用于滤除开关电源输出纹波的电感种类的不同通常会对变换器效率有不同影响。在各种电感选择中,低直流阻抗及在工作频率下具有低磁损耗的电感是首选。

(9)电源的热设计:热设计应与电气设计同步进行。各个 IC 或无源器件的封装必须要能处理其正常工作状态下的发热问题。许多芯片制造商建议采用带过孔的热焊盘,并在 PCB 上采用大焊盘来更好地散热。紧凑型嵌入式产品通常没有添加风扇的空间,但必须考虑到 PCB 上的通风通道以及足够的散热措施。

(10)电源的软件:电源设计往往被当作纯粹的硬件设计。但是,为了得到高效的电源方案,设计人员需要为电源电路增加软件智能。软件控制的一些基本功能包括,检测由电源路径开关选择的是哪种电源;在电池供电时,对不需要的电路减少供电电流。更精妙的电源管理软件还会包括其它参量,例如:系统运行的应用种类、最低外设要求、最慢时钟频率以及运行此应用所需的最低电压,并据此相应地控制电源输出、时钟发生器和接口 IC 的状态。

遵循上述经验规则可以显著提高便携式设备的电源性能。例如,一款典型的

30W 多输出电源方案的整体效率可高达 85%～90%。目前已有多家集成电路制造商可提供一系列高集成度 IC,具备上述各种功能。根据不同的电源要求,一些应用可能需要单芯片方案,而另一些则可能采用分立模块。毕竟,在竞争激烈的嵌入式产品市场,电池寿命和设备工作时间是影响买方选择的关键因素。典型便携嵌入式系统的电源管理方案见图 2.3-11。

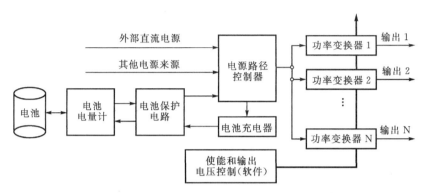

图 2.3-11　典型便携嵌入式系统的电源管理方案

2.3.7　嵌入式系统输入输出接口设计

嵌入式系统的输入接口分为模拟量输入接口和数字量输入接口,分别叙述如下。

1. 模拟量输入接口

模拟量输入接口就是模拟信号输入接口,主要有需检测的各种物理量的传感器送来的模拟信号,这些信号有些是标准的电压信号或电流信号。对于电压信号,如果是小信号,还要加信号放大电路,信号放大电路通常以运算放大器为核心。如果是电流信号,还要加取样电阻,使电流通过取样电阻泄放掉,从而在取样电阻上获得电压信号。

这里要强调的是,这些电压信号可能与所选择的处理器或者模数转换器的输入电压范围不一致,对于信号偏小的情况,要将其放大到所需的范围。对于信号偏大的情况,要将其通过取样电阻分压到所需范围。信号放大电路见图 2.3-12。

在信号范围调整好后,要根据处理器的模拟量输入路数来确定是否需要外加多路模拟开关,对于输入信号路数少于处理器允许的输入路数的情况,信号可以直接连接到处理器的多路 A/D 信号输入端口。否则要外加多路模拟开关。

图 2.3-12 选用通用运算放大器 LM324,这是一款内含 4 个独立运算放大器的芯片,既可以单电源供电,也可以双电源供电,本图中对信号采用了两级放大。在前一级放大电路中加入了调节放大倍数的电位器 RP1,用于产品整定时调节放

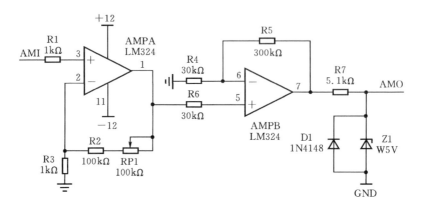

图 2.3-12　信号放大电路

大倍数。

　　在最后信号输出端加了一个普通二极管和一个稳压二极管,普通二极管作用是,如果有负电压输出时进行钳位,使得负电压最低不会超过该二极管的正向压降。如果是硅二极管,其值在 −0.7V 左右;锗管的话,其值在 −0.3V 以内,以使后级电路的输入端口不会有过低的负电压输入,以保护输入端口。稳压二极管的作用是使送给下一级电路的电压不高于 5V,以保护下一级电路的输入端口。

　　多路模拟开关常用电路见图 2.3-13。该电路选用的是常用的 8 路双向模拟开关芯片 CD4051。该芯片可以对从 VEE～VCC 的模拟信号电压选通,VEE 可以连接到 −5V,图 2.3-13 电路中,−5V 电压是由电路供电电源已有的 −12V 通过两个电阻 R1、R2 分压得到。这样的话,图中的 4051 可以通过 −5V～VCC 的模拟电压。

　　2. 数字量输入接口

　　数字量输入接口通常接在处理器的通用 I/O 口上。但是对于 I/O 口不够用的情况,需要外扩隔离锁存器,将信号接到锁存器的输入端,将锁存器的输出端连接到处理器的数据总线上,锁存器的输出端必须为三态端口,平常其输出为高阻态,将其与数据总线隔离,只有在选通该器件时,器件的输出口才将输入口上的数据输出到总线上,供处理器读取。由于选用的锁存器的输出为三态端口,因此可以在数据总线上连接多个这样的锁存器,其输出口都并联到电路板的数据总线上。其输入口与各自所对应的数字量输入信号相连,因此一个处理器可以读取成百上千个数字量的输入。

　　典型的数字量输入接口器件是 74HC573 芯片,其与处理器的连接见图 2.3-14 所示。

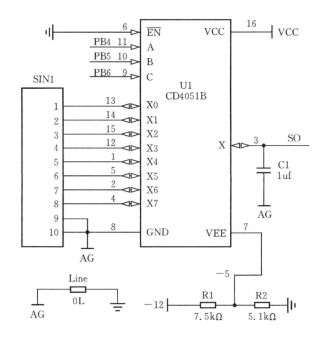

图 2.3 - 13　8 选 1 模拟开关 CD4051 电路

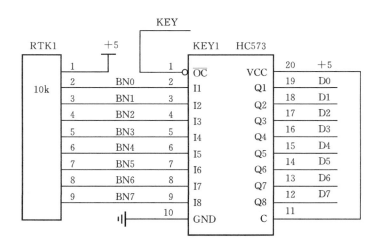

图 2.3 - 14　数字量输入扩展接口电路

　　图 2.3 - 14 中 KEY 为读选通信号,在该信号有效(低电平)时,数据 BN0-BN7 穿过 HC573 到达其输出口,直接送到数据总线 D0~D7 上,被处理器读取。当读选通信号消失后,HC573 的输出口又呈现高阻态,与总线隔离开,实现了数字量信

号的输入与数字信号与总线的隔离。这里最关键的是选通信号 KEY 的处理, KEY 是由处理器的读信号和 KEY1HC573 芯片的地址相与得到的一个组合逻辑信号。

要注意,如果将数字量输入到总线上,则总线所连接的处理器端口必须设置为输入,且要将其输入口设置为常用的上拉或下拉或高阻态中的一种。具体设置为哪一种,要根据数字量信号的特点决定。如果在读取开关量的时刻,CPU 的数据端口 D0～D7 还设定在输出状态,就会发生总线冲突,烧坏 CPU 的数据口和锁存器 573 的输出口。

3. 数字量输出接口

嵌入式处理器的数字量输出接口通常通过其 I/O 口直接进行,在 I/O 口可用数量不够时,采用扩展的方法,常用的扩展芯片是 74HC574,74HC574 的数字量扩展接口电路连接见图 2.3 - 15。

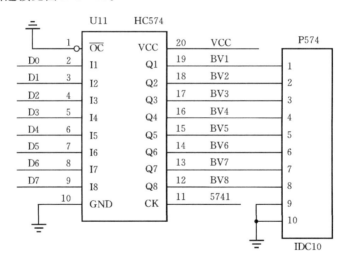

图 2.3 - 15　数字量输出扩展接口电路

74HC574 的特点是输出口在触发信号 5741 的上升沿才改变为输入口上的数据,不像 74HC573 那样有一段透明时间段,这段透明时间内,总线上的无用数据就会穿过 573 到达其输出口,对输出口连接的设备会造成错误的控制,而 74HC574 只有在触发信号的上升沿才改变输出并锁存输出数据。因此在任何情况下,输出的都是给定的信号,不会导致电路误动作。图 2.3 - 15 中连接 74HC574 的 11 脚的信号 5741 是数据输出的触发信号。

4. 功率输出接口

嵌入式处理器的 I/O 口最好不要长期输出大电流,虽然有些处理器声称能够在高电平下输出多至 20 mA 电流,在低电平下能够吸入多至 40 mA 的电流,但是这么大的电流长期通过片内的管子,在散热不良时累积的热量会使芯片发烫。如果有几个这样的 I/O 口在这样的大电流下工作,尽管所设计的总电流小于规定的总电流,但是由于芯片内是半导体电路,半导体的重要特点是其温度稳定性差,在发热时,其内部的电子扩散就比较活跃,一段时间后,其 FLASH 程序区的某一位的寄存器就可能由于这种活跃的电子扩散,而发生数据的改变,由 0 变为 1,从而使程序代码遭到破坏。还有就是这个承担大电流的 I/O 口内的 CMOS 管长期处于大电流,也有可能损坏,这样的话,这个端口就坏了。不管是程序坏了还是端口坏了,都必然会造成控制系统故障,可能造成严重后果,如果是在飞机、航天器、火车、舰船等控制系统内,有可能造成灾难性事故。

因此笔者建议一定要加接功率接口。因为功率接口不过就是用几个三极管或者 CMOS 管、光耦或继电器而已,就几毛钱一只,而且体积不大,贴片的体积就更小,占用电路板的面积很小。但是却大大减少了芯片内的电流,减少了芯片的发热,从而保护了芯片的正常工作,大大提高了系统的可靠性。

功率输出接口通常驱动一个三极管或者 CMOS 管,通过这些管子驱动更大功率的器件动作。由三极管驱动的带光电隔离的输出接口电路见图 2.3 - 16。

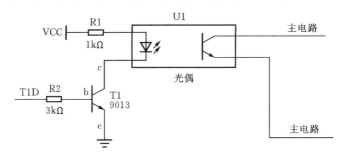

图 2.3 - 16　带光电隔离的输出接口电路

图 2.3 - 16 中 R1 为限流电阻,其阻值大小以能可靠点亮光耦内的发光二极管而又不至于使其电流太大为原则。R2 为三极管基极的限流电阻,其阻值大小以能可靠驱动三极管而又不至于使其基极电流太大为原则。光耦内部的光敏三极管是主电路的通道,但是它允许的电流通常较小,要注意勿使其过载,以防烧坏。如果负载电流较大,必须选取更大的管子,通常都要有较大的冗余量,以确保元件不过载,不烧坏。光耦类电路的主电路通常不能承受高电压,在设计时要根据其耐压值选用合适的光耦器件。有些功率部件需要较高的电压或较大的电流,往往用一个小功率三极管驱动一个大功率三极管或 MOSFAT 器件。

使用功率较大的器件,在设计时还必须考虑散热问题,要加装散热器。散热器的安装方位,要考虑有利于流经散热器的气流的流动。在设计电路的 PCB 板时,就要预留功率器件安装散热器的位置。

带光电隔离的可控硅功率接口电路见图 2.3－17。这种电路的主电路可以接交流 220V,可以控制各种单相用电器。

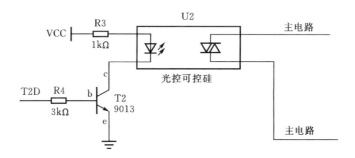

图 2.3－17　带光电隔离的可控硅功率接口电路

由三极管驱动继电器的接口电路见图 2.3－18。例如风扇、洗衣机、加热器、电冰箱、单相电动机等设备常常采用这种功率接口进行控制。

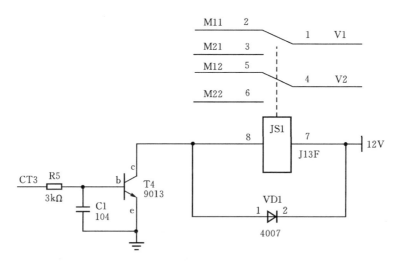

图 2.3－18　三极管驱动继电器的接口电路

注意在采用继电器驱动的电路里,在三极管关断瞬间,继电器线圈上会由于电磁惯性定律(楞次定律:感生电压的方向总是企图使自己所产生的电流的磁场阻碍原来磁场的变化)而产生一个高电压。在具体表现上,便是该感生电压的高压端处在线圈与三极管集电极相连的一端,低压端处于线圈与 12V 电源相连的一端,这样一来加在三极管集电极的电压就成为 12V 再加上线圈的感生电压,而线圈的感生电压很高,就可能会击穿三极管。为了保护三极管,在电路中加了一个二极管(如图中所示的 VD1),用来钳位三极管集电极的电压,使其只可能比 12V 高出一个二极管的压降(0.7V 左右),同时通过这个二极管泄放三极管关断瞬间,在继电器线圈上产生的感生电流,故称此二极管为续流二极管。

小功率三极管驱动一个大功率三极管或 MOSFAT 器件的电路见图 2.3-19。图中用一个小功率三极管 9012,驱动一个大功率的 MOSFAT 管 IRF630。IRF630 额定电流为 9A,驱动一个 2A 电流的直流电机是个很好的选择。当然要驱动更大的负载,就需要选用更大电流的 MOSFAT 管子才行。

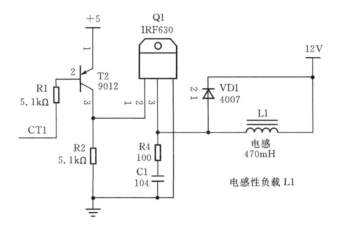

图 2.3-19　小功率三极管驱动一个大功率 MOSFAT 器件的电路

2.4　本章小结

本章根据控制系统设计需求,对 PC 板卡控制系统、数字调节器、单片机控制系统等常用控制系统进行了介绍。对常用的嵌入式系统处理器 8051 系列、AVR 系列、MSP430 系列、PIC 系列、STC 系列、C8051F 系列、ARM-STM32 系列等处理器的特点、功能、应用情况和嵌入式处理器的选用原则等作了详细说明。对处理器的外围电路(其它功能电路)包括电源电路、模拟量输入电路、数字量输入接口电路、数字量输出接口电路、功率驱动输出接口电路等技术进行了系统的阐述。

第 3 章　嵌入式控制系统软件设计

嵌入式控制系统的软件设计涉及到嵌入式操作系统选择、软件开发平台选择、程序设计语言选择等多项重要选择,然后才是程序设计开发。程序开发就是在硬件基础上,通过程序让所设计的硬件实现预定的功能。程序设计工作量大,要编写程序的主流程图和各部分的流程图,再根据程序流程图逐一编写各部分的具体程序。程序设计前期,对嵌入式操作系统和开发平台的学习、熟悉与选择,对高效完成程序的设计开发具有重要意义。本章重点对嵌入式处理器(单片机)常用的操作系统的原理和应用进行学习,在对最常用的两种嵌入式操作系统进行对比分析的基础上,选用实时性更好的 μC/OS 作为重点,将其核心思想和睿智的方法呈现给读者,并以基于目前最流行的一款微控制器 ARM 芯片 STM32F103VE 的三维打印机控制系统设计为例,介绍基于 μC/OS-III 实时操作系统的嵌入式系统软件设计方法。对嵌入式系统最重要的功能——AD 数据采集、CAN 总线通信与串行通信 USART 的编程做了系统的阐述,给出了经过严格测试的实用程序。

3.1　嵌入式实时操作系统 μC/OS 基础知识

嵌入式操作系统经历了多年发展,出现了诸多可用的操作系统,如 Integrated System Incorporation(ISI) 的 PSOS,MG 的 VxWorks,QNX 公司的 QNX,Palm OS,WinCE,嵌入式 Linux,Lynx,μC/OS,Nucleux,以及国内的 Hopen,DeltaOS 等嵌入式操作系统。相关的嵌入式开发工具(包括仿真器、逻辑分析仪、软件编译器和调试器)也得到了长足的发展,进一步推动了嵌入式系统的发展和自动化技术的进步。

μC/OS 和 μClinux 操作系统,是当前得到广泛应用的两种免费且源码公开的嵌入式操作系统。μC/OS 适合于实时性要求高的小型控制系统,具有执行效率高、占用空间小、实时性能优良和可扩展性强等特点。其最小内核可编译至 2KB。μClinux 则是继承标准 Linux 的优良特性,针对嵌入式处理器的特点设计的一种操作系统,具有内嵌网络协议、支持多种文件系统、开发者可利用标准 Linux 先验知识等优势。其编译后目标文件可控制在几百 KB 量级。

μC/OS 是一种源代码公开、结构小巧、具有可剥夺内核的实时操作系统。其内核提供任务调度与管理、时间管理、任务间同步与通信、内存管理和中断服务等功能。

μClinux 是一种优秀的嵌入式 Linux 版本,是 Micro-Conrol-Linux 的缩写。同标准 Linux 相比,它集成了标准 Linux 操作系统的稳定性、强大的网络功能和出色的文件系统等主要优点。但是由于没有 MMU(内存管理单元),其多任务的实现需要一定技巧,而且其实时性不如 μC/OS,不属于实时操作系统。

对 μC/OS 和 μClinux 进行比较,可以看出这两种操作系统在应用方面各有优劣。μC/OS 占用空间少,执行效率高,实时性能优良,且针对新处理器的移植相对简单。μClinux 则占用空间相对较大,实时性能一般,针对新处理器的移植相对复杂。但是,μCLinux 具有对多种文件系统的支持能力,内嵌了 TCP/IP 协议。因此可以借鉴 Linux 丰富的资源,对一些复杂的应用,μClinux 具有相当优势。例如 CISCO 公司的 2500/3000/4000 路由器和现用的许多智能手机就是基于 μClinux 操作系统开发的,尤其是基于 μClinux 的安卓系统在智能手机的应用更是独占鳌头,如日中天。

总之,操作系统的选择是由嵌入式系统的需求决定的。简而言之就是,小型控制系统可充分利用 μC/OS 小巧且实时性强的优势。如果开发 PDA 和互联网连接终端等较为复杂的系统,则 μClinux 是不错的选择。当然,如果所设计的控制系统功能比较简单,也可以不用操作系统,直接进行普通的程序设计即可。

μC/OS 操作系统现在已经发展到版本 III,本书以 μC/OS-II 作为重点学习的操作系统进行介绍。由于多任务操作系统的内核功能和编程思想方法都是类似的,因此弄懂了 μC/OS 系统的原理后,其他操作系统的学习就会触类旁通,快速掌握。

由于 μC/OS 有许多专著可供开发人员参考使用,因此本书旨在为学生学习 μC/OS 提供核心的知识,通过本书的学习,能掌握 μC/OS 的核心知识,为后续的程序设计打好基础。μC/OS 许多细节的知识,依靠读者在应用 μC/OS 的过程中逐步地钻研和深入学习。

3.1.1　μC/OS 概述

在嵌入式操作系统领域,由美国嵌入式系统专家 Jean J. Labrosse 开发的 μC/OS,由于开放源代码和强大而稳定的功能,曾经一度在嵌入式系统领域引起强烈反响。

不管是对于初学者,还是有经验的工程师,μC/OS 开放源代码的方式使其不但知其然,还知其所以然。通过对于系统内部结构的深入了解,能更加方便地进行开发和调试;并且在这种条件下,完全可以按照设计要求进行合理的裁剪、扩充、配置和移植。通常,购买 RTOS 往往需要一大笔资金,使得一般的学习者望而却步;而 μC/OS 对于学校研究完全免费,只有在应用于盈利项目时才需要支付少量的版权费,特别适合一般使用者的学习、研究和开发。自 1992 第 1 版问世以来,已有成千上万的开发者把它成功地应用于各种系统,其安全性和稳定性已经得到认证。

μC/OS 是一种可移植的、可植入 ROM 的、可裁剪的、抢占式的实时多任务操作系统内核。它被广泛应用于微处理器、微控制器和数字信号处理器。

μC/OS-III 的前身是 μC/OS 和 μC/OS-II,最早出自于 1992 年美国嵌入式系统专家 Jean J. Labrosse 在《嵌入式系统编程》杂志的 5 月和 6 月刊登的文章连载,并把 μC/OS 的源码发布在该杂志的 BBS 上。

μC/OS 是专门为计算机的嵌入式应用设计的,绝大部分代码是用 C 语言编写的。CPU 硬件相关部分是用汇编语言编写的,总量约 200 行的汇编语言部分被压缩到最低限度,为的是便于移植到任何一种 CPU 上。用户只要有标准的 ANSI C 的交叉编译器、汇编器、连接器等软件工具,就可以将 μC/OS 嵌入到所开发的产品中。μC/OS 具有执行效率高、占用空间小、实时性能优良和可扩展性强等特点。最小内核可编译至 2KB。μC/OS 已经移植到了几乎所有知名的 CPU 上。

严格地说,μC/OS 只是一个实时操作系统内核,它仅仅包含了任务调度、任务管理、时间管理、内存管理和任务间的通信和同步等基本功能。没有提供输入输出管理、文件系统、网络等额外的服务。但由于 μC/OS 良好的可扩展性和源码开放,这些非必须的功能完全可以由用户自己根据需要分别实现。

μC/OS 的目标是实现一个基于优先级调度的抢占式的实时内核,并在这个内核之上提供最基本的系统服务,如任务管理、事件管理(信号量、邮箱、消息队列等)、内存管理、中断管理等。

μC/OS 以源代码的形式发布,是开源软件,但并不意味着它是免费软件,可以将其用于教学和私下研究(peaceful research)。但是如果要将其用于商业用途,那么必须通过 Micrium 获得商用许可。

因为 μC/OS 已经有了 2 次版本升级,分别为 μC/OS-II 和 μC/OS-III,μC/OS-III 为现行发布的最新版本,但是其程序内核与以前版本相比变化不多。本书主要介绍 μC/OS-II,因为 μC/OS-III 绝大多数程序内核与 μC/OS-II 相同,因此在本书以后的叙述中,除非需要特别说明之处,为了叙述简便,将不区分 μC/OS-II 和 μC/OS-III,而将其统称为 μC/OS。

3.1.2　μC/OS 基本内容

1. 任务管理

μC/OS-I 中最多可以支持 64 个任务,μC/OS-II 中最多可以支持 255 个任务,每个任务独享一个优先级，μC/OS-I 的任务优先级有 64 个。因此系统中最多允许 64 个任务运行，包括了用户任务和系统任务，分别对应于优先级 0～63，其中 0 为最高优先级，63 为最低优先级。系统保留了 4 个最高优先级任务和 4 个最低优先级任务，用户可以使用的任务数有 56 个。

μC/OS-III 可以支持的任务数目不受限制，任务优先级数目也不受限制，允许多个任务共享一个优先级，在同一个优先级内的多个任务采用时间片轮转调度运行。

2. 时间管理

μC/OS 是通过定时中断来实现时间管理的，该定时中断一般为 10ms 到 100ms 发生一次，时间频率由用户对硬件系统的定时器编程来实现。中断发生的时间间隔是固定不变的，该中断也成为一个时钟节拍。

μC/OS 要求用户在这个定时中断函数中，调用系统提供的与时钟节拍相关的系统函数，例如中断级的任务切换函数、系统时间函数。

3. 内存管理

在 ANSI C 中使用 malloc 和 free 两个函数来动态分配和释放内存。但在嵌入式实时系统中，多次这样的操作会导致内存碎片，且由于内存管理算法的原因，malloc 和 free 的执行时间是不确定的。

4. 任务间的通信与同步

对一个多任务的操作系统来说，任务间的通信和同步是必不可少的。μC/OS 提供了几种同步事件，分别是信号量、邮箱、消息队列等事件。所有这些同步事件都有创建、等待、发送、查询的接口用于实现任务间的通信和同步。

5. 任务调度

μC/OS 采用的是可剥夺型实时多任务内核。可剥夺型的实时内核在任何时候都运行就绪了的最高优先级的任务。

3.1.3　μC/OS 的组成部分

μC/OS 可以大致分成核心、任务处理、时间处理、任务同步与通信、CPU 的移植等 5 个部分。

(1)核心部分(OSCore.c)。核心部分是操作系统的处理核心，包括操作系统初始化、操作系统运行、中断进出的前导、时钟节拍、任务调度、事件处理等多个部分，能够维持系统基本工作的部分都在这里。

(2)任务处理部分(OSTask.c)。任务处理部分中的内容都是与任务的操作密切相关的，包括任务的建立、删除、挂起、恢复等。因为 μC/OS 是以任务为基本单位调度的，所以这部分内容也相当重要。

(3)时钟部分(OSTime.c)。μC/OS 中的最小时钟单位是 timetick(时钟节拍)。任务延时等操作是在这里完成的。

(4)任务同步和通信部分。为事件处理部分,包括信号量、邮箱、消息队列、事件标志等部分,主要用于任务间的互相联系和对临界资源的访问。

(5)与 CPU 的接口部分。与 CPU 的接口部分是指 μC/OS 针对所使用的 CPU 的移植部分。由于 μC/OS 是一个通用性的操作系统,所以对于关键问题上的实现,还是需要根据具体 CPU 的内容和要求作相应的移植。这部分内容由于牵涉到 SP 等系统指针,所以通常用汇编语言编写。主要包括中断级任务切换的底层实现、任务级任务切换的底层实现、时钟节拍的产生和处理、中断的相关处理等内容。

3.1.4 μC/OS 代码与处理器的关系及其移植

μC/OS 是用 C 语言(绝大部分)和汇编语言(与处理器密切相关的部分)编写的。在编写时要注意,其任务管理、任务间的通信等核心代码是与处理器无关的。这些代码不论使用什么处理器,都是同样的程序代码。μC/OS 源代码中已经包含了这些程序,可以直接使用。而有些代码是与处理器相关的,在选定了 CPU 后,就要采用适用于该 CPU 的代码。通常用户可以直接在网上下载使用,如果下载不到,需要自己移植。另外,还有一些代码是与应用相关的,需要根据应用需求去设置。

1. μC/OS 代码与处理器的关系

μC/OS-II 代码与处理器的关系见图 3.1-1。

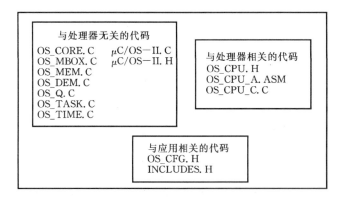

图 3.1-1 μC/OS-II 代码与处理器的关系

要使 μC/OS 正常运行,处理器必须满足以下要求:

(1)用 C 语言就可以打开和关闭中断。

(2)处理器支持中断,并且能产生定时中断(通常在 10～100ms)。

（3）处理器支持能够容纳一定量数据（可能是几 KB）的硬件堆栈。

（4）处理器有将堆栈指针和其它 CPU 寄存器读出和存储到堆栈或内存中的指令。

像 Motorola 6805 系列的处理器不能满足上面的（4）要求，所以 μC/OS 不能在这类处理器上运行。

由于 μC/OS 为自由软件，当用户用到 μC/OS 时，有责任公开应用软件和 μC/OS的配置代码。如果用户打算在选定的处理器上使用 μC/OS，可以在正式的 μC/OS 网站 www.μCOS.com 中查找一些移植实例。这些实例有些是 μC/OS 爱好者自发移植后发到网上的，有些是处理器厂家指定软件公司为其处理器移植的。最好能找到一个现成的移植实例就省事多了，如果没有就只好自己移植编写了。

如果用户理解了处理器和 C 编译器的技术细节，移植 μC/OS 的工作实际上是非常简单的。前提是所选用的处理器和编译器满足了 μC/OS 的要求，并且已经有了必要工具。移植工作包括以下几个内容：

（1）用 ♯define 设置一个常量的值（参见 OS_CPU.H）。

（2）声明 10 个数据类型（参见 OS_CPU.H）。

（3）用 ♯define 声明 3 个宏（参见 OS_CPU.H）。

（4）用 C 语言编写 6 个简单的函数（参见 OS_CPU_C.C）。

（5）编写 4 个汇编语言函数（参见 OS_CPU_A.ASM）。

根据处理器的不同，一个移植实例可能需要编写或改写 50 至 300 行的代码，需要的时间从几个小时到一星期不等。

2. 代码测试

一旦代码移植结束，下一步工作就是测试。测试一个像 μC/OS 一样的多任务实时内核并不复杂。甚至可以在没有应用程序的情况下测试。换句话说，就是让内核自己测试自己。这样做有两个好处：第一，避免使本来就复杂的事情更加复杂；第二，如果出现问题，可以知道问题出在内核代码上而不是应用程序。刚开始的时候可以运行一些简单的任务和时钟节拍中断服务例程。一旦多任务调度成功地运行了，再添加应用程序的任务就是非常简单的工作了。

3. 开发工具

如前所述，移植 μC/OS 需要一个 C 编译器，并且是针对用户 CPU 的。因为 μC/OS 是一个可剥夺型内核，用户只有通过 C 编译器来产生可重入代码；C 编译器还要支持汇编语言程序。绝大部分的 C 编译器都是为嵌入式系统设计的，它包括汇编器、连接器和定位器。连接器用来将不同的模块（编译过和汇编过的文件）连接成目标文件。定位器则允许用户将代码和数据放置在目标处理器的指定内存映射空间中。所用的 C 编译器还必须提供一个机制来从 C 中打开和关闭中断。

一些编译器允许用户在 C 源代码中插入汇编语言。这就使得插入合适的处理器指令来允许和禁止中断变得非常容易了。还有一些编译器实际上包括了语言扩展功能,可以直接从 C 中允许和禁止中断。

4. 目录和文件

可以设计一个连续的目录结构,使得用户更容易找到目标处理器的文件。如果想增加一个其它处理器的移植实例,用户可以考虑采取同样的方法(包括目录的建立和文件的命名等)。

所有的移植实例都应放在用户硬盘的\SOFTWARE\$\mu$COS-II 目录下。各个微处理器或微控制器的移植源代码必须在以下两个或三个文件中找到:OS_CPU. H, OS_CPU_C. C, OS_CPU_A. ASM。汇编语言文件 OS_CPU_A. ASM 是可选择的,因为某些 C 编译器允许用户在 C 语言中插入汇编语言,所以用户可以将所需的汇编语言代码直接放到 OS_CPU_C. C 中。放置移植实例的目录决定于用户所用的处理器,通常对每个目标处理器建立一个独立的目录,在其中放置与该处理器相关的移植文件。每个独立目录中都包括了相同的文件名,但是这些名字相同的文件,内容却不相同,各自表达了自己 CPU 的相关内容。

3.2　μC/OS 的内核代码

μC/OS 将一个个可以独立操作的进程按照一个个独立的任务来管理。一个任务相当于 Windows 操作系统中的一个进程。μC/OS 引人入胜的思想,就是其对任务的清晰管理。它的内核代码明确地表达了这些思想,对这些代码的深入理解是掌握 μC/OS 的关键,因此这里对其内核代码中最关键的那些函数进行分析,以便读者能领略到其中睿智的思想方法和卓越的编程技巧,为熟练应用 μC/OS 打下扎实的基础。

3.2.1　任务内容描述

一个任务通常是一个能实现某一功能的独立的程序模块,而且是一个无限循环,如程序清单 L3.2.1 所示。一个任务看起来像其它 C 的函数一样,有函数返回类型,有形式参数变量,但是由于任务是一个无限循环[L3.2.1(2)],因此就不像普通函数那样在结束时可以返回数据,任务没有结束,因此不会返回数据。故其返回参数必须定义成 void[L3.2.1(1)]。

程序清单 L3.2.1　任务是一个无限循环

```
void YourTask (void * pdata)                              (1)
{   for (;;) {                                            (2)
              / * 用户代码 * /
```

调用 μC/OS 的某种系统服务：

OSMboxPend()；

OSQPend()；

OSSemPend()；

OSTaskDel(OS_PRIO_SELF)；

OSTaskSuspend(OS_PRIO_SELF)；

OSTimeDly()；

OSTimeDlyHMSM()；

/* 用户代码 */

}

}

L3.2.1 中的各函数，是 μC/OS-II 最常用的一些函数，在随后的各节内会展示出来，这里只是说明一个任务就是这样的一套程序。当任务完成以后，如果不需要了，任务可以自我删除。注意删除任务只是 μC/OS 不再管理这个任务，这个任务的代码不会再运行了。但是任务代码还在代码区，并非真的删除了。在以后条件合适需要再运行这个任务时，就可以再次启动运行该任务。

形式参数变量[L3.2.1(1)]是由用户代码在第一次执行该任务的时候带入的。请注意，该变量的类型是一个指向 void 的指针。这是为了允许用户应用程序传递任何类型的数据给任务。它可以指向一个变量的地址或一个结构，甚至是一个函数的地址。也可以建立许多相同的任务，所有任务都使用同一个函数（或者说是同一个任务代码程序）。例如，用户可以将四个串行口安排成每个串行口都是一个单独的任务，而每个任务的代码实际上是相同的，并不需要将代码复制四次。用户可以建立一个任务，向这个任务传入一个指向某数据结构的指针变量，这个数据结构定义串行口的参数（波特率、I/O 口地址、中断向量号等）。

μC/OS-II 可以管理多达 64 个任务，但目前版本的 μC/OS-II 有两个任务已经被系统占用了，保留了优先级为 0、1、2、3、OS_LOWEST_PRIO-3、OS_LOWEST_PRI0-2、OS_LOWEST_PRI0-1 以及 OS_LOWEST_PRI0-0 这 8 个任务以备将来使用。OS_LOWEST_PRI0 作为定义的常数，是在 OS_CFG.H 文件中用定义常数语句♯define constant 定义的。因此用户可以有多达 56 个应用任务，必须给每个任务赋以不同的优先级，优先级可以从 0 到 OS_LOWEST_PRI0-2。优先级号越小，任务的优先级越高。μC/OS-II 总是运行进入就绪态的优先级最高的任务。目前版本的 μC/OS-II 中，任务的优先级号就是任务编号（ID）。优先级号（或任务的 ID 号）也被一些内核服务函数调用，如改变优先级函数 OSTaskChange Prio()，以及任务删除函数 OSTaskDel()。

为了使 μC/OS-II 能管理用户任务,用户必须在建立一个任务的时候,将任务的起始地址与其它参数一起传给两个函数(任务建立函数)中的一个:OSTaskCreat()或 OSTaskCreatExt()。OSTaskCreateExt()是 OSTaskCreate()的扩展,扩展了一些附加的功能。

3.2.2　任务的状态

使用 μC/OS 系统时,任务可以有 5 种状态,分别是睡眠态、就绪态、等待(或挂起)状态、运行态和中断状态。可以把 μC/OS 看作是一个独唱队的领队,各个任务就是这个队的一个个演员,CPU 就是舞台,每个时刻,只能由一个演员占领舞台独唱。每个时刻,这些演员必定处在以下 5 种状态之一。①睡眠态:这个演员被从队伍中除名,与队伍没有关系,领队不再管理这个人,这个人居家酣睡。②就绪态:这个演员一切准备就绪,随时可以上台演出。③等待(或挂起)状态:演员处于规定的延时等待或因故挂起状态而不能演出。④演出状态:一个演员正在舞台上表演时的状态。⑤中断状态:演员的演出因故被中断,这个演员此时处于中断状态。μC/OS中的各个任务在不同的时刻也必定处于这样 5 种状态之一。除了睡眠态之外,处于其它 4 种状态之一的任务都处于 μC/OS 的管理之下,并由于各种原因而在这 5 种状态之间切换。图 3.2-1 是 μC/OS 控制下的任务状态切换图。

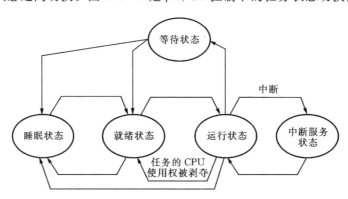

图 3.2-1　任务的状态

(1)睡眠态(Dormant)指任务的程序代码存在于程序区,但任务还未被建立(μC/OS 中所谓任务建立指的是任务的启用),或者任务被删除的状态。系统不再管理这个任务,相当于那个被除名的演员,在家呆着,领队不再管理他了。在此期间这段代码也不会被执行,相当于睡眠。μC/OS 可以通过建立任务函数使睡眠态的任务进入就绪态,也可以通过删除任务函数使一个任务变为睡眠态。

(2)就绪状态(Ready)。任务一旦建立,这个任务就进入了就绪态,准备运行。任务的建立可以是在多任务运行开始之前,也可以是动态地被一个运行着的任务建立。如果一个任务是被另一个任务建立的,而这个任务的优先级高于建立它的那个任务,则这个刚刚建立的任务将立即得到 CPU 的控制权。一个任务可以通过调用任务删除函数 OSTaskDel()返回到睡眠态,或通过调用该函数让另一个任务进入睡眠态。

调用 OSStart()可以启动多任务。OSStart()函数运行进入就绪态的优先级最高的任务。一个处于就绪态的任务何时才能运行呢?只有当所有优先级高于这个任务的那些任务被暂停(延时或挂起)转为等待状态,或者是被删除了,它才能进入运行态。

(3)等待或挂起状态(Pending)。正在运行的任务可以通过以下三种方法,使自身处于等待状态或挂起状态而退出就绪状态。①调用挂起函数 OSTaskSuspend()将自身挂起。②调用延时函数 OSTimeDly()或 OSTimeDlyHMSM()将自身延迟一段时间,延迟期间,任务就被挂起而处于等待状态。等待期间,下一个进入了就绪态且优先级最高的任务立刻接管了 CPU 的控制权。在等待的时间过去以后,系统服务函数 OSTimeTick()才使延迟了的任务又进入就绪态。③调用以下 3 个函数之一:等待信号量函数 OSSemPend(),等待消息邮箱函数 OSMboxPend(),或等待消息队列函数 OSQPend()。调用后任务进入了等待事件状态。当任务因等待事件而被挂起(Pend)时,下一个处于就绪态的优先级最高的任务立即得到了 CPU 的控制权。当所等待的事件发生了,被挂起的任务才能重新进入就绪态。事件发生的报告可能来自另一个任务,也可能来自中断函数。

(4)运行状态(Running),任务得到 CPU 控制权而运行。

(5)中断状态(Interrupt),正在运行的任务是可以被中断的,除非该任务将中断关了,或者 μC/OS 将中断关了,被中断了的任务就进入了中断服务态(ISR)。响应中断时,正在执行的任务被挂起,中断函数控制了 CPU 的使用权。中断函数可能会报告一个或多个事件的发生,而使一个或多个任务进入就绪态。在这种情况下,从中断函数返回之前,μC/OS 要判定,被中断的任务是否还是就绪态任务中优先级最高的。如果中断函数使一个优先级更高的任务进入了就绪态,则新进入就绪态的这个优先级更高的任务将得以运行,否则原来被中断了的任务才能接着运行。如果在该中断函数内将刚才中断的任务挂起了或删除了,中断返回后就只能运行其他符合条件的任务了。

当所有的任务都在等待事件发生或等待延迟时间结束也就是处于挂起状态时,μC/OS 执行空闲任务 OSTaskIdle()函数。

3.2.3　任务控制块(Task Control Blocks,OS_TCBs)

任务控制块是一个数据结构,在启动 μC/OS 系统时,μC/OS 就在 RAM 区分配一连串的空的任务控制块 OS_TCBFreeList,称之为空任务控制块链表。一旦任务建立了,系统就会在空任务控制块中分配一个给刚建立的这个任务,并对该任务控制块赋值(程序清单 L3.2.2)。当任务被挂起时,μC/OS 用任务控制块来保存该任务的状态信息。任务控制块主要包括以下信息:①任务的堆栈指针;②任务控制块扩展指针;③任务堆栈的栈底指针;④任务堆栈容量;⑤选择项;⑥任务识别码;⑦下一个任务控制块指针;⑧上一个任务控制块指针;⑨事件控制块指针;⑩消息指针;此外还有任务延迟时间、状态字、优先级、加速进入任务的相关值、任务是否需要删除等信息。

当任务重新得到 CPU 使用权时,任务控制块能确保任务从当时被中断的那一点丝毫不差地继续执行。OS_TCBs 全部驻留在 RAM 中。读者将会注意到μC/OS 在组织这个数据结构时,考虑到了各成员的逻辑分组。任务建立的时候,OS_TCBs 就被初始化了(见 3.3 任务管理)。

程序清单 L3.2.2　μC/OS 任务控制块 OS_TCB

```
typedef struct os_tcb {
    OS_STK          * OSTCBStkPtr;
#if OS_TASK_CREATE_EXT_EN
    void            * OSTCBExtPtr;
    OS_STK          * OSTCBStkBottom;
    INT32U            OSTCBStkSize;
    INT16U            OSTCBOpt;
    INT16U            OSTCBId;
#endif
    struct os_tcb   * OSTCBNext;
    struct os_tcb   * OSTCBPrev;
#if (OS_Q_EN && (OS_MAX_QS>=2)) || OS_MBOX_EN || OS_
    SEM_EN
    OS_EVENT        * OSTCBEventPtr;
#endif
#if (OS_Q_EN && (OS_MAX_QS>=2)) || OS_MBOX_EN
    void            * OSTCBMsg;
#endif
    INT16U            OSTCBDly;
    INT8U             OSTCBStat;
    INT8U             OSTCBPrio;
    INT8U             OSTCBX;
```

```
    INT8U              OSTCBY;
    INT8U              OSTCBBitX;
    INT8U              OSTCBBitY;
#if OS_TASK_DEL_EN
    BOOLEAN            OSTCBDelReq;
#endif
} OS_TCB;
```

程序清单 L3.2.2 中变量含义如下：

. OSTCBStkPtr 是指向当前任务栈顶的指针。μC/OS 允许每个任务有自己的栈，尤为重要的是，每个任务的栈的容量可以是任意的。有些商业内核要求所有任务栈的容量都一样，除非用户写一个复杂的接口函数来改变之。这种限制浪费了 RAM，当各任务需要的栈空间不同时，也得按任务中预期栈容量需求最多的来分配栈空间。OSTCBStkPtr 是 OS_TCB 数据结构中唯一的一个能用汇编语言来处置的变量（在任务切换段的代码 Context-switching code 之中），把 OSTCBStkPtr 放在数据结构的最前面，使得从汇编语言中处理这个变量时较为容易。

. OSTCBExtPtr 指向用户定义的任务控制块扩展。用户可以扩展任务控制块而不必修改 μC/OS 的源代码。. OSTCBExtPtr 只在函数 OstaskCreateExt() 中使用，故使用时要将 OS_TASK_CREAT_EXT_EN 设为 1，以允许建立任务函数的扩展。例如用户可以建立一个数据结构，这个数据结构包含每个任务的名字，或跟踪某个任务的执行时间，或者跟踪切换到某个任务的次数。注意，笔者将这个扩展指针变量放在紧跟着堆栈指针的位置，为的是当用户需要在汇编语言中处理这个变量时，从数据结构的头上算偏移量比较方便。

. OSTCBStkBottom 是指向任务栈底的指针。如果微处理器的栈指针是递减的，即栈存储器从高地址向低地址方向分配，则 OSTCBStkBottom 指向任务使用的栈空间的最低地址。类似地，如果微处理器的栈是从低地址向高地址递增型的，则 OSTCBStkBottom 指向任务可以使用的栈空间的最高地址。函数 OSTaskStkChk() 要用到变量 OSTCBStkBottom，在运行中检验栈空间的使用情况。用户可以用它来确定任务实际需要的栈空间。这个功能只有当用户在任务建立时允许使用 OSTaskCreateExt() 函数时才能实现。这就要求用户将 OS_TASK_CREATE_EXT_EN 设为 1，以便允许该功能。

. OSTCBStkSize 存有栈中可容纳的指针数目而不是用字节（Byte）表示的栈容量总数。也就是说，如果栈中可以保存 1000 个入口地址，每个地址宽度是 32 位的，则实际栈容量是 4000 字节。同样是 1000 个入口地址，如果每个地址宽度是 16 位的，则总栈容量有 2000 字节。在函数 OSStakChk() 中要调用 OSTCBStk-

Size。同理,若使用该函数的话,要将 OS_TASK_CREAT_EXT_EN 设为 1。

.OSTCBOpt 把"选择项"传给 OSTaskCreateExt(),只有在用户将 OS_TASK _CREATE_EXT_EN 设为 1 时,这个变量才有效。μC/OS 目前只支持 3 个选择项(见 uCOS_II. H):OS_TASK_OPT_STK_CHK,OS_TASK_OPT_STK_CLR 和 OS_TASK_OPT_SAVE_FP。OS_TASK_OPT_STK_CHK 用于告知 TaskCreateExt(),在任务建立的时候任务栈检验功能得到了允许。OS_TASK_OPT_STK_CLR 表示任务建立的时候任务栈要清零。只有在用户需要有栈检验功能时,才需要将栈清零。如果不定义 OS_TASK_OPT_STK_CLR,而后又建立、删除了任务,栈检验功能报告的栈使用情况将是错误的。如果一个任务建立了,而用户初始化时,已将 RAM 清过零,则 OS_TASK_OPT_STK_CLR 不需要再定义,这可以节约程序执行时间。传递了 OS_TASK_OPT_STK_CLR 将增加 TaskCreateExt()函数的执行时间,因为要将栈空间清零。栈容量越大,清零花的时间越长。最后一个选择项 OS_TASK_OPT_SAVE_FP 通知 TaskCreateExt(),任务要做浮点运算。如果微处理器有硬件的浮点协处理器,则所建立的任务在做任务调度切换时,浮点寄存器的内容要保存。

.OSTCBId 用于存储任务的识别码。这个变量现在没有使用,留给将来扩展用。

.OSTCBNext 和.OSTCBPrev 用于任务控制块 OS_TCBs 的双重链接,该链表在时钟节拍函数 OSTimeTick()中使用,用于刷新各个任务的任务延迟变量 .OSTCBDly,每个任务的任务控制块 OS_TCB 在任务建立的时候被链接到链表中,在任务删除的时候从链表中被删除。双重连接的链表使得任一成员都能被快速插入或删除。

.OSTCBEventPtr 是指向事件控制块的指针,后面的章节中会有所描述。

.OSTCBMsg 是指向传给任务的消息的指针。用法将在后面的章节中提到。

.OSTCBDly 当需要把任务延时若干时钟节拍时要用到这个变量,或者需要把任务挂起一段时间以等待某事件的发生,这种等待是有超时限制的。在这种情况下,这个变量保存的是任务允许等待事件发生的最多时钟节拍数。如果这个变量为 0,表示任务不延时,或者表示等待事件发生的时间没有限制。

.OSTCBStat 是任务的状态字。当.OSTCBStat 为 0,任务进入就绪态。可以给.OSTCBStat 赋其它的值,在文件 uCOS_II. H 中有关于这个值的描述。

.OSTCBPrio 是任务优先级。高优先级任务的.OSTCBPrio 值小。也就是说,这个值越小,任务的优先级越高。

.OSTCBX、.OSTCBY、.OSTCBBitX 和.OSTCBBitY 用于加速任务进入就绪态的过程或进入等待事件发生状态的过程(避免在运行中去计算这些值)。这些值是在任务建立时算好的,或者是在改变任务优先级时算出的。这些值的算法见程序清单 L3.2.3。

程序清单 L3.2.3　**任务控制块** OS_TCB **中几个成员的算法**

OSTCBY　　　　　　　　＝priority ≫ 3；
OSTCBBitY　　　　　　　＝OSMapTbl[priority ≫ 3]；
OSTCBX　　　　　　　　＝priority & 0x07；
OSTCBBitX　　　　　　　＝OSMapTbl[priority & 0x07]；

．OSTCBDelReq 是一个布尔量,用于表示该任务是否需要删除,用法将在后面的章节中描述。

应用程序中可以有的最多任务数(OS_MAX_TASKS)是在文件 OS_CFG.H 中定义的。这个最多任务数也是 μC/OS 所分配的任务控制块 OS_TCBs 的最大数目。将 OS_MAX_TASKS 的数目设置为用户应用程序实际需要的任务数可以减小 RAM 的需求量。所有的任务控制块 OS_TCBs 都是放在任务控制块列表数组 OSTCBTbl[]中的。请注意,μC/OS 分配给系统任务 OS_N_SYS_TASKS 若干个任务控制块,见文件 μC/OSII.H,供其内部使用。目前,一个用于空闲任务,另一个用于统计任务(如果 OS_TASK_STAT_EN 是设为 1 的)。在 μC/OS 初始化的时候,如图 3.2-2 所示,所有任务控制块 OS_TCBs 被链接成单向空任务链表。

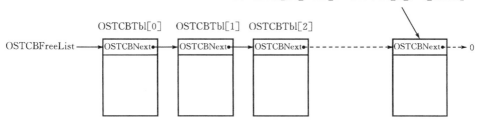

图 3.2-2　空任务控制块链表

任务一旦建立,空任务控制块指针 OSTCBFreeList 指向的任务控制块便赋给了该任务,然后 OSTCBFreeList 的值调整为指向链表中下一个空的任务控制块。一旦任务被删除,任务控制块就还给空任务控制块链表。

3.2.4　就绪表(Ready List)

每个任务被赋予不同的优先级等级,0 级是最高优先级,优先级数值越大,其优先级越低。从 0 级到最低优先级 OS_LOWEST_PRIO,包括 0 和 OS_LOWEST_PRIO 在内(见文件 OS_CFG.H)。当 μC/OS 初始化的时候,最低优先级 OS_LOWEST_PRIO 总是被赋给空闲任务 Idle task。注意,任务数目 OS_MAX_

TASKS 和优先级的级别数是没有关系的。用户应用程序可以只有 10 个任务,而仍然可以有 64 个优先级的级别(如果用户将最低优先级数设为 63 的话)。

1. 任务就绪表

μC/OS 初始化的时候,还在内存中创建了任务就绪表,每个任务的就绪态标志都放入就绪表中,如果一个任务处于就绪态了,该表中对应位置的数据位就被置为 1,反之为 0。就绪表中有两个变量 OSRedyGrp 和 OSRdyTbl[]。如图 3.2 - 3 所示。

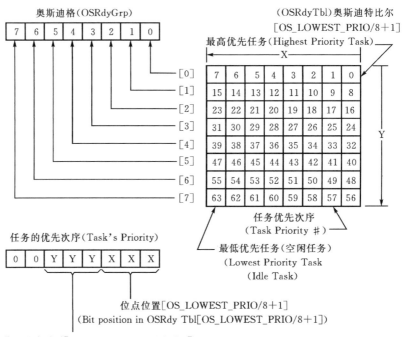

图 3.2 - 3　μC/OS 就绪表

任务按优先级分组,8 个优先级为一组。在 OSRdyGrp 中的每一位表示一组的状态,如果哪一组中有任务进入就绪态时,代表那一组的数据位就被置 1。就绪表 OSRdyTbl[]中的相应位也置 1。就绪表 OSRdyTbl[]数组的大小取决于 OS_LOWEST_PRIO(见文件 OS_CFG. H)。当用户的应用程序中任务数目比较少时,减少 OS_LOWEST_PRIO 的值可以减少 μC/OS 对 RAM(数据空间)的需求量。

内核调度器总是将 OS_LOWEST_PRIO 在就绪表中相应字节的相应位置 1。OSRdyGrp 和 OSRdyTbl[]之间的关系见图 3.2 – 3,是按以下规则给出的：

当 OSRdyTbl[0]中的任何一位是 1 时,OSRdyGrp 的第 0 位置 1;

当 OSRdyTbl[1]中的任何一位是 1 时,OSRdyGrp 的第 1 位置 1;

当 OSRdyTbl[2]中的任何一位是 1 时,OSRdyGrp 的第 2 位置 1;

当 OSRdyTbl[3]中的任何一位是 1 时,OSRdyGrp 的第 3 位置 1;

当 OSRdyTbl[4]中的任何一位是 1 时,OSRdyGrp 的第 4 位置 1;

当 OSRdyTbl[5]中的任何一位是 1 时,OSRdyGrp 的第 5 位置 1;

当 OSRdyTbl[6]中的任何一位是 1 时,OSRdyGrp 的第 6 位置 1;

当 OSRdyTbl[7]中的任何一位是 1 时,OSRdyGrp 的第 7 位置 1。

2. 任务就绪时被放入任务就绪表

当一个任务在某时刻被建立或被恢复或延迟时间到而变成就绪态时,必须要将其对应的就绪表中的相应位置为 1,才有可能被运行。将任务放入就绪表的程序见程序清单 L3.2.4。Prio 是任务的优先级。

可以看出,任务优先级的低三位用于确定任务在总就绪表 OSRdyGrp 中的所在位。接下去的三位用于确定是在 OSRdyTbl[]数组的第几个元素。OSMapTbl[]是在 ROM 中的屏蔽字(见文件 OS_CORE.C),用于限制 OSRdyTbl[]数组的元素下标在 0 到 7 之间,见表 3.2 – 1。

表 3.2 – 1 OSMapTbl[]的值

Index	Bit Mask (Binary)
0	00000001
1	00000010
2	00000100
3	00001000
4	00010000
5	00100000
6	01000000
7	10000000

程序清单 L3.2.4 使任务进入就绪态

OSRdyGrp |= OSMapTbl[prio ≫ 3];

OSRdyTbl[prio ≫ 3] |= OSMapTbl[prio & 0x07];

3.任务删除或挂起时被从就绪表中删除

如果一个任务被删除或挂起了,则用程序清单 L3.2.5 中的代码做求反处理。

程序清单 L3.2.5　从就绪表中删除一个任务

if ((OSRdyTbl[prio≫ 3] &=～OSMapTbl[prio & 0x07])==0)

　　　OSRdyGrp &=～OSMapTbl[prio≫ 3];

以上代码将就绪任务表数组 OSRdyTbl[]中相应元素的相应位清零,而对于 OSRdyGrp,只有当被删除任务所在组中全组任务一个都没有进入就绪态时,才将相应位清零。也就是说 OSRdyTbl[prio≫3]所有的位都是零时,OSRdyGrp 的相应位才清零。为了找到那个进入就绪态的优先级最高的任务,并不需要从 OSRdyTbl[0]开始扫描整个就绪任务表,只需要查另外一张表,即优先级判定表 OSUnMapTbl[256](见文件 OS_CORE. C)。OSRdyTbl[]中每个字节的 8 位代表这一组的 8 个任务哪些进入就绪态了,低位的优先级高于高位的。利用这个字节为下标来查 OSUnMapTbl 这张表,返回的字节就是该组就绪任务中优先级最高的那个任务所在的位置。这个返回值在 0 到 7 之间。确定处于就绪态的优先级最高的任务是用以下代码完成的,见程序清单 L3.2.6。

程序清单 L3.2.6　找出进入就绪态的优先级最高的任务

y=OSUnMapTbl[OSRdyGrp];

x=OSUnMapTbl[OSRdyTbl[y]];

prio=(y ≪ 3)+x;

例如,如果 OSRdyGrp 的值为二进制 01101000,查 OSUnMapTbl[OSRdyGrp]得到的值是 3,它相应于 OSRdyGrp 中的第 3 位 bit3,这里假设最右边的一位是第 0 位 bit0。类似地,如果 OSRdyTbl[3]的值是二进制 11100100,则 OSUnMapTbl[OSRdyTbl[3]]的值是 2,即第 2 位。于是任务的优先级 Prio 就等于 26(3×8+2)。利用这个优先级的值,查任务控制块优先级表 OSTCBPrioTbl[],得到指向相应任务的任务控制块 OS_TCB 的工作就完成了。

3.2.5　任务调度(Task Scheduling)

μC/OS 总是运行处于就绪态任务中优先级最高的那一个。确定哪个任务优先级最高、下面该哪个任务运行了的工作是由调度器(Scheduler)完成的。任务级的调度是由函数 OSSched()完成的。中断级的调度是由另一个函数 OSIntExt()完成的,这个函数将在以后讲述。OSSched()的代码见程序清单 L3.2.7。

程序清单 L3.2.7　任务调度器(the Task Scheduler)

void OSSched (void)

{INT8U y;

　OS_ENTER_CRITICAL();

```
if   ((OSLockNesting | OSIntNesting)==0)   {                    (1)
    y=OSUnMapTbl[OSRdyGrp];
OSPrioHighRdy=(INT8U)((y ≪ 3)+OSUnMapTbl[OSRdyTbl[y]]);
                                                                 (2)
    if (OSPrioHighRdy ！ =OSPrioCur)   {                         (3)
        OSTCBHighRdy=OSTCBPrioTbl[OSPrioHighRdy];                (4)
        OSCtxSwCtr++;                                            (5)
        OS_TASK_SW();                                            (6)
    }   }
OS_EXIT_CRITICAL();
}
```

μC/OS 任务调度所花的时间是常数，与应用程序中建立的任务数无关，如程序清单中[L3.2.7(1)]条件语句的条件不满足，任务调度函数 OSSched()将退出，不做任务调度。这个条件是：如果在中断函数中调用 OSSched()，此时中断嵌套层数 OSIntNesting>0，或者由于用户至少调用了一次给任务调度上锁函数 OSSchedLock()，使 OSLockNesting>0。如果不是在中断函数调用 OSSched()，并且任务调度是允许的，即没有上锁，则任务调度函数将找出那个处于就绪态且优先级最高的任务[L3.2.7(2)]，进入就绪态的任务在任务就绪表中相应的位被置位。一旦找到那个优先级最高的任务，OSSched()检验这个优先级最高的任务是不是当前正在运行的任务，以此来避免不必要的任务调度[L3.2.7(3)]。

因为在每次任务切换时，μC/OS 总是要运行任务就绪表中优先级最高的任务，所以在切换时就先要寻找就绪表中优先级最高的那个任务。

如果把就绪表放在我们眼前，就像图 3.2-4 所示，我们一眼就能看出优先级最高的任务是哪个，就可以直接切换到那个任务。我们目视寻找这个最高优先级任务的过程是先看 OSRdyGrp 中从左向右最先出现 1 的是哪一位，然后再去看 OSRdyTbl[]中对应的行中的 1 在哪一位，如果这一行中有多个 1，就要找到最左边的那个 1，对应于这个 1 的那个任务就是此时就绪表中优先级最高的任务。此时从就绪表的这一行往上看的话，上面各行肯定全为 0（如果上面有行的话）。图中方括号里的数字是位数。

但是在通过程序寻找时，如果也和我们目视的过程一样，要执行的程序就太多了，任务的切换时间就太长了，对于实时系统，时间上不允许这么长。

μC/OS 采取以下方法查找就绪表中最高优先级的任务。

确定任务优先级的方法如下（对照图 3.2-4）：

假设 OSRdyGrp 最低位为 1 的是 X 位，OSRdyTbl[X]最低为 1 的是 Y 位。

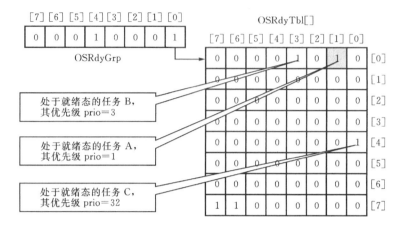

图 3.2－4　目视查找处于就绪态的最高优先级任务

则优先级计算公式为 Prio＝X×8＋Y。

例如图 3.2－4 中所示的数据,可以计算如下:

　　OSRdyGrp＝0x11;　　//0b00010001

　　OSRdyTbl[0]＝0x0a;　//0b00001010

　　OSRdyTbl[4]＝0x01;　//0b00000001

计算出就绪表中处于就绪态的几个任务的优先级分别为:

任务 A 的优先级为 0×8＋1＝1,任务 B 的优先级为 0×8＋3＝3,任务 C 的优先级为 4×8＋0＝32。就绪态任务中,任务 A 的优先级最高。

因此只要知道了上述的 X、Y,就可算出最高优先级。

系统以优先级判定表 OSUnMapTbl[],参与每次优先级的查询和计算。

OSUnMapTbl[]就是将 0x00-0xff 每个数据中最低位为 1 的位数一一列举出来。

INT8U const OSUnMapTbl[256]＝{

0,0,1,0,2,0,1,0,3,0,1,0,2,0,1,0,　/* 0x00 to 0x0F */,例如:

　　//OSUnMapTbl[0]＝0　第 1 行中没有为 1 的位;

　　//OSUnMapTbl[1]＝1　第 2 行中的 bit0 为 1;

　　//OSUnMapTbl[2]＝2　第 3 行中的 bit1 为 1;

　　//OSUnMapTbl[3]＝3　第 4 行中的 bit1、bit0 为 1;

　　//…………

表继续:

4,0,1,0,2,0,1,0,3,0,1,0,2,0,1,0,　/* 0x10 to 0x1F */

```
5,0,1,0,2,0,1,0,3,0,1,0,2,0,1,0,      / * 0x20 to 0x2F * /
4,0,1,0,2,0,1,0,3,0,1,0,2,0,1,0,      / * 0x30 to 0x3F * /
6,0,1,0,2,0,1,0,3,0,1,0,2,0,1,0,      / * 0x40 to 0x4F * /
4,0,1,0,2,0,1,0,3,0,1,0,2,0,1,0,      / * 0x50 to 0x5F * /
5,0,1,0,2,0,1,0,3,0,1,0,2,0,1,0,      / * 0x60 to 0x6F * /
4,0,1,0,2,0,1,0,3,0,1,0,2,0,1,0,      / * 0x70 to 0x7F * /
7,0,1,0,2,0,1,0,3,0,1,0,2,0,1,0,      / * 0x80 to 0x8F * /
4,0,1,0,2,0,1,0,3,0,1,0,2,0,1,0,      / * 0x90 to 0x9F * /
5,0,1,0,2,0,1,0,3,0,1,0,2,0,1,0,      / * 0xA0 to 0xAF * /
4,0,1,0,2,0,1,0,3,0,1,0,2,0,1,0,      / * 0xB0 to 0xBF * /
6,0,1,0,2,0,1,0,3,0,1,0,2,0,1,0,      / * 0xC0 to 0xCF * /
4,0,1,0,2,0,1,0,3,0,1,0,2,0,1,0,      / * 0xD0 to 0xDF * /
5,0,1,0,2,0,1,0,3,0,1,0,2,0,1,0,      / * 0xE0 to 0xEF * /
4,0,1,0,2,0,1,0,3,0,1,0,2,0,1,0       / * 0xF0 to 0xFF * /
};
```

X＝OSUnMapTbl[OSRdyGrp];

Y＝OSUnMapTbl[OSRdyTbl[X]];

最高优先级为 X×8＋Y。

注:X＝OSUnMapTbl[OSRdyGrp]。

以此推论(只找从低位起,首次出现就绪标志"1"的那个座位号,从 0 号数起……),此句的举例如下:

OSRdyGrp＝0x00;％00000000,＜－字节里没有出现"1",默认 OSUnMapTbl[1]表中第 1 号元素,位置号为 0;

OSRdyGrp＝0x01;％00000001,＜－字节里第 0 位出现"1",即 OSUnMapTbl[1]表中第 1 号元素,位置号为 0;

OSRdyGrp＝0x02;％00000010,＜－字节里第 1 位出现"1",即 OSUnMapTbl[2]表中第 2 号元素,位置号为 1;

OSRdyGrp＝0x03;％00000011,＜－字节里第 0 位出现"1",即 OSUnMapTbl[3]表中第 3 号元素,位置号为 0;

OSRdyGrp＝0x04;％00000100,＜－字节里第 1 位出现"1",即 OSUnMapTbl[4]表中第 4 号元素,位置号为 2;

　　………

以此推之便得到 UnMapTbl[]表,该表最重要的作用,就是放进一个字符型数据(不大于 255 的数),就可以找到该数据最低位是"1"的是哪个位,以此将就绪组放进去,查到的是最低就绪组,找到最低就绪组 X 后,再把该组的数据放进去,然后查到的是最低就绪组里的数据的最低位是"1"的是那个位 Y。

至此,最高优先级为 X×8＋Y,问题圆满解决。

注意,在 μC/OS-I 中曾经是先得到 OSTCBHighRdy,然后和 OSTCBCur 做比较。因为这个比较是两个指针型变量的比较,在 8b 和一些 16b 微处理器中,这种比较相对较慢。而在 μC/OS-II 中是两个整数的比较。并且,除非用户实际需要做任务切换,在查任务控制块优先级表 OSTCBPrioTbl[]时,不需要用指针变量来查 OSTCBHighRdy。综合这两项改进,即用整数比较代替指针的比较和当需要任务切换时再查表,使得 μC/OS-II 比 μC/OS-I 在 8b 和一些 16b 微处理器上要更快一些。

为实现任务切换,OSTCBHighRdy 必须指向优先级最高的那个任务控制块 OS_TCB,这是通过将以 OSPrioHighRdy 为下标的 OSTCBPrioTbl[]数组中的那个元素赋给 OSTCBHighRdy 来实现的[L3.2.7(4)]。接着,统计计数器 OSCtxSwCtr 加 1,以跟踪任务切换次数[L3.2.7(5)]。最后宏调用 OS_TASK_SW()来完成实际上的任务切换[L3.2.7(6)]。

任务切换很简单,由以下两步完成,将被挂起任务的 CPU 寄存器的内容推入堆栈,然后将较高优先级的任务的寄存器值从栈中恢复到 CPU 寄存器中。在 μC/OS 中,就绪任务的栈结构总是看起来跟刚刚发生过中断一样,所有 CPU 的寄存器都保存在栈中。换句话说,μC/OS 运行就绪态的任务所要做的一切,只是恢复所有的 CPU 寄存器并运行中断返回指令。为了做任务切换,运行 OS_TASK_SW(),人为模仿了一次中断。多数微处理器有软中断指令或者陷阱指令 TRAP 来实现上述操作。中断函数或陷阱处理(Trap hardler),也称作事故处理(exception handler),必须提供中断向量给汇编语言函数 OSCtxSw()。OSCtxSw()除了需要 OS_TCBHighRdy 指向即将被挂起的任务,还需要让当前任务控制块 OSTCBCur 指向即将被挂起的任务。

OSSched()的所有代码都属临界段代码。在寻找进入就绪态的优先级最高的任务过程中,为防止中断函数把一个或几个任务的就绪位置位,中断是被关掉的。为减少切换时间,OSSched()全部代码都可以用汇编语言写。为增加可读性、可移植性和将汇编语言代码最少化,OSSched()是用 C 写的。

3.2.6　给调度器上锁和开锁(Locking and Unlocking the Scheduler)

当低优先级的任务要发消息给多任务的邮箱、消息队列、信号量时(见 3.5 任务间通信和同步),用户不希望高优先级的任务在邮箱、队列和信号量没有得到消息之前就取得了 CPU 的控制权,此时,用户可以使用给调度器上锁函数 OSSchedlock(),该函数用于禁止任务调度,直到任务完成后调用给调度器开锁函数 OSSchedUnlock()为止。调用 OSSchedlock()的任务保持对 CPU 的控制权,尽管有个优先级更高的任务进入了就绪态,它不能夺取 CPU。然而,此时假设中断是开着的,中断是可以被识别并被服务的。

　　OSSchedlock()和 OSSchedUnlock()必须成对使用。变量 OSLockNesting 跟踪 OSSchedLock()函数被调用的次数,以允许嵌套的函数包含临界段代码,这段代码其它任务不得干预。μC/OS 允许嵌套深度达 255 层。当 OSLockNesting 等于零时,调度重新得到允许。函数 OSSchedLock()和 OSSchedUnlock()的使用要非常谨慎,因为它们影响 μC/OS 对任务的正常管理。

　　当 OSLockNesting 减到零的时候,OSSchedUnlock()调用 OSSched()。OSSchedUnlock()是被某任务调用的,在调度器上锁的期间,可能有什么事件发生了并使一个更高优先级的任务进入就绪态。

　　调用 OSSchedLock()以后,用户的应用程序不可使用任何能将现行任务挂起的系统调用。也就是说,用户程序不能调用 OSMboxPend()、OSQPend()、OS-SemPend()、OSTaskSuspend(OS_PRIO_SELF)、OSTimeDly()或 OSTimeDly-HMSM(),直到 OSLockNesting 回零为止。因为调度器上了锁,用户就锁住了系统,任何其它任务都不能运行。

3. 2. 7　空闲任务(Idle Task)

　　μC/OS 总是建立一个空闲任务,这个任务在没有其它任务进入就绪态时投入运行。这个空闲任务[OSTaskIdle()]永远设为最低优先级,即 OS_LOWEST_PRIO。空闲任务 OSTaskIdle()什么也不做,只是在不停地给一个 32 位的名叫 OSIdleCtr 的计数器加 1,统计任务使用这个计数器以确定现行应用软件实际消耗的 CPU 时间。程序清单 L3.2.8 是空闲任务的代码。在计数器加 1 前后,中断是先关掉再开启的,因为 8b 以及大多数 16b 微处理器的 32b 加 1 需要多条指令,要防止高优先级的任务或中断函数从中打入。注意空闲任务不可在应用软件中删除。

程序清单 L3.2.8　μC/OS 的空闲任务

```
void OSTaskIdle (void * pdata)
{ pdata=pdata;
    for (;;)  {
        OS_ENTER_CRITICAL();
        OSIdleCtr++;
        OS_EXIT_CRITICAL();
    }
}
```

3.2.8　统计任务

μC/OS 有一个提供运行时间统计的任务。这个任务叫做 OSTaskStat()，如果用户将系统定义常数 OS_TASK_STAT_EN(见文件 OS_CFG.H)设为1，这个任务就会建立。一旦得到了允许，OSTaskStat()每秒钟运行一次(见文件 OS_CORE.C)，计算当前的 CPU 利用率。换句话说，OSTaskStat()告诉用户应用程序使用了多少 CPU 时间，用百分比表示，这个值放在一个有符号 8 位整数 OSCPUUsage 中，精度是 1 个百分点。

因为用户的应用程序必须先建立一个起始任务[TaskStart()]，当主程序 main()调用系统启动函数 OSStart()的时候，μC/OS 只有 3 个要管理的任务：TaskStart()、OSTaskIdle()和 OSTaskStat()。请注意，任务 TaskStart()的名称是无所谓的，叫什么名字都可以。因为 μC/OS 已经将空闲任务的优先级设为最低，即 OS_LOWEST_PRI0，统计任务的优先级设为次低，OS_LOWEST_PRI0-1，因此这时候启动任务 TaskStart()总是优先级最高的任务。

OSStarInit()将统计任务就绪标志 OSStatRdy 设为"真"，以此来允许两个时钟节拍以后 OSTaskStat()开始计算 CPU 的利用率。

在前面一段中，已经讨论了为什么要等待统计任务就绪标志。这个任务每秒执行一次，以确定所有应用程序中的任务消耗了多少 CPU 时间。当用户的应用程序代码加入以后，运行空闲任务的 CPU 时间就少了，空闲任务计数器 OSIdleCtr 就不会像原来什么任务都不运行时有那么多计数。要知道，OSIdleCtr 的最大计数值是 OSStatInit()在初始化时保存在计数器最大值 OSIdleCtrMax 中的。CPU 利用率是保存在变量 OSCPUUsage 中的。

一旦上述计算完成，OSTaskStat()调用任务统计接入函数 OSTaskStatHook()，这是一个用户可定义的函数，该函数能使统计任务得到扩展。这样，用户可以计算并显示所有任务总的执行时间，每个任务执行时间的百分比以及其它信息。

3.2.9　μC/OS 的中断处理

μC/OS 中，中断函数最好用汇编语言来写。如果用户使用的 C 语言编译器支持在线汇编语言的话，用户可以直接将中断函数汇编代码放在 C 语言的程序文件中。中断函数的示意代码如程序清单 L3.2.9 所示。

程序清单 L3.2.9　μC/OS 中的中断函数

用户中断函数：

　　　保存全部 CPU 寄存器；　　　　　　　　　　　　　　　　　　　(1)

　调用 OSIntEnter 或 OSIntNesting 直接加 1；　　　　　　　　　　(2)

执行用户代码做中断服务；　　　　　　　　　　　　　　　　　　　　（3）

调用 OSIntExit()；　　　　　　　　　　　　　　　　　　　　　　　（4）

恢复所有 CPU 寄存器；　　　　　　　　　　　　　　　　　　　　　（5）

执行中断返回指令；　　　　　　　　　　　　　　　　　　　　　　　（6）

用户代码应该将全部 CPU 寄存器推入当前任务栈[L3.2.9(1)]。注意,有些微处理器,例如 Motorola68020 及其以上的微处理器,做中断服务时使用另外的堆栈。

μC/OS 可以用在这类微处理器中,当任务切换时,寄存器是保存在被中断了的那个任务的栈中的。

μC/OS 需要知道用户在做中断服务,故用户应该调用 OSIntEnter(),如果用户使用的微处理器有存储器直接加 1 的单条指令的话,将全程变量 OSIntNesting[L3.2.9(2)]直接加 1。如果用户使用的微处理器没有这样的指令,必须先将 OSIntNesting 读入寄存器,再将寄存器加 1,然后再写回到变量 OSIntNesting 中去,就不如调用 OSIntEnter()。OSIntNesting 是共享资源。OSIntEnter()把上述三条指令用开中断、关中断保护起来,以保证处理 OSIntNesting 时的排它性。直接给 OSIntNesting 加 1 比调用 OSIntEnter()快得多,可能时,直接加 1 更好。要当心的是,在有些情况下,从 OSIntEnter()返回时,会把中断开了。遇到这种情况,在调用 OSIntEnter()之前要先清中断源,否则,中断将连续反复打入,用户应用程序就会崩溃。

上述两步完成以后,用户可以开始服务于请求中断的设备了[L3.2.9(3)]。这一段完全取决于应用。μC/OS 允许中断嵌套,因为 μC/OS 跟踪嵌套层数 OSIntNesting。然而,为允许中断嵌套,在多数情况下,用户应在开中断之前先清中断源。

调用退出中断函数 OSIntExit()[L3.2.9(4)]标志着中断函数的终结,OSIntExit()将中断嵌套层数计数器减 1。当嵌套计数器减到零时,所有中断,包括嵌套的中断就都完成了。此时 μC/OS 要判定有没有优先级较高的任务被中断函数(或任一嵌套的中断)唤醒了。如果有优先级更高的任务进入了就绪态,μC/OS 就返回到那个高优先级的任务,OSIntExit()返回到调用点[L3.2.9(5)]。保存的 CPU 寄存器的值是在这时被恢复的。然后是执行中断返回指令[L3.2.9(6)]。注意,如果调度被禁止了(OSIntNesting>0),μC/OS 将返回到被中断了的任务。

以上描述的详细解释如图 3.2-5 中断服务过程时序图所示。

在计算机处理内部,中断申请是以中断标志位被置 1 而提出的。当中断请求刚发生时,还不能被 CPU 识别,这也许是因为中断被 μC/OS 或用户应用程序关

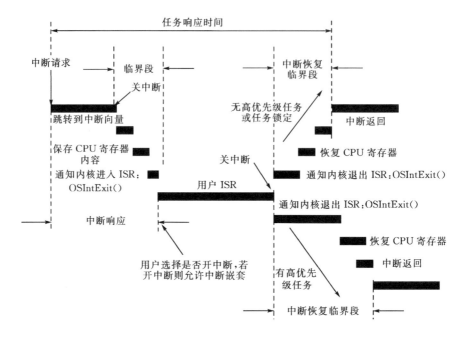

图 3.2-5 中断服务过程时序图

了,或者是因为 CPU 还没执行完当前指令。一旦 CPU 响应了这个中断,CPU 的中断向量(至少大多数微处理器是如此)就会跳转到中断函数。如 μC/OS 的中断处理程序流程见图 3.2-6 所示,中断函数先保存被中断的任务的断点现场,将 CPU 寄存器的内容存到被中断的任务的堆栈区。保存完成后,用户中断函数通知 μC/OS 进入中断函数了,方法是调用 OSIntEnter()或者给 OSIntNesting 直接加 1 并开启中断。然后用户中断服务代码开始执行。用户中断服务中做的事要尽可能地少,要把大部分工作留给任务去做。中断函数通知某任务去做事的手段是调用以下函数之一:OSMboxPost(),OSQPost(),OSQPostFront(),OSSemPost()。中断发生并由上述函数发出消息时,接收消息的任务可能是也可能不是挂起在邮箱、队列或信号量上的任务。用户中断服务完成以后,要调用 OSIntExit()。从图 3.2-5 时序图上可以看出,对被中断了的任务说来,如果没有高优先级的任务被中断函数激活而进入就绪态,OSIntExit()只占用很短的运行时间。进而,在这种情况下,CPU 寄存器只是简单地恢复并执行中断返回指令。如果中断函数使一个高优先级的任务进入了就绪态,则 OSIntExit()将占用较长的运行时间,因为这时要做任务切换。新任务的寄存器内容要恢复并执行中断返回指令。

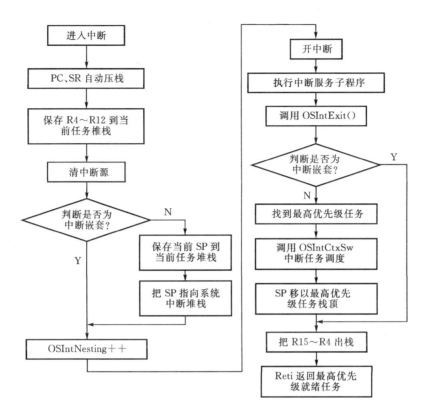

图 3.2-6　μC/OS 中断处理程序流程图

3.2.10　时钟节拍

μC/OS 需要用户提供周期性信号源,用于实现时间延时和确认超时。节拍率应在每秒 10 次到 100 次之间,或者说 10 到 100Hz。时钟节拍率越高,系统的额外负荷就越重。时钟节拍的实际频率取决于用户应用程序的精度。时钟节拍源可以是专门的硬件定时器,也可以是来自 50/60Hz 交流电源的信号。通常是用一个硬件定时器的定时中断来实现的。时钟节拍中断函数也被称为时钟节拍函数、滴答函数或心跳函数。

用户必须在多任务系统启动以后再开启时钟节拍函数,也就是在调用 OS-Start()之后。换句话说,在调用 OSStart()之后做的第一件事是初始化定时器中断。通常,容易犯的错误是将允许时钟节拍器中断放在系统初始化函数 OSInit()之后,启动多任务系统启动函数 OSStart()之前。这样做潜在的危险是,时钟节拍中断有可能在 μC/OS 启动第一个任务之前发生,此时 μC/OS 是处在一种不确定的状态之中,用户应用程序有可能会崩溃。

　　μC/OS 中的时钟节拍服务是通过在中断函数中调用 OSTimeTick()实现的。时钟节拍中断服从所有前面章节中描述的中断函数规则。时钟节拍中断函数的示意代码如程序清单 L3.2.10 所示。这段代码必须用汇编语言编写,因为在 C 语言里不能直接处理 CPU 的寄存器。

程序清单 L3.2.10　时钟节拍中断函数的示意代码

```
void OSTickISR(void)
{
        保存处理器寄存器的值;
        调用 OSIntEnter()或是将 OSIntNesting 加 1;
        调用 OSTimeTick();
        调用 OSIntExit();
        恢复处理器寄存器的值;
        执行中断返回指令;
}
```

3.2.11　μC/OS 初始化

　　在调用 μC/OS 的任何其它服务之前,μC/OS 要求用户首先调用系统初始化函数 OSIint()。OSIint()初始化 μC/OS 所有的变量和数据结构(见 OS_CORE.C)。

　　OSInit()建立空闲任务 idle task,这个任务总是处于就绪态的。空闲任务 OS-TaskIdle()的优先级总是设成最低,即 OS_LOWEST_PRIO。如果统计任务允许 OS_TASK_STAT_EN 和任务建立扩展允许都设为 1,则 OSInit()还得建立统计任务 OSTaskStat()并且让其进入就绪态。OSTaskStat 的优先级总是设为次低(OS_LOWEST_PRIO-1)。OSInit()还做了以下工作,初始化了 4 个空数据结构缓冲区。

　　(1)给用户设定的最大任务数的每个任务分配一个空任务控制块 OS TCB,连在一起构成一个空任务控制块链表 OSTCBFreeList。

　　(2)给用户设定的最多事件数目的每个事件分配一个事件控制块 OS EVENT,连在一起构成一个空事件控制块链表 OSEventFreeList。

　　(3)给用户设定的最多消息邮箱数目的每个邮箱分配一个消息缓冲区 OS Q,连在一起构成一个空消息链表 OSQFreeList。

　　(4)给用户对内存的最大分区数目的每个分区分配一个分区管理缓冲区,连在一起构成一个空存储器分区管理缓冲区链表 OSMEMFreeList。

　　每个缓冲区都是单向链表,允许 μC/OS 从缓冲区中迅速得到或释放一个缓冲区中的元素。注意,空任务控制块在空缓冲区中的数目取决于最多任务数 OS_MAX_TASKS,这个最多任务数是在 OS_CFG. H 文件中定义的。当然也包括足够的任务控制块分配给统计任务和空闲任务。

3. 2. 12　μC/OS 的启动

多任务的启动是用户通过调用 OSStart()实现的。然而,启动 μC/OS 之前,用户至少要建立一个应用任务,如程序清单 L3.2.11 所示。

程序清单 L3. 2. 11　初始化和启动 μC/OS

```
void main (void)
{ OSInit();                /* 初始化 μC/OS */
    通过调用 OSTaskCreate()或 OSTaskCreateExt()创建至少一个任务;
    OSStart();             /* 开始多任务调度! OSStart()永远不会返回 */
}
```

OSStart()的代码如程序清单 L3.2.12 所示。

程序清单 L3. 2. 12　启动多任务操作系统 OS

```
void OSStart (void)
{
    INT8U y;
    INT8U x;
    if  (OSRunning==FALSE) {
        y   =OSUnMapTbl[OSRdyGrp];
        x   =OSUnMapTbl[OSRdyTbl[y]];
        OSPrioHighRdy =(INT8U)((y ≪ 3)+x);
        OSPrioCur      =OSPrioHighRdy;
        OSTCBHighRdy=OSTCBPrioTbl[OSPrioHighRdy];          (1)
        OSTCBCur       =OSTCBHighRdy;
        OSStartHighRdy();                                   (2)
    }
}
```

当调用 OSStart()时,OSStart()从任务就绪表中找出那个用户建立的优先级最高任务的任务控制块[L3.2.12(1)]。然后,OSStart()调用高优先级就绪任务启动函数 OSStartHighRdy()[L3.2.12(2)],(见汇编语言文件 OS_CPU_A. ASM),这个文件与选择的微处理器有关。实质上,函数 OSStartHighRdy()是将任务栈中保存的值弹回到 CPU 寄存器中,然后执行一条中断返回指令,中断返回指令强制执行该任务代码。注意,OSStartHighRdy()永远不返回到 OSStart()。

3.2.13　获取当前 µC/OS 的版本号

应用程序调用 OSVersion()[程序清单 L3.2.13]可以得到当前 µC/OS 的版本号。OSVersion()函数返回版本号值乘以 100。换言之,200 表示版本号 2.00。

程序清单 L3.2.13　得到 µC/OS 当前版本号

```
INT16U OSVersion (void)
{
    return (OS_VERSION);
}
```

为找到 µC/OS 的最新版本以及如何做版本升级,用户可以与出版商联系,或者查看 µC/OS 的正式网站 WWW. uCOS. COM。

3.2.14　µC/OS-III 主要的改进

µC/OS-III 包括了 µC/OS-II 的绝大部分功能,也有明显的改进,主要有 3 点。

(1)增加了时间片轮转调度,以前的版本每个任务都有一个独占的优先级,一个优先级中只允许有一个任务。在 µC/OS-III 中,一个优先级中可以有多个任务,这多个任务通过时间片轮转执行每个任务,而总的轮转周期和每个任务所占轮转时间由程序指定。这是对以前版本最大的一个改动。

(2)µC/OS-III 任务数为无限制,µC/OS-II 任务数为 255,而 µC/OS-I 的任务数只有 64。但是笔者认为这个扩展意义不大。因为在嵌入式控制系统中,所设计的任务数大于 255 几乎是没有的,绝大部分嵌入式控制系统的任务数在 50 个以内,其原因是系统每建立一个任务,就必须给这个任务分配一定数量的内存用于任务控制块 TCB、任务堆栈 TaskStack 等,而嵌入式控制系统的存储器资源有限,不能被任意占用。再就是任务数过多,会使程序显得凌乱和分散,有经验的嵌入式系统工程师不会这样做,而是将要完成的所有事情划分为几个大项,每项确定为一个任务,在后台运行这些任务,而将需要紧急处理的事情全部交给中断函数去做,由中断函数承担前台工作,这样程序设计思路清晰,也便于对任务的管理,也能提高系统的实时性。

(3)在任务间的通信方法中去掉了消息邮箱,是因为消息邮箱实际上和消息队列中只有一条消息时的情况相同,所以消息队列可以实现消息邮箱的功能,因此去掉了消息邮箱。在消息队列中的每条消息中增加了时间戳。

µC/OS-III 的其他部分基本上就是原来的 µC/OS-II,因此本书中其他部分仍然按照 µC/OS-II 进行叙述。为简化起见,本书就不再区分 µC/OS 的版本号,而将其统称为 µC/OS。

3.2.15　内存管理

在 ANSI C 中是使用 malloc 和 free 两个函数来动态分配和释放内存。但在嵌入式实时系统中,多次这样的操作会导致内存碎片,且由于内存管理算法的原因,malloc 和 free 的执行时间也是不确定的。

μC/OS 中把连续的大块内存按分区管理。每个分区中包含整数个大小相同的内存块,但不同分区之间的内存块大小可以不同。用户需要动态分配内存时,系统选择一个适当的分区,按块来分配内存。释放内存时将该块放回它以前所属的分区,这样能有效解决碎片问题,同时执行时间也是固定的。

3.3　任务管理

μC/OS 提供了任务管理的各种函数调用,包括创建任务、删除任务、改变任务的优先级、任务挂起和恢复等。

系统初始化时会自动产生两个任务:一个是空闲任务,它的优先级最低,该任务仅用于消磨 CPU 的空闲时间,不然 CPU 空闲时干什么呢? 它的工作就是给一个整型变量做累加运算,尽管这个运算毫无意义。另一个是统计任务,它的优先级为次低,该任务负责统计当前 CPU 的利用率。

在 3.1 节中,笔者曾说过任务可以是一个无限的循环,也可以在一次执行完毕后被删除掉。任务看起来与任何 C 函数一样,具有一个返回类型和一个参数,只是它从不返回。任务的返回类型必须被定义成 void 型。在本章中所提到的函数可以在 OS_TASK 文件中找到。如前所述,任务必须是以下两种结构之一。

程序清单 L3.3.1　任务程序

```
void YourTask (void  * pdata)
{ for (;;)  {
      / * 用户代码 * /
      //   调用 μC/OS 的如下服务例程之一:
          OSMboxPend();
          OSQPend();
          OSSemPend();
          OSTaskDel(OS_PRIO_SELF);
          OSTaskSuspend(OS_PRIO_SELF);
          OSTimeDly();
          OSTimeDlyHMSM();
      / * 用户代码 * /
```

```
        }
    }
或
void YourTask (void * pdata)
{
    / * 用户代码 * /
    OSTaskDel(OS_PRIO_SELF);
}
```

本节的内容包括如何在用户的应用程序中建立任务、删除任务、改变任务的优先级、挂起和恢复任务,以及获得有关任务的信息。

3.3.1　建立任务,OSTaskCreate( )

想让 μC/OS 管理用户的任务,用户必须要先建立任务。用户可以通过传递任务地址和其它参数到以下两个函数之一来建立任务:OSTaskCreate()或 OSTaskCreateExt()。OSTaskCreate()与 μC/OS 是向下兼容的,OSTaskCreateExt()是 OSTaskCreate()的扩展版本,提供了一些附加的功能。用两个函数中的任何一个都可以建立任务。任务可以在多任务调度开始前建立,也可以在其它任务的执行过程中被建立。在开始多任务调度(即调用 OSStart())前,用户必须建立至少一个任务。任务不能由中断函数(ISR)来建立。

1. 建立任务

建立任务的程序是 OSTaskCreate()。OSTaskCreate(void(* task)(void * pd),void * pdata,OS_STK * ptos,INT8U prio)),需要四个参数:task 是任务代码的指针,pdata 是当任务开始执行时传递给任务的参数的指针,ptos 是分配给任务的堆栈的栈顶指针,prio 是分配给任务的优先级。

OSTaskCreate()一开始先检测分配给任务的优先级是否有效。任务的优先级必须在 0 到 OS_LOWEST_PRIO 之间。接着,OSTaskCreate()要确保在规定的优先级上还没有建立任务。在使用 μC/OS 时,每个任务都有特定的优先级。如果某个优先级是空闲的,μC/OS 通过放置一个非空指针在 OSTCBPrioTbl[]中来保留该优先级。这就使得 OSTaskCreate()在设置任务数据结构的其他部分时能重新允许中断。

然后,OSTaskCreate()调用 OSTaskStkInit(),它负责建立任务的堆栈。该函数是与处理器的硬件体系相关的函数,可以在 OS_CPU_C. C 文件中找到。有关实现 OSTaskStk-Init()的细节可参看 μC/OS 移植。如果已经有人在你用的处理器上成功地移植了 μC/OS,而你又得到了他的代码,就不必考虑该函数的实现细节了。OSTaskStkInit()函数返回新的堆栈栈顶(ptos),并被保存在任务的 OS_

TCB 中。注意用户得将传递给 OSTaskStkInit() 函数的第四个参数 opt 置 0，因为 OSTaskCreate() 与 OSTaskCreateExt() 不同，它不支持用户为任务的创建过程设置不同的选项，所以没有任何选项可以通过 opt 参数传递给 OSTaskStkInit()。

μC/OS 支持的处理器的堆栈既可以从上（高地址）往下（低地址）递减，也可以从下往上递增。用户在调用 OSTaskCreate() 的时候必须知道堆栈是递增的还是递减的（参看所用处理器的 OS_CPU. H 中的 OS_STACK_GROWTH），因为用户必须得把堆栈的栈顶传递给 OSTaskCreate()，而栈顶可能是堆栈的最高地址（堆栈从上往下递减），也可能是最低地址（堆栈从下往上增长）。

一旦 OSTaskStkInit() 函数完成了建立堆栈的任务，OSTaskCreate() 就调用 OSTCBInit()，从空闲的 OS_TCB 池中获得并初始化一个 OS_TCB。OSTCBInit() 的代码存在于 OS_CORE. C 文件中而不是 OS_TASK. C 文件中。OSTCBInit() 函数首先从 OS_TCB 缓冲池中获得一个 OS_TCB，如果 OS_TCB 池中有空闲的 OS_TCB，它就被初始化。注意一旦 OS_TCB 被分配，该任务的创建者就已经完全拥有它了，即使这时内核又创建了其它的任务，这些新任务也不能对已分配的 OS_TCB 作任何操作，所以 OSTCBInit() 在这时就可以允许中断，并继续初始化 OS_TCB 的数据单元。

当 OSTCBInit() 需要将 OS_TCB 插入到已建立任务的 OS_TCB 的双向链表中时，它就禁止中断。该双向链表开始于 OSTCBList，而一个新任务的 OS_TCB 常常被插入到链表的表头。最后，该任务处于就绪状态，并且 OSTCBInit() 向它的调用者 [OSTaskCreate()] 返回一个代码，表明 OS_TCB 已经被分配和初始化了。

2. 建立扩展任务，OSTaskCreateExt()

用 OSTaskCreateExt() 函数来建立任务会更加灵活，但会增加一些额外的开销。OSTaskCreateExt() 需要九个参数，前四个参数（task, pdata, ptos 和 prio）与 OSTaskCreate() 的四个参数完全相同，连先后顺序都一样。这样做的目的是为了使用户能够更容易地将用户的程序从 OSTaskCreate() 移植到 OSTaskCreateExt() 上去。在这四个参数后面，增加了五个参数 id、pbos、stk_size、pext、opt。

id 参数为要建立的任务创建一个特殊的标识符。该参数在 μC/OS 以后的升级版本中可能会用到，但在 μC/OS 中还未使用。这个标识符可以扩展 μC/OS 功能，使它可以执行的任务数超过目前的 64 个。但在这里，用户只要简单地将任务的 id 设置成与任务的优先级一样的值就可以了。

pbos 是指向任务的堆栈栈底的指针，用于堆栈的检验。

stk_size 用于指定堆栈成员数目的容量。也就是说，如果堆栈的入口宽度为 4 字节宽，那么 stk_size 为 10000 是指堆栈有 40000 个字节。该参数与 pbos 一样，也用于堆栈的检验。

pext 是指向用户附加的数据域的指针,用来扩展任务的 OS_TCB。用户可以为每个任务增加一个名字或是在任务切换过程中将浮点寄存器的内容储存到这个附加数据域中等。

opt 用于设定 OSTaskCreateExt() 的选项,指定是否允许堆栈检验,是否将堆栈清零,任务是否要进行浮点操作等。μCOS_II. H 文件中有一个所有可能选项(OS_TASK_OPT_STK_CHK,OS_TASK_OPT_STK_CLR 和 OS_TASK_OPT_SAVE_FP)的常数表。每个选项占有 opt 的一位,并通过该位的置位来选定(用户在使用时只需要将以上 OS_TASK_OPT 选项常数进行位或(OR)操作就可以了)。

OSTaskCreateExt()一开始先检测分配给任务的优先级是否有效。任务的优先级必须在 0 到 OS_LOWEST_PRIO 之间。接着,OSTaskCreateExt()要确保在规定的优先级上还没有建立任务。在使用 μC/OS 时,每个任务都有特定的优先级。如果某个优先级是空闲的,μC/OS 通过放置一个非空指针在 OSTCBPrioTbl[] 中来保留该优先级。这就使得 OSTaskCreateExt()在设置任务数据结构的其他部分时能重新允许中断。

为了对任务的堆栈进行检验,用户必须在 opt 参数中设置 OS_TASK_OPT_STK_CHK 标志。堆栈检验还要求在任务建立时堆栈的存储内容都是 0(即堆栈已被清零)。为了在任务建立的时候将堆栈清零,需要在 opt 参数中设置 OS_TASK_OPT_STK_CLR。当以上两个标志都被设置好后,OSTaskCreateExt()才能将堆栈清零。

接着,OSTaskCreateExt()调用 OSTaskStkInit(),它负责建立任务的堆栈。该函数是与处理器的硬件体系相关的函数,可以在 OS_CPU_C. C 文件中找到。如果已经有人在你用的处理器上成功地移植了 μC/OS,而你又得到了他的代码,就不必考虑该函数的实现细节了。OSTaskStkInit() 函数返回新的堆栈栈顶(ptos),并被保存在任务的 OS_TCB 中。

μC/OS 支持的处理器的堆栈既可以从上(高地址)往下(低地址)递减,也可以从下往上递增。用户在调用 OSTaskCreateExt()的时候必须知道堆栈是递增的还是递减的(参看用户所用处理器的 OS_CPU. H 中的 OS_STACK_GROWTH,其值为 0 是递增,为 1 是递减)。因为用户必须得把堆栈的栈顶传递给 OSTaskCreate()或 OSTaskCreateExt(),而栈顶可能是堆栈的最低地址(当 OS_STK_GROWTH 递增(为 0)时),也可能是最高地址(当 OS_STK_GROWTH 递减(为 1)时)。

一旦 OSTaskStkInit()函数完成了建立堆栈的任务,OSTaskCreateExt()就调用 OSTCBInit(),从空闲的 OS_TCB 缓冲池中获得并初始化一个 OS_TCB。OS-

TCBInit()的代码在 OSTaskCreate()中描述,从 OSTCBInit()返回后,OSTa-skCreateExt()要检验返回代码,如果成功,就增加 OSTaskCtr,OSTaskCtr 用于保存产生的任务数目。如果 OSTCBInit()返回失败,就置 OSTCBPrioTbl[prio]的入口为 0 以放弃对该任务优先级的占用。然后,OSTaskCreateExt()调用 OSTa-skCreateHook()。OSTaskCreateHook()是用户自己定义的函数,用来扩展 OS-TaskCreateExt()的功能。OSTaskCreateHook()可以在 OS_CPU_C. C 中定义(如果 OS_CPU_HOOKS_EN 置 1),也可以在其它地方定义(如果 OS_CPU_HOOKS_EN 置 0)。注意,OSTaskCreateExt()在调用 OSTaskCreate Hook()时,中断是关掉的,所以用户应该使 OSTaskCreateHook()函数中的代码尽量简化,因为这将直接影响中断的响应时间。OSTaskCreateHook()被调用时会收到指向任务被建立时的 OS_TCB 的指针。这意味着该函数可以访问 OS_TCB 数据结构中的所有成员。

如果 OSTaskCreateExt()函数是在某个任务的执行过程中被调用的,即 OS-Running 置为 True,以任务调度函数会被调用来判断是否新建立的任务比原来的任务有更高的优先级。如果新任务的优先级更高,内核会进行一次从旧任务到新任务的任务切换。如果在多任务调度开始之前(即用户还没有调用 OSStart()),新任务就已经建立了,则任务调度函数不会被调用。

3.3.2　任务堆栈

系统给每个任务都分配了堆栈空间,用于保存该任务的断点数据。当一个任务被打断时,当时存放在 CPU 的 PC、PSW 和通用寄存器等各寄存器中的数据叫做这个任务的断点数据。任务能够无缝接续运行的关键是断点数据的保存和正确恢复。也就是任务被打断时,所有断点数据都在 CPU 的通用寄存器中,必须在任务被打断时把这些数据保存到堆栈中,在任务被重新运行时,要把堆栈中的这些断点数据再恢复到 CPU 的各寄存器中,只有这样才能使被中止运行的任务在恢复运行时实现无缝的接续运行。

堆栈必须声明为 OS_STK 类型,并且由连续的内存空间组成。用户可以静态分配堆栈空间(在编译的时候分配),也可以动态地分配堆栈空间(在运行的时候分配)。静态堆栈声明如程序清单 L3.3.2 和 L3.3.3 所示,这两种声明应放置在函数的外面。

1. 堆栈分配

静态堆栈声明见程序清单 L3.3.2。

程序清单 L3.3.2　**静态堆栈声明**

static OS_STK MyTaskStack[stack_size];

或静态堆栈声明见程序清单 L3.3.3。

程序清单 L3.3.3　静态堆栈声明

OS_STK MyTaskStack[stack_size];

用户可以用 C 编译器提供的 malloc()函数来动态地分配堆栈空间,如程序清单 L3.3.4 所示。在动态分配中,用户要时刻注意内存碎片问题。特别是当用户反复地建立和删除任务时,内存堆中可能会出现大量的内存碎片,导致没有足够大的一块连续内存区域可用作任务堆栈,这时 malloc()便无法成功地为任务分配堆栈空间。

程序清单 L3.3.4　用 malloc()为任务分配堆栈空间

OS_STK *pstk;

pstk= (OS_STK *)malloc(stack_size);

if (pstk != (OS_STK *)0) { 　　/* 确认 malloc()能得到足够的内存空间 */

　　Create the task;

}

图 3.3－1 表示了一块能被 malloc()动态分配的 3KB 的内存堆[图 3.3－1(a)]。

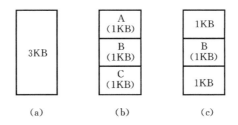

图 3.3－1　内存碎片

为了讨论问题方便,假定用户要建立三个任务(任务 A、B 和 C),每个任务需要 1KB 的空间。设第一个 1KB 给任务 A,第二个 1KB 给任务 B,第三个 1KB 给任务 C[图 3.3－1(b)]。然后,用户的应用程序删除任务 A 和任务 C,用 free()函数释放内存到内存堆中[图 3.3－1(c)]。现在,用户的内存堆虽有 2KB 的自由内存空间,但它是不连续的,所以用户不能建立另一个需要 2KB 内存的任务 D。如果用户并不会去删除任务,则使用 malloc()就可以动态地分配内存,从而使任务 D 得到所需的 2KB。

μC/OS 支持的处理器的堆栈既可以从上(高地址)往下(低地址)长,也可以从下往上长。用户在调用 OSTaskCreate()或 OSTaskCreateExt()的时候必须知道堆栈是怎样增长的。因为用户必须得把堆栈的栈顶传递给以上两个函数。当 OS_

CPU. H 文件中的 OS_STK_GROWTH 置为 0 时,用户需要将堆栈的最低内存地址传递给任务创建函数,如程序清单 L3.3.5 所示。

程序清单 L3.3.5　**堆栈从下往上递增**

OS_STK TaskStack[TASK_STACK_SIZE];

OSTaskCreate(task,pdata,&TaskStack[0],prio);

当 OS_CPU. H 文件中的 OS_STK_GROWTH 置为 1 时,用户需要将堆栈的最高内存地址传递给任务创建函数,如程序清单 L3.3.6 所示。

程序清单 L3.3.6　**堆栈从上往下递减**

OS_STK TaskStack[TASK_STACK_SIZE];

OSTaskCreate(task,pdata,&TaskStack[TASK_STACK_SIZE-1],prio);

这个问题会影响代码的可移植性。如果用户想将代码从支持往下递减堆栈的处理器中移植到支持往上递增堆栈的处理器中的话,用户得使代码同时适应以上两种情况。在这种特殊情况下,程序清单 L3.3.5 和 L3.3.6 可重新写成如程序清单 L3.3.7 所示的形式。

程序清单 L3.3.7　**对两个方向增长的堆栈都提供支持**

OS_STK TaskStack[TASK_STACK_SIZE];

#if OS_STK_GROWTH==0

　　OSTaskCreate(task,pdata,&TaskStack[0],prio);

#else

　　OSTaskCreate(task, pdata, &TaskStack[TASK_STACK_SIZE-1],

prio);

#endif

任务所需的堆栈的容量是由应用程序指定的。用户在指定堆栈大小的时候必须考虑用户的任务所调用的所有函数的嵌套情况,任务所调用的所有函数会分配的局部变量的数目,以及所有可能的中断服务例程嵌套的堆栈需求。另外,用户的堆栈必须能储存所有的 CPU 寄存器。

2. 堆栈检验,OSTaskStkChk()

有时候决定任务实际所需的堆栈空间大小是很有必要的。因为这样用户就可以避免为任务分配过多的堆栈空间,从而减少自己的应用程序代码所需的 RAM（内存）数量。μC/OS 提供的 OSTaskStkChk()函数可以为用户提供这种有价值的信息。

3.3.3　删除任务,OSTaskDel( )

有时候删除任务是很有必要的。删除任务,指的是使任务不再被 μC/OS 管理和调用,让其处于休眠状态,并不是说任务的代码被删除了,代码还在程序区好好地放着。通过调用 OSTaskDel() 就可以完成删除任务的功能。OSTaskDel() 一开始应确保用户所要删除的任务并非是空闲任务，因为删除空闲任务是不允许的。不过，用户可以删除统计任务 statistic()。接着，OSTaskDel() 还应确保用户不是在 ISR 中断程序中去试图删除一个任务，因为这也是不被允许的。调用本函数的任务也可以通过指定 OS_PRIO_SELF 参数来删除自己。接下来 OSTaskDel() 会保证被删除的任务是确实存在的。

一旦所有条件都满足了，被删除任务的 OS_TCB 就会从所有可能的 μC/OS 的数据结构中移除。OSTask Del() 分两步完成该移除任务以减少中断响应时间。

当任务被删除时，它也就从任务就绪表中被删除了。它不是在等待事件的发生，也不是在等待延时期满，而是不能重新被执行。要想被删除的任务不会被其它的任务或 ISR 置于就绪状态，为了达到删除任务的目的，任务必须被置于休眠状态。正因为这样，OSTaskDel() 必须得阻止任务调度程序在删除过程中切换到其它的任务中去。因为如果当前的任务正在被删除，它不可能被再次调度。接下来，OSTaskDel() 重新允许中断以减少中断的响应时间。这样，OSTaskDel() 就能处理中断服务了。但由于它增加了 OSLockNesting，ISR 执行完后会返回到被中断任务，从而继续任务的删除工作。注意 OSTaskDel() 此时还没有完全完成删除任务的工作，因为它还需要从 TCB 链中解开 OS_TCB，并将 OS_TCB 返回到空闲 OS_TCB 表中。

另外需要注意的是，在调用 OS_EXIT_CRITICAL() 函数后，马上调用了 OS-Dummy()，该函数并不会进行任何实质性的工作。这样做只是因为想确保处理器在中断允许的情况下至少执行一个指令。对于许多处理器来说，执行中断允许指令会强制 CPU 禁止中断直到下个指令结束。Intel 80x86 和 Zilog Z-80 处理器就是如此工作的。开中断后马上关中断就等于从来没开过中断，当然这会增加中断的响应时间。因此调用 OSDummy() 确保在再次禁止中断之前至少执行了一个调用指令和一个返回指令。当然，用户可以用宏定义将 OSDummy() 定义为一个空操作指令，这样调用 OSDummy() 就等于执行了一个空操作指令，会使 OSTaskDel() 的执行时间稍微缩短一点。但 μC/OS 的发明人 Jean J. Labrosse 认为这种宏定义是没价值的，因为它会增加移植 μC/OS 的工作量。

现在，OSTaskDel() 可以继续执行删除任务的操作了。在 OSTaskDel() 重新关中断后，它通过锁定嵌套计数器(OSLockNesting)减 1 以重新允许任务调度。接着，OSTask Del() 调用用户自定义的 OSTaskDelHook() 函数，用户可以在这里删除或释放自定义的 TCB 附加数据域。然后，OSTaskDel() 减少 μCOS 的任务计数器。OSTaskDel() 简单地将指向被删除的任务的 OS_TCB 的指针指向 NULL，从而达到将 OS_TCB 从优先级表中移除的目的。再接着，OSTaskDel() 将被删除

的任务的 OS_TCB 从 OS_TCB 双向链表中移除。注意，没有必要检验 ptcb->
OSTCBNext==0 的情况，因为 OSTaskDel() 不能删除空闲任务，而空闲任务就
处于链表的末端(ptcb->OSTCBNext==0)。接下来，OS_TCB 返回到空闲 OS
_TCB 表中，并允许其它任务的建立。最后，调用任务调度程序来查看在 OSTask-
Del() 重新允许中断的时候，中断函数是否曾使更高优先级的任务处于就绪状态。

3.3.4　请求删除任务，OSTaskDelReq( )

有时候，如果任务 A 拥有内存缓冲区或信号量之类的资源，而任务 B 想删除
该任务，这些资源就可能由于没被释放而丢失。在这种情况下，用户可以想办法让
拥有这些资源的任务在使用完资源后，先释放资源，再删除自己。用户可以通过
OSTaskDelReq() 函数来完成该功能。见程序清单 L3.3.8。

如果任务需要被删除，可以通过传递被删除任务的优先级来调用 OSTaskDel-
Req()。如果要被删除的任务不存在(即任务已被删除或是还没被建立)，OSTask-
DelReq() 返回 OS_TASK_NOT_EXIST。如果 OSTaskDelReq() 的返回值为 OS_
NO_ERR，则表明请求已被接受但任务还没被删除。用户可能希望任务 B 等到任
务 A 删除了自己以后才继续进行下面的工作，这时用户可以通过让任务 B 延时一
定时间来达到这个目的。

程序清单 L3.3.8　请求删除其它任务的任务(任务 B)

```
void RequestorTask (void * pdata)
{
    INT8U err;
    pdata=pdata;
    for  (;;)  {
        / * 应用程序代码 * /
        if  ('TaskToBeDeleted()' 需要被删除)  {                    (1)
        while  (OSTaskDelReq(TASK_TO_DEL_PRIO)  ! =OS_TASK_
            NOT_EXIST)  {                                         (2)
                OSTimeDly(1);                                     (3)
        }    }
        / *应用程序代码 * /                                        (4)
    }
}
```

需要删除自己的任务(任务 A)的代码如程序清单 L3.3.9 所示。

程序清单 L3.3.9　需要删除自己的任务(任务 A)

```
void TaskToBeDeleted (void * pdata)
{ INT8U err;
```

```
pdata＝pdata；
for （;;） {
    /＊应用程序代码＊/
    If （OSTaskDelReq(OS_PRIO_SELF)＝＝OS_TASK_DEL_REQ)     (1)
    {
        释放所有占用的资源；                                (2)
        释放所有动态内存；
        OSTaskDel(OS_PRIO_SELF)；                          (3)
    }
    else {
        /＊应用程序代码＊/
    }
}
}
```

在 OS_TAB 中存有一个标志,任务通过查询这个标志的值来确认自己是否需要被删除。这个标志的值是通过调用 OSTaskDelReq(OS_PRIO_SELF) 而得到的。当 OSTaskDelReq() 返回给调用者 OS_TASK_DEL_REQ[L3.3.9(1)]时,则表明已经有另外的任务请求该任务被删除了。在这种情况下,被删除的任务会释放它所拥有的所有资源[L3.3.9(2)],并且调用 OSTaskDel(OS_PRIO_SELF)来删除自己[L3.3.9(3)]。前面曾提到过,任务的代码没有被真正的删除,而只是 μC/OS 不再理会该任务代码。换句话说,就是任务的代码不会再运行了。但是,用户可以通过调用 OSTask Create()或 OSTaskCreateExt()函数重新建立该任务。

3.3.5　任务切换

任务切换是任务调度器的主要工作之一。任务调度器有以下两项工作:

(1)在就绪表中查找具有最高优先级别的就绪任务。

(2)实现任务的切换。

任务级的调度是由函数 OSSched()完成的,中断级的调度是由另一个函数 OSIntExt()完成的。任务切换步骤如下。

1.获得待运行就绪任务控制块的指针

调度器实施任务切换之前的主要工作是获得待运行任务的 TCB 指针和当前任务的 TCB 指针。因为被中止任务的任务控制块指针存放在全局变量 OSTCB-Cur 中,此变量里存储的就是当前运行任务的任务控制块指针,所以调度器的工作主要就是获得待运行任务的 TCB 指针。任务的调度分为任务级调度和中断级调度。

2. 切换堆栈指针

任务的切换就是断点数据的切换，断点数据的切换也就是 CPU 堆栈指针的切换，被中止运行任务的堆栈指针要保存到该任务的任务控制块中。待运行任务的堆栈指针要由该任务控制块转存到 CPU 的 SP 中，也就是说，在多任务系统中，CPU 将正在运行的或即将运行的任务的堆栈作为自己的堆栈。切换到哪个任务，则哪个任务的堆栈就成为 CPU 的堆栈，从而实现任务的无缝接续运行，实现了任务的切换。

3.3.6　任务管理的其他内容

任务管理还有其它诸多内容，例如改变任务的优先级、挂起任务、恢复任务、获得任务的信息等。分别简述如下。

1. 改变任务的优先级 OSTaskChangePrio()

用户建立任务的时候会给任务分配一个优先级。在程序运行期间，用户可以通过调用函数 OSTaskChangePrio() 来改变任务的优先级。换句话说，就是 μC/OS 允许用户动态地改变任务的优先级。

2. 挂起任务 OSTaskSuspend()

有时候将任务挂起是很有用的。挂起任务可以通过调用 OSTaskSuspend() 函数来实现。被挂起的任务只能通过调用 OSTaskResume() 函数来恢复。任务挂起是一个绝对有效的功能，也就是说，如果任务在被挂起的同时也在等待延时的期满，那么即使任务等待延时期满，而挂起操作还起作用时，该任务还是不能转入就绪状态，除非通过调用 OSTaskResume() 函数恢复了这个任务。任务可以挂起自己或者其它任务。

3. 恢复任务 OSTaskResume()

前面说过，被挂起的任务只有通过调用函数 OSTaskResume() 才能恢复。在该函数内要判断一些条件，要确认欲恢复的任务必须是存在的，并且该任务必须是被挂起的。OSTaskResume() 通过清除 OSTCBStat 域中的 OS_STAT_SUS-PEND 位取消挂起。挂起的任务能否被恢复为就绪态，还要确认该任务现在没有处于延时等待状态（或者延时已满），就是确认其 OS_TCBDly 域必须为 0。在以上两个条件都满足的时候，任务才能被恢复为就绪态。最后，该函数还要检查被恢复的任务拥有的优先级是否比调用本函数的任务的优先级高，从而确定是否进行任务的切换。上述工作都是在 OSTaskResume() 函数内完成的。

4. 获得有关任务的信息 OSTaskQuery()

用户的应用程序可以通过调用 OSTaskQuery() 来获得自身或其它应用任务的信息。实际上，OSTaskQuery() 获得的是对应任务的 OS_TCB 中内容的拷贝。用户能访问的 OS_TCB 数据域的多少取决于用户应用程序的配置（参看 OS_

CFG. H)。由于 μC/OS 是可裁剪的,它只包括那些用户应用程序所要求的属性和功能。

注意,OSTaskQuery()允许用户查询所有的任务,包括空闲任务。用户尤其需要注意的是不要改变 OSTCBNext 与 OSTCBPrev 的指向。通常,OSTaskQuery()需要检验用户是否想知道当前任务的有关信息以及该任务是否已经建立了。所有的域是通过赋值语句一次性复制的,而不是一个域一个域地复制的。这样复制会比较快一点,因为编译器大多都能够产生内存拷贝指令。

在此对任务的停止(删除、挂起)与对应的恢复就绪的方法总结如下,见表 3.3.1。

表 3.3.1 任务停止与恢复就绪的方法

序号	任务停止方法(函数)	对应的恢复就绪的方法(函数)	备注
1	删除任务: OSTaskDel() OSTaskDelReq()	重新创建该任务: OSTaskCreate() OSTaskCreateExt()	被删除的任务进入睡眠态,脱离了系统的管理
2	普通挂起: OSTaskSuspend()	普通恢复: OSTaskResume()	处于挂起状态的任务,系统还在管理,只是这些任务不再处于就绪态,暂时不能被运行。 任务被恢复为就绪态以后(将其在就绪表中相应的位置为 1 以后),也不一定立即运行,还要看其是不是就绪表中处于就绪态的任务中优先级最高的任务,如果是才会立即执行
3	延时挂起: OSTimeDly() OSTimeDlyHMSM()	解除延时: OSTimeDlyResume()	
4	因等待事件而挂起: OSEventTaskWait() 由以下函数调用: OSSemPend(), OSMboxPend(), OSQPend()	给出事件,使等待事件的任务恢复就绪态: OSEventTaskRdy()由以下函数调用: OSSemPost(),OSMboxPost(), OSQPost(),OSQPostFront()。 OSEventTO()由于等待事件超时而将任务恢复为就绪态	
5	被中断挂起: 当中断发生时被挂起,没有函数	完成中断程序: 当中断函数执行完后,本任务可能被恢复,也可能在中断函数执行期间有优先级更高的任务恢复了就绪态,则中断服务结束后,会发生一次任务切换,使优先级更高的任务运行,而本任务继续挂起	

3.4　时间管理

μC/OS 的时间管理是通过定时中断来实现的,该定时中断一般为 10～100ms 发生一次,时间频率由用户对硬件系统的定时器编程来设定。一旦设定了定时中断的频率,定时中断发生的时间间隔就是固定不变的,该中断也称为一个时钟节拍。

μC/OS 要求用户在定时中断函数中,调用系统提供的与时钟节拍相关的系统函数,例如中断级的任务切换函数、系统时间函数等。

在时钟节拍中曾提到,μC/OS(其它内核也一样)要求用户提供定时中断来实现延时与超时控制等功能。这个定时中断叫做时钟节拍,它应该每秒发生 10 至 100 次。时钟节拍的实际频率是由用户设定的,时钟节拍的频率越高,系统的负荷就越重。

以前讨论了时钟的中断函数和时钟节拍函数 OSTimeTick——该函数用于通知 μC/OS 发生了时钟节拍中断。

本节主要说明 5 个与时钟节拍有关的系统服务:

OSTimeDly()

OSTimeDlyHMSM()

OSTimeDlyResume()

OSTimeGet()

OSTimeSet()

以上所提到的 5 个函数可以在 OS_TIME.C 文件中找到。其功能分别说明如下。

1. 任务延时函数 OSTimeDly()

μC/OS 提供了这样一个系统服务:申请该服务的任务可以延时一段时间,这段时间的长短是用时钟节拍的数目来确定的。实现这个系统服务的函数叫做 OS-TimeDly(INT16U ticks)。调用该函数会使 μC/OS 进行一次任务调度,停止执行当前的任务,转去执行下一个优先级最高的就绪态任务。任务调用 OSTimeDly() 后,一旦规定的时间期满或者有其它的任务通过调用 OSTimeDlyResume() 取消了延时,它就会马上进入就绪状态。如果该任务在所有就绪任务中具有最高的优先级时,它就会立即运行,否则就在就绪态表中等待。

OSTimeDly(INT16U ticks) 的参数 INT16U ticks 由用户在调用该函数时给出,是一个 1 到 65535 之间的数,用来指明任务延时的时钟节拍数。如果用户指定 0 值,则表明用户不想延时任务,函数会立即返回到调用者。非 0 值会使得任务延时函数 OSTimeDly()将当前任务从就绪表中移除,且延时指定的时钟节拍数。

接着,这个延时节拍数会被保存在当前任务的 OS_TCB 中,并且通过 OSTimeTick()每一个时钟节拍减 1。处于延时等待状态的任务已经不再处于就绪状态,因此任务调度程序会执行下一个优先级最高的就绪任务。

2. 按时分秒延时函数 OSTimeDlyHMSM()

OSTimeDly()虽然是一个非常有用的函数,但用户的应用程序需要知道延时时间对应的时钟节拍的数目。用户可以使用定义全局常数 OS_TICKS_PER_SEC(参看 OS_CFG. H)的方法将时间转换成时钟段,但这种方法有时显得比较愚笨。增加了 OSTimeDlyHMSM(h,m,s,ms)函数后,用户就可以按小时(h)、分(m)、秒(s)和毫秒(ms)来定义时间了,这样会显得更自然些。与 OSTimeDly()一样,调用 OSTimeDlyHMSM()函数也会使 μC/OS 进行一次任务调度,并且执行下一个优先级最高的就绪态任务。任务调用 OSTimeDlyHMSM()后,一旦规定的时间期满或者有其它任务通过调用延时恢复函数 OSTimeDlyResume(),恢复被延时的任务(终止其延时),它就会马上处于就绪态。同样,只有当该任务在所有就绪态任务中具有最高的优先级时,它才会立即运行。

从 OSTimeDlyHMSM()的代码中可以知道,应用程序是通过指定小时、分、秒和毫秒延时时间来调用该函数的。在实际应用中,用户应避免使任务延时过长的时间,因为从任务中获得一些反馈行为(如减少计数器,清除 LED 等等)经常是很不错的事。但是,如果用户确实需要延时长时间的话,μC/OS 可以将任务延时长达 256 个小时(接近 11 天)。

由于 OSTimeDlyHMSM()的具体实现方法,用户不能结束要求延时超过65535 个节拍的任务的延时。换句话说,如果时钟节拍的频率是 100 Hz,用户不能让调用 OSTimeDlyHMSM(0,10,55,350)或更长延迟时间的任务结束延时。这是使用该函数时要注意的。

3. 让处在延时期的任务结束延时函数 OSTimeDlyResume()

μC/OS 允许用户结束正处于延时期的任务的延时。延时的任务可以不等待延时期满,而是通过其它任务取消延时来使自己处于就绪态。这可以通过调用OSTimeDlyResume()和指定要恢复的任务的优先级来完成。实际上,OSTimeDlyResume()也可以唤醒正在等待事件(任务间的通信和同步)的任务,虽然这一点并没有提到过。在这种情况下,等待事件发生的任务会考虑是否终止等待事件。

注意,用户的任务有可能是通过暂时等待信号量、邮箱或消息队列来延时自己的。可以简单地通过控制信号量、邮箱或消息队列来恢复这样的任务。这种情况存在的唯一问题是它要求用户分配事件控制块,因此用户的应用程序会多占用一些 RAM。

4. 系统时间,OSTimeGet() 和 OSTimeSet()

无论时钟节拍何时发生,μC/OS 都会将一个 32 位的计数器加 1。这个计数器在用户调用 OSStart() 初始化多任务和 4 294 967 295 个节拍执行完一遍的时候从 0 开始计数。在时钟节拍的频率等于 100Hz 的时候,这个 32 位的计数器每隔 497 天就重新开始计数。用户可以通过调用 OSTimeGet() 来获得该计数器的当前值。也可以通过调用 OSTimeSet() 来改变该计数器的值。注意,在访问 OSTime 的时候中断是关掉的。这是因为在大多数 8 位处理器上增加和拷贝一个 32 位的数都需要数条指令,这些指令一般都需要一次执行完毕,而不能被中断等因素打断。

3.5 任务间通信与同步

对一个多任务的操作系统来说,任务间的通信和同步是必不可少的。任务间的通信,是将数据从一个任务传递给另一个任务,根据一次传递数据的数量,通信机制可以分为消息邮箱和消息队列。μC/OS-II 中提供了 4 种同步对象,分别是信号量、邮箱、消息队列和事件。μC/OS-III 取消了邮箱,是因为消息队列可以包含邮箱的功能。所有这些同步对象都有创建、等待、发送、查询的接口用于实现任务间的通信和同步。

任务间的同步,不涉及数据传输,只提供某个事件的状态,根据其提供事件的状态量,同步机制可以分为信号量(事件的多种状态)和互斥锁(二元信号量)。事件组标志提供任务间多个事件的同步,即产生某几个事件同时发生时的信号。图 3.5 - 1 所示为 μC/OS 提供的任务间的信息交互机制。

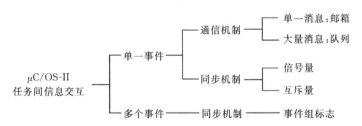

图 3.5 - 1 μC/OS-II 提供的任务间的信息交互机制

任务之间和任务与中断函数之间是如何进行通信的呢?

任务之间和任务与中断函数之间都是通过一个名为 ECB 的东西来通信的,ECB 叫做事件控制块。

一个任务或者中断函数可以通过事件控制块 ECB(Event Control Blocks)向另外的任务发信号。这里,所有的信号都被看成是事件(Event)。这也说明为什么上面把用于通信的数据结构叫做事件控制块。一个任务还可以等待另一个任务或中断函数给它发送信号。这里要注意的是,只有任务可以等待事件发生,中断函数是不能这样做的。对于处于等待状态的任务,还可以给它指定一个最长等待时间,以此来防止因为等待的事件没有发生而无限期地等下去。

多个任务可以同时等待同一个事件的发生。当该事件发生后,所有等待该事件的任务中,优先级最高的任务得到了该事件并进入就绪状态,准备执行。上面讲到的事件,可以是信号量、邮箱或者消息队列等。当事件是一个信号量时,任务可以等待它,也可以给它发送消息。

3.5.1　事件控制块 ECB

μC/OS 通过 uCOS_II. H 中定义的 OS_EVENT 数据结构来维护一个事件控制块的所有信息,也就是前面讲到的事件控制块 ECB。该结构中除了包含了事件本身的定义,如用于信号量的计数器,用于指向邮箱的指针,以及指向消息队列的指针数组等,还定义了等待该事件的所有任务的列表。程序清单 L3.5.1 是该数据结构的定义。

程序清单 L3.5.1　ECB 数据结构

```
typedef struct {
    void      * OSEventPtr;         /* 指向消息或者消息队列的指针 */
    INT8U     OSEventTbl[OS_EVENT_TBL_SIZE]; /* 等待任务列表 */
    INT16U    OSEventCnt;           /* 计数器(当事件是信号量时) */
    INT8U     OSEventType;          /* 事件类型 */
    INT8U     OSEventGrp;           /* 等待任务所在的组 */
} OS_EVENT;
```

ECB 数据结构中各变量的含义如下。

. OSEventPtr 指针,只有在所定义的事件是邮箱或者消息队列时才使用。当所定义的事件是邮箱时,它指向一个消息,而当所定义的事件是消息队列时,它指向一个数据结构。

. OSEventTbl [ ] 和. OSEventGrp 很 像 前 面 讲 到 的 OSRdyTbl [ ] 和 OSRdyGrp,只不过前两者包含的是等待某事件的任务,而后两者包含的是系统中处于就绪状态的任务。

. OSEventCnt 当事件是一个信号量时,. OSEventCnt是用于信号量的计数器。

. OSEventType 定义了事件的具体类型。它可以是信号量(OS_EVENT_SEM)、邮箱(OS_EVENT_TYPE_MBOX)或消息队列(OS_EVENT_TYPE_Q)中的一种。用户要根据该域的具体值来调用相应的系统函数,以保证对其进行的操作的正确性。

　　每个等待事件发生的任务都被加入到该事件的事件控制块中的等待任务列表中,该列表包括.OSEventGrp 和.OSEventTbl[ ]两个域。变量前面的[.]说明该变量是数据结构的一个域。在这里,所有的任务的优先级被分成 8 组(每组 8 个优先级),分别对应.OSEventGrp 中的 8 位。当某组中有任务处于等待该事件的状态时,.OSEventGrp 中对应的位就被置位。相应地,该任务在.OSEventTbl[ ]中的对应位也被置位。.OSEventTbl[ ]数组的大小由系统中任务的最低优先级决定,这个值由 uCOS_II.H 中的 OS_LOWEST_PRIO 常数定义。这样,在任务优先级比较少的情况下,减少 μC/OS 对系统 RAM 的占用量。

　　当一个事件发生后,该事件的等待事件列表中优先级最高的任务,也即在.OSEventTbl[ ]中,所有被置 1 的位中,优先级代码最小的任务得到该事件。图 3.5 - 2 给出了.OSEventGrp 和.OSEventTbl[ ]之间的对应关系。

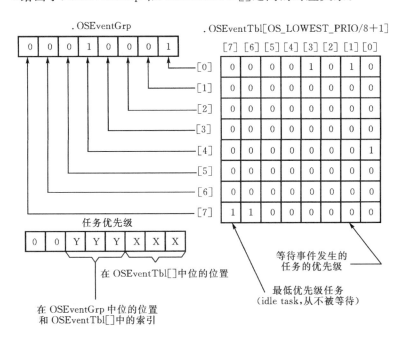

图 3.5 - 2　事件的等待任务列表

该关系可以描述为:

当.OSEventTbl[0]中的任何一位为 1 时,.OSEventGrp 中的第 0 位为 1。

当.OSEventTbl[1]中的任何一位为 1 时,.OSEventGrp 中的第 1 位为 1。

当.OSEventTbl[2]中的任何一位为 1 时,.OSEventGrp 中的第 2 位为 1。

当.OSEventTbl[3]中的任何一位为 1 时,.OSEventGrp 中的第 3 位为 1。

当.OSEventTbl[4]中的任何一位为 1 时,.OSEventGrp 中的第 4 位为 1。

当.OSEventTbl[5]中的任何一位为 1 时,.OSEventGrp 中的第 5 位为 1。

当.OSEventTbl[6]中的任何一位为 1 时,.OSEventGrp 中的第 6 位为 1。

当.OSEventTbl[7]中的任何一位为 1 时,.OSEventGrp 中的第 7 位为 1。

程序清单 L3.5.2 是将一个任务放到事件的等待任务列表中。

程序清单 L3.5.2 将一个任务插入到事件的等待任务列表中

pevent−>OSEventGrp |=OSMapTbl[prio≫ 3];

pevent−>OSEventTbl[prio≫ 3] |=OSMapTbl[prio & 0x07];

其中,prio 是任务的优先级,pevent 是指向事件控制块的指针。

从程序清单 L3.5.2 可以看出,插入一个任务到等待任务列表中所花的时间和表中现有多少个任务无关。任务优先级的最低 3 位决定了该任务在相应的.OSEventTbl[]中的位置,紧接着的 3 位则决定了该任务优先级在.OSEventTbl[]中的字节索引。该算法中用到的查找表 OSMapTbl[](定义在 OS_CORE. C 中)一般在 ROM 中实现。

表 3.5.1 OSMapTbl[]

Index	Bit Mask (Binary)
0	00000001
1	00000010
2	00000100
3	00001000
4	00010000
5	00100000
6	01000000
7	10000000

从等待任务列表中删除一个任务的算法则正好相反,如程序清单 L3.5.3 所示。

程序清单 L3.5.3 从等待任务列表中删除一个任务

if ((pevent−>OSEventTbl[prio≫ 3] &=∼OSMapTbl[prio & 0x07])==0) {

pevent−>OSEventGrp &=∼OSMapTbl[prio≫ 3];

}

该代码清除了任务在.OSEventTbl[]中的相应位,并且,如果其所在的组中不

再有处于等待该事件的任务时(即.OSEventTbl[prio≫3]为 0),将.OSEventGrp
中的相应位也清除了。和上面的由任务优先级确定该任务在等待表中的位置的算
法类似,从等待任务列表中查找处于等待状态的最高优先级任务的算法,也不是从
OSEventTbl[0]开始逐个查询,而是采用了查找另一个表 OSUnMapTbl[256](见
文件 OS_CORE.C)。这里,用于索引的 8 位分别代表对应的 8 组中有任务处于等
待状态,其中的最低位具有最高的优先级。用这个值索引,首先得到最高优先级任
务所在的组的位置(0~7 之间的一个数)。然后利用.OSEventTbl[]中对应字节
再在 OSUnMapTbl[]中查找,就可以得到最高优先级任务在组中的位置(也是 0~
7 之间的一个数)。这样,最终就可以得到处于等待该事件状态的最高优先级任务
了。程序清单 L3.5.4 是该算法的具体实现代码。

程序清单 L3.5.4　在等待任务列表中查找最高优先级的任务

```
y=OSUnMapTbl[pevent->OSEventGrp];
x=OSUnMapTbl[pevent->OSEventTbl[y]];
prio=　(y≪3)　+x;
```

举例来说,如果.OSEventGrp 的值是 01101000(二进制),而对应的 OSUn-
MapTbl[.OSEventGrp]值为 3,说明最高优先级任务所在的组是 3。类似地,如
果.OSEventTbl[3]的值是 11100100(二进制),OSUnMapTbl[.OSEventTbl[3]]
的值为 2,则处于等待状态的任务的最高优先级是 $3 \times 8 + 2 = 26$。

在 μC/OS 中,事件控制块的总数由用户所需要的信号量、邮箱和消息队列的
总数决定。该值由 OS_CFG.H 中的 #define OS_MAX_EVENTS 定义。在调用
OSInit()时,所有事件控制块被链接成一个单向链表——空闲事件控制块链表见
图 3.5-3 所示。每当建立一个信号量、邮箱或者消息队列时,就从该链表中取出
一个空闲事件控制块,并对它进行初始化。因为信号量、邮箱和消息队列一旦建立
就不能删除,所以事件控制块也不能放回到空闲事件控制块链表中。

对于事件控制块进行的一些通用操作包括:

初始化一个事件控制块;

使一个任务进入就绪态;

使一个任务进入等待该事件的状态;

因为等待超时而使一个任务进入就绪态。

为了避免代码重复和减短程序代码长度,μC/OS 将上面的操作用 4 个系统函
数实现,它们是 OSEventWaitListInit()、OSEventTaskRdy()、OSEventWait()和
OSEventTO()。分述如下:

1. *初始化一个事件控制块,OSEventWaitListInit()*

程序清单 L3.5.5 是函数 OSEventWaitListInit()的源代码。当建立一个信号

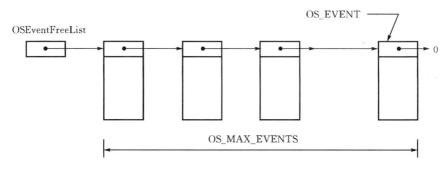

图 3.5 - 3　空闲事件控制块链表

量、邮箱或者消息队列时,相应地建立函数 OSSemInit(),OSMboxCreate(),或者 OSQCreate()通过调用 OSEventWaitListInit()对事件控制块中的等待任务列表进行初始化。该函数初始化一个空的等待任务列表,其中没有任何任务。该函数的调用参数只有一个,就是指向需要初始化的事件控制块的指针 pevent。

程序清单 L3.5.5　初始化 ECB 块的等待任务列表

```
void OSEventWaitListInit  (OS_EVENT * pevent)
{     INT8U i;
      pevent—>OSEventGrp=0x00;
      for  (i=0;i< OS_EVENT_TBL_SIZE;i++)  {
          pevent—>OSEventTbl[i]=0x00;
      }
}
```

2.使一个任务进入就绪态,OSEventTaskRdy()

当发生了某个事件,该事件等待任务列表中的最高优先级任务(Highest Priority Task—HPT)要置于就绪态时,该事件对应的 OSSemPost(),OSMboxPost(),OSQPost()和 OSQPostFront()函数调用 OSEventTaskRdy()实现该操作。换句话说,该函数从等待任务队列中删除 HPT 任务(Highest Priority Task),并把该任务置于就绪态。图 3.5 - 4 给出了 OSEventTaskRdy()函数最开始的 4 个动作。

该函数首先计算 HPT 任务在.OSEventTbl[]中的字节索引[图 3.5 - 4(1)],其结果是一个从 0 到 OS_LOWEST_PRIO/8+1 之间的数,并利用该索引得到该优先级任务在.OSEventGrp 中的位屏蔽码[图 3.5 - 4(2)](从表 3.5 - 1 可以得到该值)。然后,OSEventTaskRdy()函数判断 HPT 任务在.OSEventTbl[]中相应位的位置[图 3.5 - 4(3)],其结果是一个从 0 到 OS_LOWEST_PRIO/8+1 之间的数,以及相应的位屏蔽码[图 3.5 - 4(4)]。根据以上结果,OSEventTaskRdy()函

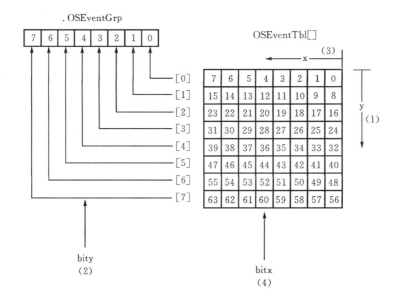

图 3.5-4　使一个任务进入就绪状态

数计算出 HPT 任务的优先级,然后就可以从等待任务列表中删除该任务了。

任务的任务控制块中包含有需要改变的信息。知道了 HPT 任务的优先级,就可以得到指向该任务的任务控制块的指针。因为最高优先级任务运行条件已经得到满足,必须停止 OSTimeTick()函数对.OSTCBDly 域的递减操作,所以 OS-EventTaskRdy()直接将该域清 0。因为该任务不再等待该事件的发生,所以 OS-EventTaskRdy()函数将其任务控制块中指向事件控制块的指针指向 NULL。如果 OSEventTaskRdy()是由 OSMboxPost()或者 OSQPost()调用的,该函数还要将相应的消息传递给 HPT,放在它的任务控制块中。另外,当 OSEventTaskRdy()被调用时,位屏蔽码 msk 作为参数传递给它。该参数是用于对任务控制块中的位清零的位屏蔽码,和所发生事件的类型相对应。最后,根据.OSTCBStat 判断该任务是否已处于就绪状态。如果是,则将 HPT 插入到 μC/OS 的就绪任务列表中。注意,HPT 任务得到该事件后不一定进入就绪状态,也许该任务已经由于其它原因挂起了。

另外,.OSEventTaskRdy()函数要在中断禁止的情况下调用。

3.使一个任务进入等待某事件发生状态,OSEventTaskWait()

程序清单 L3.5.6 是 OSEventTaskWait()函数的源代码。当某个任务要等待一个事件的发生时,相应事件的 OSSemPend(),OSMboxPend()或者 OSQPend()

函数会调用该函数将当前任务从就绪任务表中删除，并放到相应事件的事件控制块的等待任务表中。

程序清单 L3.5.6　**使一个任务进入等待状态**

void OSEventTaskWait (OS_EVENT ＊pevent)

{　OSTCBCur－＞OSTCBEventPtr＝pevent；　　　　　　　　　　　　(1)

　　if ((OSRdyTbl[OSTCBCur－＞OSTCBY] &＝～OSTCBCur－＞OS-
TCBBitX)＝＝0)　{　　　　　　　　　　　　　　　　　　　　　(2)

　　　　OSRdyGrp &＝～OSTCBCur－＞OSTCBBitY；

　　}

　　pevent－＞OSEventTbl[OSTCBCur－＞OSTCBY]|＝OSTCBCur－＞
OSTCBBitX；　　　　　　　　　　　　　　　　　　　　　　　　(3)

　　pevent－＞OSEventGrp　　　　　　　　　　　　|＝OSTCBCur－＞
OSTCBBitY；

}

在该函数中，首先将指向事件控制块的指针放到任务的任务控制块中[L3.5.6(1)]，接着将任务从任务就绪表中删除[L3.5.6(2)]，并把该任务放到事件控制块的等待任务表中[L3.5.6(3)]。

4.由于等待超时而将任务置为就绪态，OSEventTO()

当在预先指定的时间内任务等待的事件没有发生时，OSTimeTick()函数会因为等待超时而将任务的状态置为就绪。在这种情况下，事件的 OSSemPend()，OSMboxPend()或者 OSQPend()函数会调用 OSEventTO()来完成这项工作。该函数负责从事件控制块中的等待任务列表里将任务删除，并把它置成就绪状态。最后，从任务控制块中将指向事件控制块的指针删除。用户应当注意，调用 OS-EventTO()也应当先关中断。

限于篇幅，这里仅介绍消息队列的思想方法及其应用程序的设计。

3.5.2　消息队列

1.消息队列概述

消息队列是 μC/OS 的一种通信机制，它可以使一个任务或者中断函数向另一个任务发送以指针方式定义的变量。因具体的应用有所不同，每个指针指向的数据结构变量也有所不同。为了使用 μC/OS 的消息队列功能，需要在 OS_CFG. H文件中，将 OS_Q_EN 常数设置为1，并且通过常数 OS_MAX_QS 来决定 μC/OS支持的最多消息队列数，用户可以分配任意多的消息队列。

任务可以用消息队列作为中介发布消息给任务，也可以直接将消息发布给任务。在 μC/OS-III 中，每个任务都可以有其内建的消息队列。当有多个任务等待消息的时候,可以使用外部的消息队列,而如果只有一个任务需要某个消息的时候,则应该直接向该任务发布消息。

任务在等待消息的时候不占用 CPU 的处理时间。

一则消息包含几个部分:指向数据的指针,表明数据长度的变量和记录消息发布时刻的时间戳。指针指向的可以是一块数据区或者甚至是一个函数。

消息的内容必须一直保持可见性,不得中途被更改,直到消息的内容被使用之后。

在使用一个消息队列之前,必须先建立该消息队列。这可以通过调用 OSQCreate()函数,并定义消息队列中的单元数(消息数)来完成。

μC/OS 提供了 7 个对消息队列进行操作的函数:OSQCreate(),OSQPend(),OSQPost(),OSQPostFront(),OSQAccept(),OSQFlush()和 OSQQuery()函数。消息队列的符号很像多个邮箱。实际上,我们可以将消息队列看作是多个邮箱组成的数组,只是它们共用一个等待任务列表。每个指针所指向的数据结构是由具体的应用程序决定的。设 N 代表消息队列中的总单元数。当调用 OSQPend()或者 OSQAccept()之前,调用 N 次 OSQPost()或者 OSQPostFront()就会把消息队列填满。一个任务或者中断函数可以调用 OSQPost(),OSQPostFront(),OSQFlush()或者 OSQAccept()函数。但是,只有任务可以调用 OSQPend()和 OSQQuery()函数。

文件 OS_CFG.H 中的常数 OS_MAX_QS 定义了在 μC/OS 中可以使用的最大消息队列数,这个值最小应为 2。μC/OS 在初始化时建立一个空闲的队列控制块链表,

2. 建立一个消息队列,OSQCreate()

OSQCreate()函数用来建立一个消息队列。该函数需要一个指针数组来容纳指向各个消息的指针。该指针数组必须声明为 void 类型。

消息队列一旦建立就不能再删除了。试想,如果有任务正在等待某个消息队列中的消息,而此时又删除该消息队列,将是很危险的。

3. 等待一个消息队列中的消息,OSQPend()

OSQPend()函数首先检查事件控制块是否是由 OSQCreate()函数建立的,接着该函数检查消息队列中是否有消息可用。如果有,OSQPend()函数将指向消息的指针复制到 msg 变量中,并让.OSQOut 指针指向队列中的下一个单元,然后将队列中的有效消息数减 1。因为消息队列是一个循环的缓冲区,OSQPend()函数需要检查.OSQOut 是否超过了队列中的最后一个单元。当发生这种越界时,就要将.OSQOut 重新调整到指向队列的起始单元。这是我们调用 OSQPend()函数时所期望的,也是执行 OSQPend()函数最快的路径。

4.向消息队列发送一个消息（先进先出 FIFO），OSQPost()

OSQPost()函数检查是否有任务在等待该消息队列中的消息。当事件控制块的. OSEventGrp 域为非 0 值时，说明该消息队列的等待任务列表中有任务。这时，调用 OSEventTaskRdy()函数，使一个任务进入就绪状态，OSEventTaskRdy()]从列表中取出最高优先级的任务，并将它置于就绪状态。然后调用函数 OS-Sched()进行任务的调度。如果上面取出的任务的优先级在整个系统就绪的任务里也是最高的，而且 OSQPost()函数不是中断函数调用的，就执行任务切换，该最高优先级任务被执行。否则的话，OSSched()函数直接返回，调用 OSQPost()函数的任务继续执行。

如果没有任务等待该消息队列中的消息，而且此时消息队列未满，指向该消息的指针被插入到消息队列中。这样，下一个调用 OSQPend()函数的任务就可以马上得到该消息。注意，如果此时消息队列已满，那么该消息将由于不能插入到消息队列中而丢失。

此外，如果 OSQPost()函数是由中断函数调用的，那么即使产生了更高优先级的任务，也不会在调用 OSSched()函数时发生任务切换。这个动作一直要等到中断嵌套的最外层中断函数调用 OSIntExit()函数时才能进行。

5.向消息队列发送一个消息（后进先出 LIFO），OSQPostFront()

OSQPostFront()函数和 OSQPost()基本上是一样的，只是在插入新的消息到消息队列中时，使用. OSQOut 作为指向下一个插入消息的单元的指针，而不是. OSQIn。

6.无等待地从一个消息队列中取得消息，OSQAccept()

如果试图从消息队列中取出一条消息，而此时消息队列又为空时，也可以不让调用任务等待而直接返回调用函数。这个操作可以调用 OSQAccept()函数来完成。

7.清空一个消息队列，OSQFlush()

OSQFlush()函数允许用户删除一个消息队列中的所有消息，重新开始使用。

8.查询一个消息队列的状态，OSQQuery()

OSQQuery()函数使用户可以查询一个消息队列的当前状态，主要是查询消息队列的数据结构 OS_Q_DATA 的内容，OS_Q_DATA 结构包含下面的几个域：

. OSMsg 如果消息队列中有消息，它包含指针. OSQOut 所指向的队列单元中的内容。如果队列是空的，. OSMsg 包含一个 NULL 指针。

. OSNMsgs 是消息队列中的消息数(. OSQEntries 的拷贝)。

. OSQSize 是消息队列的总的容量

. OSEventTbl[]和. OSEventGrp 是消息队列的等待任务列表。通过它们，

OSQQuery()的调用函数可以得到等待该消息队列中的消息的任务总数。

OSQQuery()函数首先检查 pevent 指针指向的事件控制块是一个消息队列，然后复制等待任务列表。如果消息队列中有消息，.OSQOut 指向的队列单元中的内容被复制到 OS_Q_DATA 结构中，否则的话，就复制一个 NULL 指针。最后，复制消息队列中的消息数和消息队列的容量大小。

9.使用消息队列读取模拟量的值

在控制系统中，经常要频繁地读取模拟量的值。这时，可以先建立一个定时任务 OSTimeDly()[延时一个任务，OSTimeDly()]，并且给出希望的抽样周期。然后，如图 3.5-5 所示，让 A/D 采样的任务从一个消息队列中等待消息。该程序最长的等待时间就是抽样周期。当没有其它任务向该消息队列中发送消息时，A/D采样任务因为等待超时而退出等待状态并进行执行。这就模仿了 OSTimeDly()函数的功能。

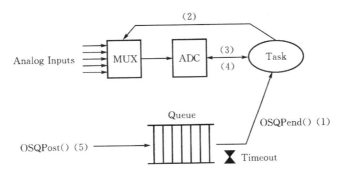

图 3.5-5　读模拟量输入

也许，读者会提出疑问，既然 OSTimeDly()函数能完成这项工作，为什么还要使用消息队列呢？这是因为，借助消息队列，我们可以让其它的任务向消息队列发送消息来终止 A/D 采样任务等待消息，使其马上执行一次 A/D 采样。此外，我们还可以通过消息队列来通知 A/D 采样程序具体对哪个通道进行采样，告诉它增加采样频率等，从而使得我们的应用更智能化。换句话说，我们可以告诉 A/D 采样程序，"现在马上读取通道 3 的输入值!"之后，该采样任务将重新开始在消息队列中等待消息，准备开始一次新的扫描过程。

10.使用一个消息队列作为计数信号量

在消息队列初始化时，可以将消息队列中的多个指针设为非 NULL 值(如 void * 1)，来实现计数信号量的功能。这里，初始化为非 NULL 值的指针数就是可用的资源数。系统中的任务可以通过 OSQPend()来请求"信号量"，然后通过调用 OSQPost() 来释放"信号量"。如果系统中只使用了计数信号量和消息队列,使用这种方法可以有效地节省代码空间。需要注意的是,这种方法为共享资源引入了大量的指针变量。也就是说,为了节省代码空间,牺牲了 RAM 空间。另外,对消息队列的操作要比对信号量的操作慢,因此,当用计数信号量同步的信号量很多时,这种方法的效率是非常低的。

3.5.3　消息邮箱简介

在 μC/OS-II 中,邮箱也是一种通信机制,它可以使一个任务或者中断函数向另一个任务发送一个指针型的变量。该指针指向一个包含了特定"消息"的数据结构。这就如同消息队列中只有一条消息,因此在 μC/OS-III 中就取消了邮箱。对使用 μC/OS-II 的读者,使用邮箱是一种常用的任务间通信方式,使用邮箱时,必须将 OS_CFG.H 中的 OS_MBOX_EN 常数置为 1。

使用邮箱之前,必须先建立该邮箱。该操作可以通过调用 OSMboxCreate() 函数来完成,并且要指定指针的初始值。一般情况下,这个初始值是 NULL,但也可以初始化一个邮箱,使其在最开始就包含一条消息。如果使用邮箱的目的是用来通知一个事件的发生(发送一条消息),那么就要初始化该邮箱为 NULL,因为在开始时,事件还没有发生。如果用户用邮箱来共享某些资源,那么就要初始化该邮箱为一个非 NULL 的指针。在这种情况下,邮箱被当成一个二值信号量使用。

μC/OS-II 提供了 5 种对邮箱的操作:OSMboxCreate(),OSMboxPend(),OSMboxPost(),OSMboxAccept() 和 OSMboxQuery() 函数。图 3.5 - 6 描述了任务、中断函数和邮箱之间的关系。邮箱包含的内容是一个指向一条消息的指针。一个邮箱只能包含一个这样的指针(邮箱为满时),或者一个指向 NULL 的指针(邮箱为空时)。从图 3.5 - 6 可以看出,任务或者中断函数可以调用函数 OSMboxPost(),但是只有任务可以调用函数 OSMboxPend() 和 OSMboxQuery()。其工作原理与消息队列是类似的,因此详细过程不再介绍。

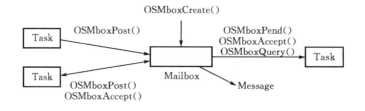

图 3.5 - 6　任务、中断函数和邮箱之间的关系

3.6 软件设计实例 1：三维打印机软件设计

三维打印制造是近年来快速制造领域的热点技术之一，根据作者研究，采用 $\mu C/OS$ 操作系统开发三维打印机，能够将打印机的各项工作分解为不同的任务，每个任务完成特定的一些工作，从程序模块的划分上，任务明确，层次清晰。其中关键是不同任务之间的同步与通信，凭借 $\mu C/OS-II$ 系统灵活的任务间通信的能力，经过精心设计和调试，圆满地实现了任务间的通信，使各个任务协调一致、有条不紊地工作，实现了三维打印的快速、精确控制。

3.6.1 三维打印原理与控制系统设计

1. 三维打印原理

三维打印机的打印头固定在一个确定的高度上，打印的零件处在打印头下面的工作台上，对零件从最底层往上进行逐层打印，打印完一层，工作台下移一层。工作台上下移动称为 Z 向移动，由一个控制 Z 向运动的电机驱动。在打印一个零件时，有两个送丝电机。一个送粗丝，用于基础骨架打印；另一个送细丝，用于零件精细部分的打印。打印前在 PC 计算机上对零件进行三维打印的数据处理，将零件分为若干层，每层厚度为 Δh，每层按照最优方向划分为若干紧密相邻的剖面线，打印机打印的就是这些剖面线。打印确定的一层时，打印头的运动是一个二维平面运动，每一条线的打印，都是由 X 方向的驱动电机和 Y 方向的驱动电机协同工作，完成一条线的打印。这样逐条线打印直到打印完本层的所有线条，就完成了本层的打印。这样，共需要 X 向、Y 向、Z 向三个电机及两个送丝电机共计 5 个电机的实时控制，才能实现三维打印。因此三维打印可以视为一个五轴联动系统。

2. 控制系统设计

对其控制系统研究的结果是，采用基于 ARM Cortex M3 的 ARM 处理器作为主控器的 CPU 是一个合适的选择。我们选用的是基于 ARM Cortex M3 内核的由意法半导体出品的 STM32F103VE，该 MCU 为 32 位，主频 72 MHz，内含 512KB 的 FLASH 闪存，可以存放多达 512KB 的程序代码，有 64KB RAM，8 个多功能定时器。片内其他资源丰富，其速度和资源能很好地满足三维打印机的控制要求。我们选用了 5 个通用定时器分别作为 X、Y、Z 方向运动电机和两个送丝电机的控制器，选用定时器 T6 作为每条线段打印的总时间定时器。在对几种嵌入式操作系统进行比较后，选用了实时性最好、代码量最小、功能强大的 $\mu C/OS-II$ 系统。在 Keil 集成仿真平台上完成了硬件系统的调试与软件的设计开发。

以所设计的一个步进电机控制为例，说明电机的控制原理。

一个步进电机进行细分驱动控制，就要采用细分驱动控制器，要给细分驱动控制器一个脉冲串,使其给电机绕组输出细分后的电压电流,驱动电机转动。

这个脉冲串用 ARM 单片机的 PWM 输出实现,而 ARM 的定时器可以产生 PWM 波,而且可以通过端口输出,不过这些端口是多功能复用的,这就要对端口和定时器进行配置。

本例设计用 STM32F103VE 的定时器 2 即 T2 产生所需频率的 PWM 波,并根据引脚图,将其配置到第 25 脚 PA2,T2 的 CH3 输出,由 PA3、PA1 分别控制其脱机和转动方向。其示意图见图 3.6-1。

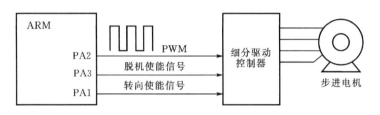

图 3.6-1 步进电机细分驱动控制接线示意图

设置与配置方法如下。

(1)端口输出配置

RCC_APB2PeriphClockCmd(RCC_APB2Periph_GPIOA,ENABLE);

 / * GPIOA Configuration:TIM3 channel 1 and 2 as alternate function push-pull * /

 GPIO_InitStructure. GPIO_Pin=GPIO_Pin_2 | GPIO_Pin_3| GPIO_Pin_1;

 GPIO_InitStructure. GPIO_Mode=GPIO_Mode_AF_PP; //复用推挽输出

 GPIO_InitStructure. GPIO_Speed=GPIO_Speed_50 MHz;

 GPIO_Init(GPIOA,&GPIO_InitStructure);

 GPIO_ResetBits(GPIOA,GPIO_Pin_3);

//脱机,上电后为高阻输入。使其变为输出低电平,电机可以工作

 GPIO_setBits(GPIOA,GPIO_Pin_1);

//电机转动方向控制,上电后为高阻输入。使其变为输出高电平使电机正转。若

//设置为 ResetBits 为低电平,电机反转

 (2)定时器 T2 设置

 TIM_TimeBaseInitTypeDef TIM2_TimeBaseStructure;

 TIM_OCInitTypeDef TIM2_OCInitStructure;

 RCC_APB1PeriphClockCmd(RCC_APB1Periph_TIM2,ENABLE);

//初始化 TIM2 时钟信号

　　TIM2_TimeBaseStructure. TIM_Period＝999；

//当定时器从 0 计数到 999，即为 1000 次，为一个定时周期

　　TIM2_TimeBaseStructure. TIM_Prescaler＝71；

//设置预分频：不预分频，即为 36 MHz

　　TIM2_TimeBaseStructure. TIM_ClockDivision＝0；

//设置时钟分频系数：不分频

　　TIM2_TimeBaseStructure. TIM_CounterMode＝TIM_CounterMode_Up；

//向上计数模式

　　TIM_TimeBaseInit(TIM2，&TIM2_TimeBaseStructure)；

　　/ ∗ PWM Mode configuration：Channel1 ∗ /

　　TIM2_OCInitStructure. TIM_OCMode＝TIM_OCMode_PWM1；

//配置为 PWM 模式 1，该模式下，定时器计数值小于比较值时输出为高，过了比

//较值时输出为低，模式 2(PWM2)相反

　　TIM2_OCInitStructure. TIM_OutputState＝TIM_OutputState_Enable；

　　TIM2_OCInitStructure. TIM_Pulse＝500；

//设置跳变值，当计数器计数到这个值时，电平发生跳变

　　TIM2_OCInitStructure. TIM_OCPolarity＝TIM_OCPolarity_High；

//当定时器计数值小于 CCR1_Val 时为高电平

　　TIM_OC3Init(TIM2，&TIM2_OCInitStructure)；

//使能 TIME2 通道 3，作为 PWM 输出端口

　　TIM_OC3PreloadConfig(TIM2，TIM_OCPreload_Enable)；

//TIME2 比较器 1 作重装载使能

　　TIM_ARRPreloadConfig(TIM2，ENABLE)；

//使能 TIM2 重载寄存器 ARR

　　TIM_Cmd(TIM2，ENABLE)；　　//使能定时器 2

　　STM32F103VE 中一共有 11 个定时器如下：

　　2 个高级控制定时器 T1，T8；

　　4 个普通定时器 T2，T3，T4，T5；

　　2 个基本定时器 T6，T7；

　　2 个看门狗定时器；

　　1 个系统嘀嗒定时器。

　　每个定时器的设置与上述定时器 T2 的方法相同。

　　对三维打印所需的 5 个步进电机，分别用 STM32F103VE 的定时器 T1、T2、T3、T4 和 T5，各自输出程序每次计算好频率的 PWM 波，驱动各自的细分驱动控

制器,再驱动各自的步进电机转动,实现预定的打印功能。

每条线段的打印不管其方向如何,打印头移动的速度是相同的一个确定值,因此必须根据线段长短计算每条线的打印时间,然后由一个定时器管理这个时间,本设计选用定时器 T6 控制每条线的打印时间。

3.6.2　三维打印任务划分

本设计采用实时操作系统 μC/OS-II,所有需要在打印之前就完成的工作,全部放在初始化部分完成,例如 I/O 口的初始化、串行通信初始化、LCD 显示器初始化、打印控制所需的 6 个定时器的初始化、打印头初始位置确定、打印头预热、打印模式设置等。

打印过程中的工作划分为四个用户任务,具体内容见表 3.6 - 1。

表 3.6 - 1　三维打印机用户任务

序号	任务名称	工作内容	优先级	备注
1	触摸屏操作任务 ScreentouchTask()	完成参数设置、启动、暂停、继续、停止等操作的屏幕点击输入	5	任务 1
2	显示任务 LCDDispTask()	在 LCD 显示屏上显示所有操作与设置信息	6	任务 2
3	数据生成任务 DataBuildTask()	从 SD 卡上读取 PC 机产生的三维模型数据,根据每条打印线段的端点坐标,计算线段长度,再根据规定的打印速度,计算沿 X 方向的速度分量 V_X、沿 Y 方向的速度分量 V_Y,本条线总的打印时间 T,控制 V_X 的定时器和控制 V_Y 的定时器的参数	7	任务 3
4	打印任务 PrintTask()	打印头运动控制与温度控制	8	任务 4

再加上两个系统任务——空闲任务 OSIdleTask() 和统计任务 OSStatTask(),一共有 6 个任务在系统中运行。

3.6.3　三维打印任务间的通信

μC/OS-II 任务间通信的方法有多种,这里采用消息邮箱 Mbox 进行数据传送,采用若干全局变量作为工作状态标志和任务握手信号。在初始化结束后,执行了操作系统启动函数 OSStart() 后,系统就开始了任务调度与管理。

从表 3.6 - 1 可知,任务 1 是触摸屏操作任务,其优先级最高。任务调度一开始,就会运行该任务。在该任务中对触摸屏进行两次数据读取,判断有没有屏幕操作,有屏幕操作的话,其位置在何处,是一个什么操作,再转向对应的程序进行处理。然后通过调用 OSTaskSuspend(1)函数自行挂起。再次激活该任务是通过系统时钟节拍中断服务函数 OSTickISR(),激活方法是在该函数中调用 OSTaskResume(1)即可。这样在时钟节拍中断函数退出后,由于任务 1 优先级最高而得到运行。由于点击屏幕操作的时间通常大于 100ms,因此系统时钟节拍中断函数的频率设置为 200 次/s,这样的频率足以捕获每次触摸屏操作,并且能够满足三维打印任务调度的所有实时需求。

任务 2 是 LCD 显示任务,其优先级为次高,其激活与挂起的方法与任务 1 不同,而是在需要显示时,由需求的任务通过调用 OSTaskResume(2)激活,显示字符送给显示器后。任务 2 通过调用 OSTaskSuspend(2)函数自行挂起。任务 3 是数据生成任务 DataBuildTask(),从 SD 卡上读取 PC 机产生的三维模型数据,计算打印需要的数据。任务 4 是打印任务 PrintTask(),用于打印头运动控制与温度控制。

打印过程的程序流程图见图 3.6-2。

在任务 3 获得 CPU 的使用权时,在其中进行 SD 卡数据读取与数据处理,生成一条打印线的控制数据,生成的数据的地址指针通过消息邮箱 MboxPost()发出,然后任务 3 通过调用 OSTaskSuspend(3)函数自行挂起。其后任务 4 获得 CPU 的使用权,在其中通过调用 OSMboxPend()取得任务 3 所生成的那些数据,之后将这些数据送给控制各个电机运动的各个定时器,启动这些定时器开始工作,实际上就是启动了那些电机,从而启动了打印头的运动。然后通过调用 OSTaskResume(3)函数将任务 3 恢复为就绪态。之后任务 4 通过调用 OSTaskSuspend(4)函数自行挂起。而打印工作在几个定时器的控制下继续进行。同时任务 3 由于其较高的优先级,会获得 CPU 的使用权,从而进行下一个线段的数据生成。数据生成占用时间很短,数据生成后又通过 OSMboxPost()发出。

然后任务 3 通过调用 OSTaskSuspend(3)函数又自行挂起。这时任务 3 和任务 4 都处于挂起状态。此时本条线段的打印还在进行,系统运行空闲任务 OSIdleTask()和统计任务 OSStatTask()。

直到本线段打印完成后,负责打印总时间的定时器 T6 定时时间到,程序执行会进入 T6 的中断函数。在该中断函数内,先停止各电机的运转,也就是停止打印头的运动和送丝运动。然后又开始下一条线段的打印。周而复始,直到打印完本层,再打印下一层,直到所有层打印完成。

凭借 μC/OS-II 系统强大的多任务调度与管理能力,通过任务间的通信,实现了多任务实时操作,数据生成工作与打印工作同时进行,实现了三维打印的快速精确控制,提高了 CPU 的工作效率。

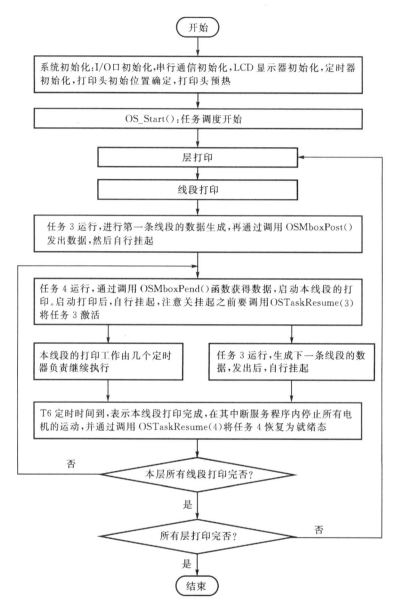

图 3.6-2　采用 μC/OS 系统的三维打印程序框图

3.6.4　程序设计

在 μC/OS-II 下开发设计三维打印机的控制系统程序,使用 Keil μVision4 平台进行开发,开发主界面见图 3.6-3。

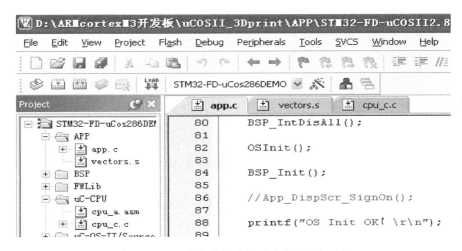

图 3.6 - 3　三维打印机控制程序的开发主界面

硬件电路由一款基于 ARM 处理器 SMT32F103VE 的开发板,外加一个我们自己设计制作的扩展电路板,扩展板上有信号处理和输出驱动,这些信号直接连接到那些步进电机细分驱动器上,由细分驱动器再驱动步进电机转动,控制这些电机的转速。使用 J-LINK 进行程序下载与仿真。

程序用到的文件夹见图 3.6 - 3 的 project 框,在各文件夹内都有一大堆文件要参加编译,其中一部分文件是 μC/OS 系统文件,一部分是 STM32F103VE 芯片的头文件和 C 文件,这些文件都是该芯片厂家提供的,不需要我们修改什么。我们主要的编程工作是按照前边规划的任务划分,在应用程序 app 中规划和编写自己的用户程序。

1. 用户任务设计

用户任务的设计,是工作量最大、耗时最多的工作,涉及到工艺、算法、定时、控制等各项细节,要做大量的计算、分析、试验。由于用户程序很大,这里仅就部分内容(任务 3 和任务 4 的编程为例)呈现给读者,其他省略。

(1)任务 3(数据生成)部分程序

```
static void App_DataBuildTask(void * p_arg)
{   INT8U err;
    INT8U i;
    INT8U  * buffer[3];
    p_arg=p_arg;
while  (1)
{
```

任务 3 的工作程序段,数据准备。所准备的数据全部存在 data01 和 data02 中。因为程序太长,此处省略。

```
……
buffer[0]="data01\n";          //data01 数据指针送给 buffer[0]
buffer[1]="data02\n";          //data02 数据指针送给 buffer[1]
for(i=0;i<=2;i++)
  {
     if((err=OSMboxPost(pmailbox,buffer[i]))==OS_NO_ERR)
//传送数据指针到邮箱
        {  printf("\r\n send data to mailbox ok! \r\n");}
                 //printf("\r\n work1 \r\n");
        OSTaskResume(4);    //恢复任务 4
        OSTaskSuspend(3);   //挂起任务 3
  }
```

(2)任务 4(打印任务)部分程序

```
static void App_PrintTask(void * p_arg)
{  INT8U err;
   INT16U timeout=100;
   (void) p_arg;
   while (1)
   {buffer=OSMboxPend(pmailbox,timeout,&err);
```

//等待读取数据指针,取数据

//读完后会自动清零邮箱,再读到零,就会阻塞,阻塞超时后,就会输出 timeout,然

//后程序继续运行

//读源程序可知,邮箱 POST 1 次后,只能被读取 1 次。再想读的话,只能等待下
　一次 POST(即在任务 3 中再次执行 err=OSMboxPost(pmailbox,buffer[i]))
　==OS_NO_ERR 之后)

```
        if(err==OS_NO_ERR)
        printf(buffer);    //  "recver=\r\n"
        ……
```

任务 4 的工作程序段,进行线段打印。因太长省略。

```
        ……
OSTimeDlyHMSM(0,0,1,0);
```

//如果屏蔽本行,向串口发送的数据排山倒海,顷刻会使串口接收缓冲区溢出

OSTaskResume(3);

//OSTaskSuspend(4);在只有 3、4 两个任务交互时,因为任务 3 的优先级高,因此
　不需要挂起 4,3 被恢复之后,4 自然就被挂起了。只有 3 被挂起后,才会使 4 运
　行,因此屏蔽掉本句。}
　　　}
　　任务 1 和任务 2 与任务 3、4 编写方法相似,此处省略。
　　2. 主程序设计
　　在主程序内,主要是对已经设计的各个任务进行建立(此处的建立就是启动),
启动 uCOS。主程序如下。
　　int main(void)
　　　{　CPU_INT08U os_err;
　　　　BSP_IntDisAll();　　/* Disable all ints until we are ready to accept
them. */
　　　　OSInit();　　/* Initialize "μC/OS-II,The Real-Time Kernel". */
　　　　BSP_Init();　　/* Initialize BSP functions. */
　　　　　printf("OS Init OK! \r\n");
　　　　　OS_CPU_SysTickInit();　　　　/* Initialize the SysTick. */
　　#if　(OS_TASK_STAT_EN> 0)
　　　　　OSStatInit();
　　(1)建立任务 1:**App_ScreentouchTask**(触摸屏任务)
　　OSTaskCreateExt(App_ScreentouchTask,　　　//指向任务代码的指针
　　　(void *)0,　　　//任务开始执行时,传递给任务的参数的指针
　　　(OS_STK *)&App_ScreentouchTaskStk[APP_ScreentouchTask_STK_
SIZE-1],//分配给任务的堆栈的栈顶指针,从顶向下递减
　　APP_ScreentouchTask_PRIO,　　　//分配给任务的优先级
　　　(OS_STK *)&App_ScreentouchTaskStk[0],
//指向任务堆栈栈底的指针,用于堆栈的检验
　　APP_ScreentouchTask_STK_SIZE,　　　//指定堆栈的容量,用于堆栈的检验
　　　(void *)0,//指向用户附加的数据域的指针,用来扩展任务的任务控制块
　　OS_TASK_OPT_STK_CHK|OS_TASK_OPT_STK_CLR);
//选项,指定是否允许堆栈检验,是否将堆栈清 0,任务是否要进行浮点运算等
　　(2)建立任务 2:**App_LCDDispTask**(显示任务)
　　OSTaskCreateExt(App_LCDDispTask,　(void *)0,
　　　(OS_STK *)&App_LCDDispTaskStk[APP_LCDDispTask_STK_SIZE-1],

```
APP_LCDDispTask_PRIO,
    (OS_STK *)&App_LCDDispTaskStk[0],
APP_LCDDispTask_STK_SIZE,
    (void *)0,
OS_TASK_OPT_STK_CHK|OS_TASK_OPT_STK_CLR);
```

(3)建立任务 3:**App_DataBuildTask**(数据准备任务)

```
OSTaskCreateExt(App_DataBuildTask,(void *)0,
    (OS_STK *)&App_DataBuildTaskStk[APP_DataBuildTask_STK_
SIZE-1],
APP_DataBuildTask_PRIO,
APP_DataBuildTask_PRIO,
    (OS_STK *)&App_DataBuildTaskStk[0],
APP_DataBuildTask_STK_SIZE,
    (void *)0,
OS_TASK_OPT_STK_CHK|OS_TASK_OPT_STK_CLR);
```

(4)建立任务 4:**App_PrintTask**(打印任务)

```
OSTaskCreateExt(App_PrintTask,(void *)0,
    (OS_STK *)&App_PrintTaskStk[APP_PrintTask_STK_SIZE-1],
APP_PrintTask_PRIO,
APP_PrintTask_PRIO,
    (OS_STK *)&App_PrintTaskStk[0],
APP_PrintTask_STK_SIZE,
    (void *)0,
OS_TASK_OPT_STK_CHK|OS_TASK_OPT_STK_CLR);
pmailbox=OSMboxCreate(NULL);
```

//建立邮箱,这很重要,因为系统要使用邮箱传送每次生成的数据给打印任务

```
OSTimeSet(0);
OSStart();          //启动多任务操作系统 μC/OS
return (0);
}
```

3.用户任务的优先级设置与用户任务堆栈设置

在头文件 app_cfg.h 中设置用户任务优先级和用户任务堆栈,程序如下:

```
/************************************
    //TASK PRIORITIES
```

```
#define    APP_ScreentouchTask_PRIO                        1
#define    APP_LCDDispTask_PRIO                            2
#define    APP_DataBuildTask_PRIO                          3
#define    APP_PrintTask_PRIO                              4
/* * * * * * * * * * * * * * * * * * * * * * * * * * * * * * */
    //TASK STACK SIZES
//Size of the task stacks (# of OS_STK entries)
#define    APP_ScreentouchTask_STK_SIZE                   128
#define    APP_LCDDispTask_STK_SIZE                       128
#define    APP_DataBuildTask_STK_SIZE                     128
#define    APP_PrintTask_STK_SIZE                         128
```

3.7　软件设计实例 2：STM32F103/407 的数据采集

数据采集是所有嵌入式控制系统必须具备的重要功能,也是我们学习嵌入式控制系统必须要学习掌握的内容。STM32F1/F4 具备了快速的 AD 转换数据采集功能。STM32F1 内核是 cortexM3,主频为 72 MHz,目前在嵌入式控制系统中应用较多。STM32F4 内核是 cortexM4,其在 STM32F1 的基础上,提高了速度,扩大了程序存储区,其主频为 168 MHz。二者的内部总线、I/O 口结构、片内外设等大同小异,因此二者的编程几乎没有区别,对片内外部设备的操作程序几乎是一样的,区别仅仅是固件库版本的不同,导致个别语句不一致。当然由于二者速度的显著差别,在应用上还是各有侧重的。对于各类设备诸如飞行器、高速列车、汽车、舰艇、自动生产线的控制,STM32F1 完全可以满足其速度要求,而且对于控制系统而言,处理器的速度过高反而会降低其抗干扰性能。而 STM32F4 的推出,主要是为了满足带有图像处理类的需要大量快速数据处理的场合。

数据采集主要是对模拟电压信号的采集,也包括对数字信号(所谓开关量)的采集。由于 STM32F1 和 STM32F4 的数据采集程序相同,这里将这两种处理器芯片统称为 STM32。此处学习 STM32 对模拟电压的采集原理与程序。

3.7.1　STM32 的 ADC 概述

STM32F1 共有 3 个独立的 A/D 转换器 ADC1、ADC2 和 ADC3,都是 12 位逐位逼近型 A/D 转换器,16 个模拟电压输入通道。每个通道的输入电压可以从 0V 到 3.3V。各通道的 A/D 转换可以单次、连续、扫描或间断模式进行。又分为规则转换和注入转换,规则转换就是划分到规则组的通道,按照程序正常执行规定的转换,注入组的通道是在中断函数内进行转换。注入组转换的优先级高于规则组。

注入组的转换可以打断正在执行的规则组的转换。当然,有些规则组的通道,也可以根据要求放在注入组里。STM32 的模拟电压输入通道、三个 A/D 转换器对应的 I/O 口见表 3.7-1。

表 3.7-1　STM32 的模拟电压输入通道

输入通道	ADC1	ADC2	ADC3
AIN0	PA0	PA0	PA0
AIN1	PA1	PA1	PA1
AIN2	PA2	PA2	PA2
AIN3	PA3	PA3	PA3
AIN4	PA4	PA4	PF6
AIN5	PA5	PA5	PF7
AIN6	PA6	PA6	PF8
AIN7	PA7	PA7	PF9
AIN8	PB0	PB0	PF10
AIN9	PB1	PB1	
AIN10	PC0	PC0	PC0
AIN11	PC1	PC1	PC1
AIN12	PC2	PC2	PC2
AIN13	PC3	PC3	PC3
AIN14	PC4	PC4	
AIN15	PC5	PC5	
AIN16	温度传感器		
AIN17	内部参考电压		

这些输入通道可以被配置为模拟输入通道,也可以被配置为通用 I/O 口。在STM32 上电复位成功后,这些通道与其他通用 I/O 口一样,都被配置为高阻输入状态。然后在初始化程序中,才根据硬件电路设计的 I/O 口用途将其逐一设置为所需的方式。

数据采集程序主要有以下内容:

(1)模拟信号输入通道的 I/O 口设置。

(2)A/D 转换结果的数据传输方式 DMA 设置。

(3)选用的 A/D 转换器 ADCx 的工作方式设置。

(4)A/D 转换的中断函数设计。

(5)A/D 转换结果的数据处理程序。

在具体编程时,全部调用固件库函数进行编程,这样编制的程序可读性好,便于移植。一定要避免通过寄存器设置进行编程的不良习惯,那样编程非常繁琐,程序可读性极差,也很难移植。

例如,有 6 路模拟量输入,就排列在 AIN0~AIN5,其中 AIN0~AIN5 分别从 PA0~PA5 口输入。

经作者 2018 年 6 月 16 日试验,对多通道连续采集的情况,在时间允许的情况下,最好不要采用扫描方式,而是每个通道单独进行多次采集,再取平均数。然后再对下一个通道进行采集。这样采集到的数据稳定,抗干扰性能优良。

3.7.2　A/D 转换程序设计

1. 模拟信号输入通道的 I/O 口设置

```
/* 配置采样通道端口,使能 GPIO 时钟,设置 ADC 采样 PA 端口信号 */
  void ADC1_GPIO_Config(void)
  {
    GPIO_InitTypeDef GPIO_InitStructure;
    RCC_APB2PeriphClockCmd(RCC_APB2Periph_GPIOA,ENABLE);
    GPIO_InitStructure. GPIO_Pin=GPIO_Pin_0| GPIO_Pin_1|GPIO_Pin_2|
    GPIO_Pin_3|GPIO_Pin_4|GPIO_Pin_5;
    GPIO_InitStructure. GPIO_Mode=GPIO_Mode_AIN;
//GPIO 设置为模拟输入
    GPIO_Init(GPIOA,&GPIO_InitStructure);
//完成 PA0~PA5 的模拟输入通道设置
  }
```

2. A/D 转换结果的数据传输方式 DMA 设置

这里采用 DMA1 的通道 1 进行数据传送,设置 ADC1 的结果数据寄存器 ADC1->DR 作为 DMA 的数据源,设置处于数据存储区的全局变量 ADC_ConvertedValue 作为 DMA 的数据传输目的地。DMA 设置程序如下:

```
  void  ADC1_DMA_Config(void)
  {
    DMA_InitTypeDef DMA_InitStructure;
    ADC_InitTypeDef ADC_InitStructure;
    RCC_AHBPeriphClockCmd(RCC_AHBPeriph_DMA1,ENABLE);
//使能 MDA1 时钟
    /* DMA channel1 configuration */
    DMA_DeInit(DMA1_Channel1);  //指定 DMA 通道 1
    DMA_InitStructure. DMA_PeripheralBaseAddr=(u32)&ADC1->DR;
//设置 DMA 外设地址
```

　　　　DMA_InitStructure. DMA_MemoryBaseAddr＝(u32)＆ADC_Converted-
Value；　//设置 DMA 内存地址，ADC 转换结果存入该地址
　　　　DMA_InitStructure. DMA_DIR＝DMA_DIR_PeripheralSRC；
//将外设设置为数据传输的来源。注意在 cortexM4 中，将本句的 SRC 替换为
//ToMemory
　　　　DMA_InitStructure. DMA_BufferSize＝1；
//DMA 缓冲区设置为 1；为单通道单次转换
　　　　DMA_InitStructure. DMA_PeripheralInc＝DMA_PeripheralInc_Disable；
//外设地址不变
　　　　DMA_InitStructure. DMA_MemoryInc＝DMA_MemoryInc_Disable；
//单通道单次转换不需增加内存
　　　　DMA_InitStructure. DMA_PeripheralDataSize＝DMA_PeripheralDataSize
_HalfWord；　//设置外设数据为 16 位
　　　　DMA_InitStructure. DMA_MemoryDataSize＝DMA_MemoryDataSize_
HalfWord；　//设置内存数据为 16 位
　　　　DMA_InitStructure. DMA_Mode＝DMA_Mode_Circular；
//设置 DMA 为循环工作模式
　　　DMA_InitStructure. DMA_Priority＝DMA_Priority_High；
//设置 DMA 优先级为高
　　　　DMA_InitStructure. DMA_M2M＝DMA_M2M_Disable；
//禁止 DMA 从存储器到存储器的数据传送
　　　　DMA_Init(DMA1_Channel1,＆DMA_InitStructure)；
//将以上设置配置到 DMA1D 的通道 1
　　　　DMA_Cmd(DMA1_Channel1,ENABLE)；
//使能 DMA1 的通道 1(DMA1_Channel1)
　　　}
　　3. 转换器 ADC1 的工作方式设置
　　对每个通道单独采集 N 次，ADC 使用独立模式，禁止扫描，禁止连续转换，转
换通道数只设 1 个，采完 50 次，再切换到下一个通道。这里使用 ADC1 进行转换。
时钟与 ADC1 设置程序如下：
　　void ADC1_Config(void)
　　　{
　　　RCC_APB2PeriphClockCmd(RCC_APB2Periph_ADC1,ENABLE)；
//使能 ADC1 时钟

```
        / *  ADC1 configuration  * /
    ADC_InitStructure. ADC_Mode＝ADC_Mode_Independent；
//使用独立模式
    ADC_InitStructure. ADC_ScanConvMode＝DISABLE；
//禁止扫描模式
    ADC_InitStructure. ADC_ContinuousConvMode＝DISABLE；
//禁止连续转换
    ADC_InitStructure. ADC_ExternalTrigConv＝ADC_ExternalTrigConv_
None；  //不需要外部触发
    ADC_InitStructure. ADC_DataAlign＝ADC_DataAlign_Right；
//结果数据右对齐
    ADC_InitStructure. ADC_NbrOfChannel＝1；  //只启用 1 个转换通道
    ADC_Init(ADC1,＆ADC_InitStructure)；
//以上所有参数配置到 ADC1 相关的寄存器里去
    }
```

4. A/D 转换的中断函数设计

A/D 转换启动后,结果数据的读取有两种方式,一种是查询方式,另一种是中断方式。

1) 查询方式　就是一直查询本次转换是否完成,所查询的就是 A/D 转换器 ADC1 的转换完成信号 EOC 或者 JEOC,其中 EOC 是规则转换的完成信号,JEOC 是注入转换的完成信号。转换过程中该信号为 0,转换完成后该信号变为 1。这两个信号都位于 ADC 状态寄存器(ADC_SR)中,是 ADC_SR 中的两位。在启动转换后,通过对完成信号位的查询,就可以知道转换是否完成。在查询到转换完成后就可以读取转换结果。

2) 中断方式　就是设置 ADC 中断允许,这样在启动转换后,CPU 运行其它程序,当 ADC 完成转换后,其 EOC 和 JEOC 信号就会变为 1。这两个信号是 ADC 转换的中断标志位,当其跳变为 1 时,就向 CPU 发出了中断请求。CPU 响应中断,进入 ADC 中断函数读取数据。

ADC 中断函数的设计,首先要配置中断向量,然后才是中断函数。

对 ADC1 中断向量的配置,程序如下:

```
void ADC_NVIC_Configuration(void) // ADC1＆2 中断函数
{
    NVIC_InitTypeDef NVIC_InitStructure；
    NVIC_PriorityGroupConfig(NVIC_PriorityGroup_0)；
```

```
        NVIC_InitStructure. NVIC_IRQChannel=ADC1_2_IRQn；
            //开启 ADC_Channel8 中断
        NVIC_InitStructure. NVIC_IRQChannelPreemptionPriority=0；
        NVIC_InitStructure. NVIC_IRQChannelSubPriority=1；
        NVIC_InitStructure. NVIC_IRQChannelCmd=ENABLE；
        NVIC_Init(&NVIC_InitStructure)；
    }
```

下来才是 ADC 中断服务函数，如下：

```
void ADC1_2_IRQHandler(void)
{
    sum+=ADC_ConvertedValue；
    ADC1->SR &=~(1≪1)；    //清除中断标志位
    ADC_counter+=1；
    ADC_run=0；
}
```

　　在程序初始部分，要对程序中用到的全局变量 sum、ADC_counter、ADC_run、k 进行定义。在主程序中，先对这些变量赋初值 0，然后进入数据采集大循环（while(1)），按通道进行循环采集，每通道选择好后，连续进行 50 次转换，将其累加后取平均值，得到该通道的数据。再将其对应的电压值计算出来。

```
    k=0；
    ADC_counter=0；
    ADC_run=0；
    while                                                         (1)
    {
        if(ADC_run==0)
        {
            ADC_RegularChannelConfig(ADC1, k, 1, ADC_SampleTime_
239Cycles5)；
            //通道 1 采样周期 239.5 个时钟周期
            ADC_ITConfig(ADC1, ADC_IT_EOC, ENABLE)；
            //软件仿真发现加了这一句程序就跑飞了，分析后发现其原因为版
//本问题导致中断向量表的函数跟提供的 it. c 文件不一样，添加了 misc. c 后好了
            ADC_DMACmd(ADC1, ENABLE)；    //使能 ADC 的 DMA
            ADC_Cmd(ADC1, ENABLE)；    //使能 ADC1
```

```
        ADC_run=1；
    }
    if(ADC_counter>=50)
    {
        After_filter[k]=sum/50 * 3300/4096；   //计算通道电压值
        printf("AD Channel %d= %d mV \r\n",k,After_filter[k])；
            //将结果输出到串行口送给 PC 机
        sum=0；
        ADC_counter=0；
        ADC_run=0；
        k++；
        if(k>=6) k=0；
    }
}
```

3.8　软件设计实例 3:CAN 通信原理与程序设计

通信是嵌入式系统设计中极为重要的工作,嵌入式系统的通信有多种方法,有 RS485、CAN、基于 TCP-IP 协议的网络通信等,其中应用最广泛的是 CAN 总线 (controller area network)通信方式。本节学习 CAN 通信技术。

3.8.1　CAN 总线概述

CAN 总线基于串行通信 ISO11898 标准,其初始协议是为车载数据传输而定义的。如今,CAN 总线已经广泛应用于移动设备、工业自动化以及汽车领域。

CAN 总线规范采用了 ISO-OSI 的三层网络结构,包括物理层、数据链路层和应用层。有三种不同的器件与之相对应:对应物理层的是收发器;对应数据链路层的是 CAN 控制器,数据链路层定义了不同的信息类型、总线访问的仲裁规则及故障检测与故障处理的方式;在应用层上主要是用户具体的应用,对应的器件是微控制器。用户必须进行 CAN 总线的程序设计,包括 CAN 功能寄存器的设置、标识符设定、邮箱分配、消息的收发等。

CAN 总线与 USB 总线和 485 总线相比,其最大优点是其总线是多主机结构,而 USB 总线和 485 总线上只能有一个主机。这就给挂接在 CAN 通信总线上的所有节点之间的通信提供了极大的灵活性。因此 CAN 总线在局域网控制系统得到了广泛的应用,例如飞行器、高速列车、舰艇、汽车等具有多个控制节点的嵌入式控制系统。

广泛用于汽车的 CAN 通信网络,一辆中档小轿车上的 CAN 总线示意图见图 3.8 - 1。

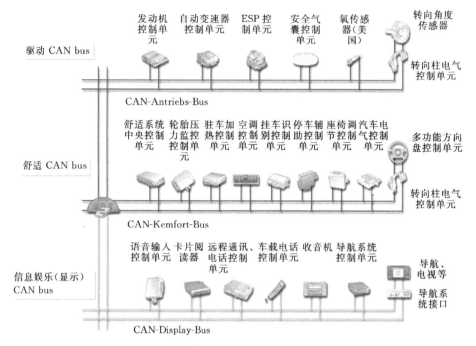

图 3.8 - 1　一辆中档小轿车上的 CAN 总线示意图

目前有两种 CAN 总线协议:CAN1.0 和 CAN2.0,其中 CAN2.0 有两种形式 A 和 B。CAN1.0 和 CAN2.0A 规定了 11 位标识,CAN2.0B 除了支持 11 位标识外,还能够接受扩展的 29 位标识。为了符合 CAN2.0B,CAN 控制器必须支持被动 2.0B 或主动 2.0B。被动 2.0B 控制器忽略扩展的 29 位标识信息(CAN2.0A 控制器在接收 29 位标识时,将产生帧错误),主动 CAN2.0B 控制器能够接收和发送扩展信息帧。

CAN 总线传输数据长度可变(0~8 字节)的信息(帧),每帧都有一个唯一的标识(总线上任何节点发送的信息帧,都带有标识符,就是目标节点的标识符 ID)。CAN 总线和 CPU 之间的接口电路通常包括 CAN 控制器和收发器。

3.8.2　CAN 总线特点与总线结构

1.CAN 总线特点

(1)2 线差分传输,通过特征阻抗为 120Ω 的带屏蔽双绞线进行传输。

(2)多主机。

(3)单工或半双工。

(4)速率最高可达 1Mb/s。

(5)120Ω 终端匹配电阻且只能在位于总线两个端点处的节点中配置,中间节点不能有这个电阻。

(6)标准化的硬件协议。

(7)发送与接收都有错误检测。

(8)在 1Mb/s 速率下,CAN 总线距离接近 30m,由于所有的错误检测、纠错、传输和接收等都是通过 CAN 控制器的硬件完成的,所以用户组建这样的 2 线网络,软件开销不是很多。

2.CAN 总线结构与节点结构

CAN 总线结构见图 3.8 - 2 所示。CAN 总线有一个起始端点和最终端点,两个端点处的节点要连接防终端反射电阻,以避免终端的反射干扰。该电阻值为线路的等效阻抗 120 Ω,中间节点不能有这个电阻。CAN 节点在公共接地系统中,可以不接地线。如果没有公共接地,必须接地线。

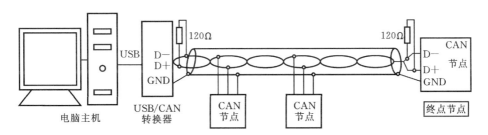

图 3.8 - 2 CAN 总线结构示意图

CAN 总线一个节点的结构见图 3.8 - 3 所示。CAN 总线一个节点包括微控制器、CAN 控制器、光电隔离器、CAN 收发器等基本元件。有些微控制器内部带有 CAN 控制器。

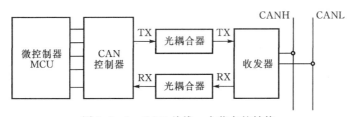

图 3.8 - 3 CAN 总线一个节点的结构

3.8.3 CAN 总线的接线

典型的 CAN 总线电路与接线图见图 3.8 - 4。采用高速光耦 6N137 或者 M611 作为光耦合器件,将 CAN 总线与 CPU 系统相互隔离,减少总线上的各种杂

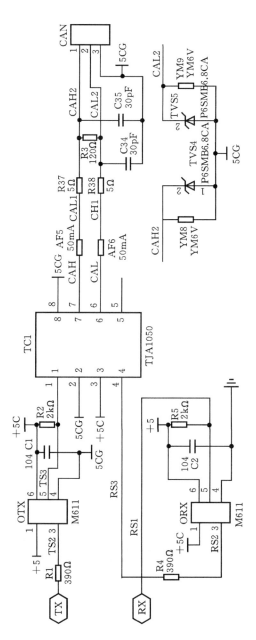

图 3.8 - 4　CAN 总线电路与接线图

波对系统的干扰,提高系统的抗干扰性能。其 CAN 控制器现在一般采用性能优异的 SJA1000,SJA1000 支持 CAN2.0B。有些系统的 MCU 自带 CAN 控制器,就不用外接 CAN 控制器了,例如 STM32 芯片内带能支持 CAN2.0B 的 CAN 控制器,可以直接供用户使用。

3.8.4　CAN 控制器与收发器

CAN 芯片有系列化的产品,主要有以下几种。

(1)集成 CAN 控制器的微处理器:

Philips 的 80C591/592/598、XAC37;

Motorola 的 Pow2、PC555;

Intel 的 196CA/CB;

ST 的 STM32/STM8;

Silicon Lab 的 C8051F040~047 等。

(2)独立的 CAN 控制器:

Philips 的 SJA1000、82C200、8XC592、8XCE598;Intel 的 82526、82527 等。

(3)CAN 总线收发器:

PCA82C250/251/252;TJA1040/1041/1050 等用于 5V 系统。

SN65HVD230/MCP2551 等用于 3.3V 系统。

3.8.5　CAN 总线协议标准

11 位和 29 位标识的信息所适用的 CAN 协议见表 3.8-1。

表 3.8-1　11 位和 29 位标识的信息所适用的 CAN 协议

CAN 信息 格式	CAN 器件		
	2.0A	被动 2.0B	主动 2.0B
11 位标识	OK	OK	OK
29 位标识	出错	容错	OK

3.8.6　CAN 总线信号

CAN 总线分别用显性(dominant)和隐性(recessive)表示 0 和 1。当在总线上出现同时发送隐性位和显性位时,总线上的数值将出现显性。总线上的信号使用差分电压传送。两条信号线分别被称为 CAN_H 和 CAN_L。

在静态时,两条导线上的电压都是 2.5V 左右,此时称之为隐性,其表示的数值为 1。当总线上出现显性位时,其 CAN_H 线上电压约为 3.5V,CAN_L 线上电压约为 1.5V。其示意图见图 3.8-5。

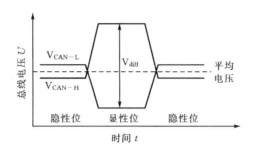

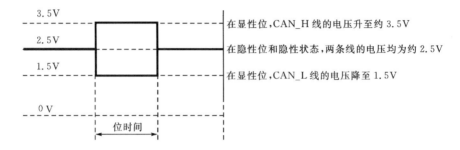

图 3.8-5　CAN 总线的隐性位与显性位示意图

3.8.7　CAN 一位数据的时序与 CAN 总线上各节点的同步

CAN 总线一位数据可以被划分为 1~32 个时间份额,通常被划分为 8~25 个时间份额,图 3.8-6 为每位 10 个时间份额(Quanta/bit)。

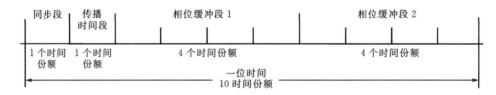

图 3.8-6　CAN 总线上一位数据的时间段划分

如果通信节点之间位同步良好,就能正确地传送和接收数据,但在实际通信中,不同的节点之间,由于传输距离不同,相同的位会产生偏移,称其为相位偏移,因此需要同步机制以保证每一位在时间上同步。同步有硬同步和重新同步两种方式,硬同步强迫由于同步引起的沿处于重新开始的位时间同步段之内。

CAN 总线能够在一定的范围内容忍总线上 CAN 节点的通信波特率的偏差,这种机能使得 CAN 总线有很强的容错性,同时也降低了对每个节点的振荡器精度要求。

计算出的波特率值是一个理论值。在实际的网络通信中由于存在传输的延时、不同节点的晶体的误差等因素,使得网络 CAN 波特率的计算变得复杂起来。CAN 在技术上便引入了重同步的概念,以更好的解决这些问题。具体采用以下方法进行处理。

1. CAN 总线的采样位和同步跳转宽度

采样位:对采样动作进行设置的标志位,采样位可以设置为多次或一次。波特率较低时建议将采样位设置为 3 次,波特率高时设置为 1 次,波特率高低以 100kb/s 作为分界。在 SJA1000 中,采样设置是其总线时序寄存器 BTR1 的最高位 SAM,SAM 被设置为 1 时,每一位有 3 次采样,反之每一位采样 1 次。该寄存器各位的含义见表 3.8 - 2。

表 3.8 - 2 总线时序寄存器 BTR1 各位的含义

BIT7	BIT6	BIT5	BIT4	BIT3	BIT2	BIT1	BIT0
SAM	TSEG2.2	TSEG2.1	TSEG2.0	TSEG1.3	TSEG1.2	TSEG1.1	TSEG1.0

控制同步跳转宽度位域的寄存器是总线时序寄存器 BTR0 的最高两位,SJW.0 与 SJW.1 见表 3.8 - 3。

表 3.8 - 3 总线时序寄存器 BTR0 各位的含义

BIT7	BIT6	BIT5	BIT4	BIT3	BIT2	BIT1	BIT0
SJW.1	SJW.0	BRP.5	BRP.4	BRP.3	BRP.2	BRP.1	BRP.0

2. CAN 总线的重新同步

重新同步,指的是出现相位偏移时,根据偏移情况,需要延长或缩短本位的时间,以达到位同步。

重新同步要设置一个重新同步跳转宽度,在下边所描述的偏移中,按规定延长或缩短一个重新同步跳转宽度。

一个沿的相位误差由相关同步段的沿的位置给出,以时间额度量度。相位误差定义如下:

- $e = 0$ 　如果沿处于同步段里(SYNC_SEG)。
- $e > 0$ 　如果沿位于采集点(SAMPLE POINT)。
- $e < 0$ 　如果沿处于前一个位的采集点(SAMPLE POINT)之后。

当引起重新同步沿的相位误差的幅值小于或等于重新同步跳转宽度的设定值时,重新同步和硬件同步的作用相同。当相位错误的量级大于重新同步跳转宽度时,按以下规则处理。

(1)如果相位误差为正,则相位缓冲段1被增长。增长的范围为与重新同步跳转宽度相等的值。

(2)如果相位误差为负,则相位缓冲段2被缩短。缩短的范围为与重新同步跳转宽度相等的值。

3.CAN 总线同步跳转宽度

同步跳转宽度 Tsjw:用于兼容波特率有偏差的总线,除了本身设定的波特率,还能接收一个上下容差范围内的波特率。其设置为 SJW[1:0],计算公式为

Tsjw = 系统时钟×(2×sjw1+sjw2+1)

例题:假设 SJA1000CAN 控制器所拥有的晶体频率为 16 MHz,则其系统时钟 Tscl 为 $0.0625\mu s$,SJW.1 同 SJW.0 都被置1,那么同步跳转宽度位域的时间是多少?

Tscl = 1000000μs/16000000 = 0.0625μs

Tsjw = Tscl×(2×SJW.1+SJW.0+1)

= 0.0625μs×(2+1+1)

= 0.0625μs×4

= 0.25μs

同步跳转宽度位域时间与总线波特率上下限容差值关系为:

总线下限容差<总线波特率<总线上限容差

1/(Tbit+Tsjw)<1/(Tbit)<1/(Tbit-Tsjw)

3.8.8　CAN 通信波特率

1.CAN 波特率计算

CAN 波特率 = 系统时钟/分频数/(1×tq+Tbs1+Tbs2)

其中

Tbs1 = tq×(TS1[3:0]+1)

Tbs2 = tq×(TS2[2:0]+1)

tq = (BRP[9:0]+1)×TPclk

这里 tq 表示 1 个时间单元;tPCLK = APB时钟的时间周期;BRP[9:0],TS1[3:0]和 TS2[2:0]在 CAN_BTR 寄存器中定义。

总体配置保持

Tbs1>=Tbs2,Tbs2>=1 个 CAN 时钟周期,Tbs2>=2Tsjw

2.STM32 芯片的 CAN 波特率参数设置表

STM32 芯片的 CAN 波特率参数表如表 3.8-4。

表 3.8 - 4 STM32 芯片的 CAN 波特率参数

CAN 波特率/(kb · s⁻¹)	参数设置
5	CAN_SJW＝CAN_SJW_2tq； CAN_BS1＝CAN_BS1_6tq； CAN_BS2＝CAN_BS2_4tq； CAN_Prescaler＝600；
10	CAN_SJW＝CAN_SJW_1tq； CAN_BS1＝CAN_BS1_3tq； CAN_BS2＝CAN_BS2_2tq； CAN_Prescaler＝600；
20	CAN_SJW＝CAN_SJW_1tq； CAN_BS1＝CAN_BS1_3tq； CAN_BS2＝CAN_BS2_2tq； CAN_Prescaler＝300；
25	CAN_SJW＝CAN_SJW_1tq； CAN_BS1＝CAN_BS1_3tq； CAN_BS2＝CAN_BS2_2tq； CAN_Prescaler＝240；
40	CAN_SJW＝CAN_SJW_1tq； CAN_BS1＝CAN_BS1_3tq； CAN_BS2＝CAN_BS2_2tq； CAN_Prescaler＝150；
50	CAN_SJW＝CAN_SJW_1tq； CAN_BS1＝CAN_BS1_3tq； CAN_BS2＝CAN_BS2_2tq； CAN_Prescaler＝120；
62.5	CAN_SJW＝CAN_SJW_1tq； CAN_BS1＝CAN_BS1_3tq； CAN_BS2＝CAN_BS2_2tq； CAN_Prescaler＝96；

CAN 波特率/(kb · s^{-1})	参数设置
80	CAN_SJW＝CAN_SJW_1tq； CAN_BS1＝CAN_BS1_3tq； CAN_BS2＝CAN_BS2_2tq； CAN_Prescaler＝75；
100	CAN_SJW＝CAN_SJW_1tq； CAN_BS1＝CAN_BS1_3tq； CAN_BS2＝CAN_BS2_2tq； CAN_Prescaler＝60；
125	CAN_SJW＝CAN_SJW_1tq； CAN_BS1＝CAN_BS1_3tq； CAN_BS2＝CAN_BS2_2tq； CAN_Prescaler＝48；
200	CAN_SJW＝CAN_SJW_1tq； CAN_BS1＝CAN_BS1_3tq； CAN_BS2＝CAN_BS2_2tq； CAN_Prescaler＝30；
250	CAN_SJW＝CAN_SJW_1tq； CAN_BS1＝CAN_BS1_3tq； CAN_BS2＝CAN_BS2_2tq； CAN_Prescaler＝24；
400	CAN_SJW＝CAN_SJW_1tq； CAN_BS1＝CAN_BS1_5tq； CAN_BS2＝CAN_BS2_3tq； CAN_Prescaler＝10；
500	CAN_SJW＝CAN_SJW_1tq； CAN_BS1＝CAN_BS1_3tq； CAN_BS2＝CAN_BS2_2tq； CAN_Prescaler＝12；

续表 3.8 - 4

CAN 波特率/(kb · s⁻¹)	参数设置
800	CAN_SJW＝CAN_SJW_1tq; CAN_BS1＝CAN_BS1_5tq; CAN_BS2＝CAN_BS2_3tq; CAN_Prescaler＝5;
1000	CAN_SJW＝CAN_SJW_1tq; CAN_BS1＝CAN_BS1_3tq; CAN_BS2＝CAN_BS2_2tq; CAN_Prescaler＝6;

3. CAN 总线通信距离与通信波特率的关系

波特率/(kb · s⁻¹)	1000	500	250	125	100	50	20	10
最大距离/m	40	130	270	530	620	1300	3300	6700

在现场使用中,由于干扰及线路布局的非串行连接等原因,通信距离与理论值有较大差距。在具体的使用中应该进行测试验证。

3.8.9 CAN 总线信息格式

CAN 总线信息格式见图 3.8 - 7。

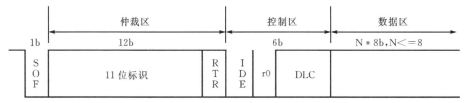

图 3.8 - 7 CAN 总线信息格式

其中,SOF 为起始位,随后是仲裁区,由 11 位或 29 位标识符组成,标识符是什么呢? 是一个报文的目的地和报文性质说明,以便网络中的所有节点有可能借助报文滤波来决定是否接收该报文。RTR 为数据帧还是远程帧(又名遥控帧)的标志位,在数据帧中为显性位(0),在远程帧中为隐性位(1);IDE 为标识符扩展位,并非模式控制位,标准帧其为显性(0),扩展帧其为隐性(1)。控制帧 6 位,其中的r1、r0 为保留位,低 4 位 DLC 为本帧传送的数据字节个数;SRR 位为代替标准帧中远程请求位 RTR 的保留位,无用,为隐性位(1),是因为在扩展帧中 RTR 位移到扩展的 18 位标识符后边了。

3.8.10　CAN 的帧类型

CAN 报文传输由以下 4 个不同的帧类型所表示和控制。

(1)数据帧:数据帧携带数据从发送器至接收器。

(2)远程帧:某单元发出远程帧,请求对方发送具有同一识别符的数据帧。

(3)错误帧:任何单元检测到一总线错误就发出错误帧。

(4)过载帧:过载帧用以在先行的和后续的数据帧(或远程帧)之间提供一附加的延时。

数据帧(或远程帧)通过帧间空间与前述的各帧分开。

1. 数据帧

数据帧由 7 个不同的位场组成:帧起始、仲裁场、控制场、数据场、CRC 场、应答场、帧结尾。数据场的长度可以为 0,最多为 8 字节。数据帧的结构见图 3.8-8。

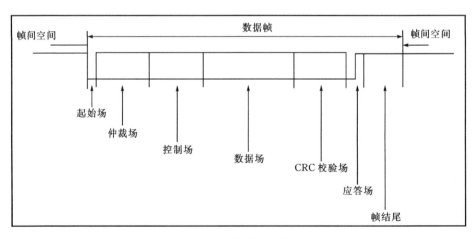

图 3.8-8　数据帧的结构

2．远程帧

总线单元发出远程帧，请求发送具有同一识别符的数据帧。远程帧没有数据。远程帧结构见图 3.8 - 9。

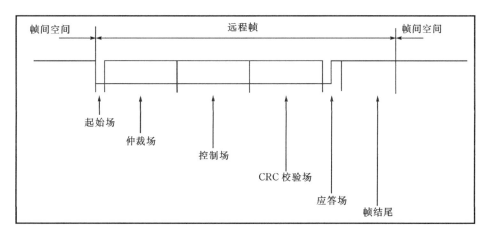

图 3.8 - 9　远程帧的结构

所谓"远程帧"是一个传统翻译上的误区。Remote Frame 实际上它的意义是"遥控帧"，发起方发起特定 ID 的远程帧，并且只发送 ID 部分，那么与其 ID 相符的终端设备就有义务在后半段的数据部分接管总线控制权并发送自己的数据。

打个比方，中控机需要定时获取某个节点的数据（例如转速计的实时转速、油量计的实时油量等），可以向总线发送远程帧；相应节点在接收判断帧 ID 与自己相符、并且是远程帧的情况下，就可以将自己的实时数据发送到总线上，这样中控机就获取到了相关节点的实时数据。

远程帧最大的好处就是只需要一帧的时间就能完成一次双向交互。

3．错误帧

错误帧的结构见图 3.8 - 10。

图 3.8 - 10　错误帧的结构

4．过载帧

过载帧的结构见图 3.8 - 11。

图 3.8 - 11　过载帧的结构

3.8.11　CAN 总线的仲裁机制

CAN 总线为多主工作方式,网络上任意一节点都可以在总线空闲时主动向网络上的其它节点发送消息。若两个或两个以上的节点同时开始传送报文,就会产生总线访问冲突。CAN 总线上的所有节点都监测着总线,如果总线忙,就不会往总线上发送报文。CAN 总线空闲的定义是连续 11 个位的隐性电平(逻辑为 1),就可以被认为总线空闲。而 CAN 的显性电平逻辑为 0,一旦有显性就说明肯定至少有 1 个节点在发送报文,那就不是空闲了。因此 CAN 节点想要往总线上发送报文的话,必须在总线空闲情况下才行。这由硬件自动监测。

如果监测到总线空闲了,有几个想发送报文的节点会同时往总线上发送报文,这时候就必须进行总线仲裁了。

CAN 总线的仲裁方法非常科学,它采用"线与"机制,发送数据时同时接收数据,按优先级识别仲裁区的数据进行仲裁,不会发生总线冲突。具有高优先级的节点会自然获得总线控制权而继续发送报文,低优先级的节点会自动停止报文发送,成为报文的接收节点,并且不会在总线再次空闲之前发送报文。

CAN 节点的物理层仲裁过程如下。

CAN 节点处于发送状态的时候,TX 引脚发送数据位流,同时 RX 引脚在接收总线上的位流,由于总线上"显性"位的优先级要高于"隐性"位,所以在 RX 引脚上接收到的某个时刻的位电平与 TX 引脚上发送的位电平不一致时,该节点自动停止发送,导致该发送节点发送失败,而另一个节点会继续发送。

这样就可以用来解决两个节点在同一时刻开始往总线上发送数据而造成总线竞争的问题。只要两个节点发送的位流不一致,就可以区分开来。在冲突位上,发送"显性"位(逻辑 0)的节点能将完整的帧发送到总线上;而另外的那个节点因为发送"隐性"位(逻辑 1)的时刻,RX 引脚上检测到总线上"显性"位(逻辑 0),因此产生总线仲裁错误而退出发送状态。

在 CAN 总线上发送的每一个报文都具有一个 11 位或 29 位的标识符,标识符越小,报文的优先级越高。因此,一个为全 0 的标识符的报文具有最高的优先级。

3.8.12　CAN 标识符校验与滤波

当 CAN 总线上有报文到达时,CAN 控制器会将报文的标识符与本地校验寄存器中的标识符进行比较,如果相同,才进行后续的接收,否则放弃本次接收。这称之为校验滤波。

是否进行校验滤波,是由本地的校验屏蔽寄存器决定的。对 SJA1000 来说,它的校验屏蔽寄存器 AMR 哪些位设为 0,这些位就被验收,设为全 0,就是所有位都验收。对 STM32 来说,它的校验屏蔽寄存器 AMR 哪些位设为 1,这些位就被验收,设为全 1,就是所有位都验收。

这种标识符校验滤波功能,极大地方便了多节点总线上数据点对点的传送。避免了总线冲突,提高了总线的传输可靠性和传输效率。

SJA1000 的滤波器设置程序如下:

```
bit setting_SJA_dataselect(void)
{
    bit setting_success=0;
    uchar temp,k=0;
    while(SJA_workmode)
      {
      setting_SJA_resetmode();      //设置 SJA 工作在复位模式
          dl1ms();
              k++;
              if (k>15)     //如果十五个位的时间内 TI 还没有置位
              {              //就跳转到 kk1
                  goto kk1;
              }
      }
    kk1：  k=0;
    can_reg_write(REG_ACR,canaddress);
//验收代码寄存器 ACR(地址 04)赋值
    can_reg_write(REG_AMR,0);
//将屏蔽寄存器 AMR(地址 05)设为全 0,就是所有位都验收
    dl10ms();
    can_reg_read(REG_ACR,temp);      //读回 ACR 之值给变量 temp
    if((temp==canaddress))      //判断 ACR 写入是否成功
    {
```

```
    can_reg_read(REG_AMR,temp);    //读回 AMR 之值给变量 temp
    if((temp==0))        //判断 AMR 写入是否成功
    {
       setting_success=1;      //写入成功,则滤波器设置成功
    }
    else
    {
       setting_success=0;      //否则滤波器设置失败
    }
  }
  else
  {
     setting_success=0;      //滤波器设置失败
  }
  return(setting_success);      //返回设置成功标志
}
```

对 STM32 的滤波器设置,与此基本相同。二者不同之处是,STM32 屏蔽寄存器的对应位的数值所起的作用,与 SJA1000 的正好相反。这一点设置时需要注意。

3.8.13　CAN 总线出错处理

CAN 总线有一个很好的出错处理机制,CAN 控制器内置 TX 和 RX 出错计数器,根据出错是本地的还是全局的,计数器以此决定加 1 还是加 8。每当收到信息,出错计数器就会增加或减少。如果每次收到的信息是正确的,则计数器减 1;如果信息出现本地错误,则计数器加 8;如果信息出现网络错误,则计数器加 1。这样,通过查询出错计数器值,就可以知道通信网络的质量。

在 CAN 初始化中,打开了错误报警中断使能和总线错误中断使能,当错误计数器(发送错误计数器和接收错误计数器中的任何一个)计数值超过 96 时,说明总线被严重干扰,产生错误报警中断;当发送错误计数器值超过 255 时,节点进入总线关闭状态,CAN 控制器将设置复位模式位为 1(当前)并产生一个错误报警和总线错误中断。

错误报警中断处理是清零所有错误计数器的值,维持 CAN 的运转,但这样做存在局限性:清零错误计数器只是将错误计数器简单地清零,不能从根本上消除错误来源;由于错误报警中断产生的条件为错误计数器的值超过 96,而总线错误中断产生的条件为发送错误计数器的值超过 255,因此,发送错误计数器引起的错误

报警中断可以屏蔽掉总线错误中断。系统可能由于总响应错误报警中断导致系统不能产生总线关闭,使 CAN 总线一直处于不稳定状态。

为了避免这种情况,只打开总线错误中断使能,这样,在总线发生严重错误的情况下,可马上产生总线错误中断,使错误得到及时处理。总线错误中断的处理是复位该节点,重新初始化 CAN 控制器,这样可以消除错误,给节点一个很好的初态。由于 CAN 总线两条传输线之间的误接触,也易造成 CAN 总线关闭,使节点无法工作,在主程序中查询状态寄存器中当前 CAN 总线状态,及时复位该节点,使节点正常工作。

这种计数器方式确保了单个故障节点不会阻塞整个 CAN 网络。如果某个节点出现本地错误,其计数值将很快达到 96、127 或 255。当计数器达到 96 时,它将向节点微控制器发出中断,提示当前通信质量较差。当计数值达到 127 时,该节点假定其处于“被动出错状态”,即继续接收信息,且停止要求对方重发信息。当计数达到 255 时,该节点脱离总线,不再工作,且只有在硬件复位后,才能恢复工作状态。

这样一来,就会使个别节点出现故障时,不会影响到网络上其他节点之间的正常通信,增强了通信网络的鲁棒性(健壮性)。

3.8.14　STM32 的 CAN

STM32 的 CAN 被称为 bxCAN(基本扩展 CAN(Basic Extended CAN)),支持 CAN 协议 2.0A 和 2.0B。STM32 基本型只有一个主 CAN,互联型有一个主 CAN 和一个从 CAN。每个 CAN 结构大致相同,各带有 3 个发送邮箱,其接收器各有两个 FIFO,每个 FIFO 有 3 个邮箱。

1. 关于 CAN_RX 和 CAN_TX

CAN 通信有 CNA 控制器和 CAN 收发器的区别,CAN 控制器出来的信号本身就是 CAN_RX 和 CAN_TX,信号和电平转换等是由 CAN 收发器来实现的。

2. STM32 的 bxCAN

STM32 的 bxCAN 分为主/从。

CAN1 是主 bxCAN,它负责管理在从 bxCAN 和 512 字节的 SRAM 存储器之间的通信。

CAN2 是从 bxCAN,它不能直接访问 SRAM 存储器,可以间接访问。

这 2 个 bxCAN 模块共享 512 字节的 SRAM 存储器。

在中容量和大容量产品中,USB 和 CAN 共用一个专用的 512 字节的 SRAM 存储器用于数据的发送和接收,因此不能同时使用 USB 和 CAN(共享的 SRAM 被 USB 和 CAN 模块互斥地访问)。USB 和 CAN 可以同时用于一个应用中但不能在同一个时间使用。

　　STM32 有 2 个 bxCAN 外设,即 CAN1 和 CAN2,这两个 CAN 外设各自都有自己的发送邮箱,接收 FIFO0 和 FIFO1。但是,CAN1 除了这个之外,还有接收过滤器,而 CAN2 没有,在实际工作中,这个接收过滤器是只需要一个,并不是两路 CAN 各自都需要。CAN2 完全可以共享 CAN1 的接收过滤器(这个就是 CAN1 与 CAN2 共享的 512 个字节的 SRAM 了),只不过是在芯片内部通过 CAN1 的存储器读写控制器间接的访问。从这种 CAN1 和 CAN2 的结构上来说,将 CAN1 看成是主 CAN,CAN2 看成是从 CAN 就不足为奇了,除了称呼,在使用和功能上没有任何区别,这些都只是芯片内部 bxCAN 的设计,对外 bxCAN 完全是多主模式。

　　STM32 的 CAN1 结构如图 3.8 - 12 所示。

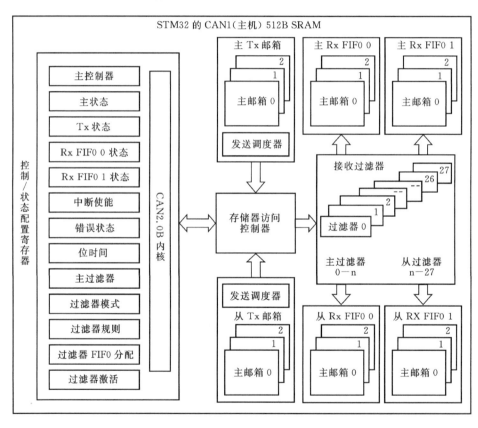

图 3.8 - 12　STM32 的 CAN 结构示意图

3.8.15　STM32CAN 的工作模式

　　STM32 的 CAN 控制器有几种不同的工作模式,有静默模式、环回模式、环回静默模式、普通模式。

1.静默模式

静默模式示意图见图 3.8－13。

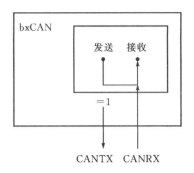

图 3.8－13　STM32 的 bxCAN 静默模式示意图

在静默模式,bxCAN 是不向外发送数据的,它只接收数据,它接收的数据可以是总线上发来的,也可以是它自己发送的。而此时的 CANTX 引脚被驱动到隐性位状态。

2.环回模式

环回模式示意图见图 3.8－14。

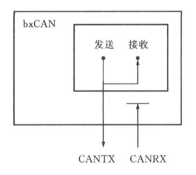

图 3.8－14　STM32 的 bxCAN 环回模式示意图

在环回模式,bxCAN 正常向外发送数据,同时其接收的数据就是其发送的数据,此时,不接收总线上来的数据。其发送的报文可以在 CANTX 引脚上检测到。

3.环回静默模式

环回静默模式示意图见图 3.8－15。

通过对 CAN_BTR 寄存器的 LBKM 和 SILM 位同时置"1",就进入了环回静默模式。在环回静默模式,CANRX 引脚与 CAN 总线断开,同时 CANTX 引脚被驱动到隐性位状态。

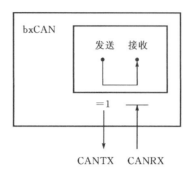

图 3.8 - 15　STM32 的 bxCAN 环回静默模式示意图

4.普通模式

普通模式即 Normal 模式,这是 CAN 的通常工作模式,其模式示意图见图 3.8 - 16。

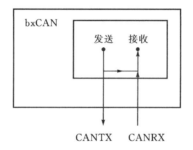

图 3.8 - 16　STM32 的 bxCAN 普通模式示意图

CAN 在正常组网后,其工作模式必须设置为 Normal。

3.8.16　STM32CAN 波特率计算

STM32 和 STM8 的 CAN 单元,将同步段定义为重新同步跳转宽度 SJW,将传播段与相位 1 段合并,定义为时间段 1(BS1),将相位 2 段定义为时间段 2(BS2)。

CAN 总线通信的各节点通信时会产生相位差,所以要进行位同步,两个节点保持步调一致。

CAN_SJW:重新同步跳跃宽度(SJW),定义了在每位中可以延长或缩短多少个时间单元的上限,其值可以编程为 1 到 4 个时间单元。

CAN_BS1:时间段 1(BS1),定义采样点的位置。其值可以编程为 1 到 16 个时间单元,但也可以被自动延长,以补偿因为网络中不同节点的频率差异所造成的相位的正向漂移。

CAN_BS2:时间段 2(BS2),定义发送点的位置。其值可以编程为 1 到 8 个时间单元,但也可以被自动缩短以补偿相位的负向漂移。

CAN_Prescaler：直观理解就是分频率。

CAN 总线的波特率是取自于总线 APB1(PCLK1)，通过函数 RCC_PCLK1Config 给 PCLK1 配置频率。设置了以上的四个值之后，再进行下述计算。

CAN 总线的波特率 $=$ PCLK1/((CAN_SJW$+$CAN_BS1$+$CAN_BS2)$\times$CAN_Prescaler)

假设 PCLK1$=$36 MHz、CAN_SJW$=$1、CAN_BS1$=$8、CAN_BS2$=$7、CAN_Prescaler$=$9

则 CAN 总线的波特率 $=$ PCLK1/((1$+$8$+$7)$\times$9)$=$36 MHz/(16$\times$9) $=$250Kb。

3.8.17　STM32CAN 通信程序设计

STM32CAN 通信程序设计主要有以下内容：

(1)CANTX、CANRX 所在 I/O 口的设置；

(2)CAN 波特率、工作模式等参数设置；

(3)CAN 接收中断设置与编程；

(4)CAN 发送数据设置与编程。

下面以 STM32F407 的 CAN1 通信为例，其程序设计如下。

1. I/O 口设置

Void GPIO_config(void)

```
{    //设置 CAN1TX 和 CAN1RX 端口，其在 PA11 和 PA12。
    GPIO_InitStructure. GPIO_Pin=GPIO_Pin_11| GPIO_Pin_12;
    GPIO_InitStructure. GPIO_Mode=GPIO_Mode_AF;        //复用功能
    GPIO_InitStructure. GPIO_OType=GPIO_OType_PP;      //推挽输出
    GPIO_InitStructure. GPIO_Speed=GPIO_Speed_100MHz;
//100 MHz
    GPIO_InitStructure. GPIO_PuPd=GPIO_PuPd_UP;        //上拉
    GPIO_Init(GPIOA,&GPIO_InitStructure);      //初始化 PA11,PA12
        //引脚复用映射配置
    GPIO_PinAFConfig(GPIOA,GPIO_PinSource11,GPIO_AF_CAN1);
//GPIOA11 复用为 CAN1
    GPIO_PinAFConfig(GPIOA,GPIO_PinSource12,GPIO_AF_CAN1);
//GPIOA12 复用为 CAN1
}
```

2. CAN 参数设置

Void CAN_config(void)

```
{           //CAN 单元设置
    CAN_InitStructure. CAN_TTCM=DISABLE；   //非时间触发通信模式
    CAN_InitStructure. CAN_ABOM=DISABLE；      //软件自动离线管理
    CAN_InitStructure. CAN_AWUM=DISABLE；
        //睡眠模式通过软件唤醒(清除 CAN－＞MCR 的 SLEEP 位)
    CAN_InitStructure. CAN_NART=ENABLE；      //禁止报文自动传送
    CAN_InitStructure. CAN_RFLM=DISABLE；
//报文不锁定,新的覆盖旧的
    CAN_InitStructure. CAN_TXFP=DISABLE；
//优先级由报文标识符决定
    CAN_InitStructure. CAN_Mode=mode；      //模式设置
    CAN_InitStructure. CAN_SJW=tsjw；
//重新同步跳转宽度(Tsjw)为 tsjw＋1 个时间单位 CAN_SJW_1tq～CAN_SJW
    _4tq
    CAN_InitStructure. CAN_BS1=tbs1；
//Tbs1 范围 CAN_BS1_1tq～CAN_BS1_16tq
    CAN_InitStructure. CAN_BS2=tbs2；
//Tbs2 范围 CAN_BS2_1tq～CAN_BS2_8tq
    CAN_InitStructure. CAN_Prescaler=brp；   //分频系数(Fdiv)为 brp＋1
    CAN_Init(CAN1,&CAN_InitStructure)；      //初始化 CAN1
        //配置过滤器
    CAN_FilterInitStructure. CAN_FilterNumber=0；      //过滤器 0
    CAN_FilterInitStructure. CAN_FilterMode=CAN_FilterMode_IdMask；
    CAN_FilterInitStructure. CAN_FilterScale=CAN_FilterScale_32bit；
//32 位
    CAN_FilterInitStructure. CAN_FilterIdHigh=0x0000；      //32 位 ID
    CAN_FilterInitStructure. CAN_FilterIdLow=0x0000；
    CAN_FilterInitStructure. CAN_FilterMaskIdHigh=0x0000；
//32 位 MASK
    CAN_FilterInitStructure. CAN_FilterMaskIdLow=0x0000；
    CAN_FilterInitStructure. CAN_FilterFIFOAssignment = CAN_Filter_
FIFO0；      //过滤器 0 关联到 FIFO0
    CAN_FilterInitStructure. CAN_FilterActivation=ENABLE；
//激活过滤器 0
```

```
    CAN_FilterInit(&CAN_FilterInitStructure);        //滤波器初始化
}
```

3. CAN 中断设置与接收编程

(1)CAN 中断设置程序

```
bit CAN_IT_config(void)
{
  #if CAN1_RX0_INT_ENABLE
    CAN_ITConfig(CAN1,CAN_IT_FMP0,ENABLE);
//FIFO0 消息挂号中断允许
    NVIC_InitStructure. NVIC_IRQChannel=CAN1_RX0_IRQn;
    NVIC_InitStructure. NVIC_IRQChannelPreemptionPriority=1;
//主优先级为 1
    NVIC_InitStructure. NVIC_IRQChannelSubPriority=0;
//次优先级为 0
    NVIC_InitStructure. NVIC_IRQChannelCmd=ENABLE;
    NVIC_Init(&NVIC_InitStructure);
  #endif
    return 0;
}
```

(2)CAN 中断函数

```
Void CAN_IT_prg(void)
{
#if CAN1_RX0_INT_ENABLE              //如果使能 RX0 中断
void CAN1_RX0_IRQHandler(void)
  {
      CanRxMsg RxMessage;
      int i=0;
      CAN_Receive(CAN1,0,&RxMessage);
      for(i=0;i<8;i++)
      printf("rxbuf[%d]:%d\r\n",i,RxMessage. Data[i]);
  }
#endif
}
```

(3)CAN 接收数据程序

```
u8 CAN1_Receive_Msg(u8 * buf)
```

```
{
    u32 i;
    CanRxMsg RxMessage;
    if(CAN_MessagePending(CAN1,CAN_FIFO0)==0)
    return 0;          //没有接收到数据,直接退出
    CAN_Receive(CAN1,CAN_FIFO0,&RxMessage);       //读取数据
    for(i=0;i<RxMessage. DLC;i++)
    buf[i]=RxMessage. Data[i];
    return RxMessage. DLC;
}
```

4. CAN 发送数据程序

```
u8 CAN1_Send_Msg(u8 * msg,u8 len)
{
    u8 mbox;
    u16 i=0;
    CanTxMsg TxMessage;
    TxMessage. StdId=0x12;        //标准标识符为 0
    TxMessage. ExtId=0x12;        //设置扩展标示符(29 位)
    TxMessage. IDE=0;             //使用扩展标识符
    TxMessage. RTR=0;             //消息类型为数据帧,一帧 8 位
    TxMessage. DLC=len;           //发送两帧信息
    for(i=0;i<len;i++)
    TxMessage. Data[i]=msg[i];    //第一帧信息
    mbox=CAN_Transmit(CAN1,&TxMessage);
    i=0;
    while((CAN_TransmitStatus(CAN1,mbox)! =CAN_TxStatus_Ok)
&&(i<0XFFF))
        {
            i++;                  //等待发送结束
        }
        if(i>=0XFFF)
        return 1;
    return 0;
}
```

以上程序在 STM32F407 开发板上试验,通信效果良好。图 3.8 – 17 为作者所用的 STM32F407 开发板和 CAN 调试分析仪。

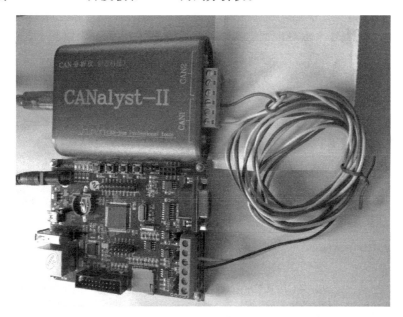

图 3.8 – 17　STM32F407 开发板与 CAN 调试分析仪连接

图 3.8 – 18 是在 PC 机上收到 STM32F407 的 CAN 口发送来的数据。

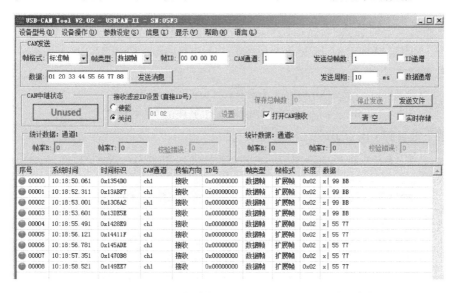

图 3.8 – 18　PC 机上收到的 STM32F407 CAN 口发来的数据

3.9　软件设计实例 4:STM32 的 USART 通信程序设计

STM32F1 有 5 个串行口 USART,通过这些串行口可以实现与 PC 机或者其他单片机的通信。这些串行口外在的通信总线可以设计为 RS232、RS485、红外无线、电流环等多种传输规范。这是 STM32 最常用的通信方式之一,因此有必要学习其串行口通信程序设计。

串行口通信程序设计,包括了根据芯片引脚对端口的设置、对 USART 工作模式的设置、对 USART 中断的设置。在此以 STM32F1/F4 的串口 USART1 的程序设计为例进行学习。

1.芯片引脚设置

在芯片引脚设置程序内,开启了 USART1 的时钟,开启了其引脚时钟,对其输入输出属性进行了设置,也对键所在的引脚进行了设置。设置程序如下。

```
void GPIOInit(void)
{
    RCC_APB2PeriphClockCmd(RCC_APB2Periph_USART1,ENABLE);
//使能 USART1 时钟,USART1 是挂在片内高速外设总线 APB2 上的
    RCC_APB2PeriphClockCmd(RCC_APB2Periph_GPIOA,ENABLE);
//使能端口 A 时钟,USART1 的 TX、RX 引脚在 GPIOA 口的 PA9 和 PA10 上
    RCC_APB2PeriphClockCmd(RCC_APB2Periph_GPIOB,ENABLE);
//使能端口 B 时钟,键盘是挂在 GPIOB 上的
    RCC_APB2PeriphClockCmd(RCC_APB2Periph_GPIOC,ENABLE);
//使能端口 C 时钟
    GPIO_InitTypeDef GPIO_InitStructure;
    GPIO_InitStructure.GPIO_Pin=GPIO_Pin_1 | GPIO_Pin_15;
//两个键引脚 PB1、PB15。
    GPIO_InitStructure.GPIO_Speed=GPIO_Speed_10 MHz;
//最高速率 10 MHz
    GPIO_InitStructure.GPIO_Mode=GPIO_Mode_IPU;
//将键引脚设为上拉输入
    GPIO_Init(GPIOB,&GPIO_InitStructure);    //键输入 I/O
    GPIO_InitStructure.GPIO_Pin=GPIO_Pin_9;    //PA9-USART1(Tx)
    GPIO_InitStructure.GPIO_Mode=GPIO_Mode_AF_PP;//复用推挽输出
    GPIO_InitStructure.GPIO_Speed=GPIO_Speed_10 MHz;
```

```
GPIO_Init(GPIOA,&GPIO_InitStructure);
GPIO_InitStructure.GPIO_Pin=GPIO_Pin_10;   //PA10-USART1(Rx)
GPIO_InitStructure.GPIO_Mode=GPIO_Mode_IN_FLOATING;
```
//浮空输入
```
GPIO_Init(GPIOA,&GPIO_InitStructure);
}
```

2. USART1 工作模式设置

工作模式主要包括波特率、每帧数据位数、有无奇偶校验等。程序如下。
```
void USART1_Config(void)
{
USART_InitTypeDef USART_InitStructure;   //USART1 工作模式配置
USART_InitStructure.USART_BaudRate=9600;   //波特率设置:9600
USART_InitStructure.USART_WordLength=USART_WordLength_
8b;     //每帧数据位数设置:8 位
USART_InitStructure.USART_StopBits=USART_StopBits_1;
```
//停止位设置:1 位
```
USART_InitStructure.USART_Parity=USART_Parity_No;
```
//是否奇偶校验:无
```
USART_InitStructure.USART_HardwareFlowControl=USART_Hard-
wareFlowControl_None;   //硬件流控制模式设置:没有使能
USART_InitStructure.USART_Mode=USART_Mode_Rx | USART_
Mode_Tx;     //接收与发送都使能
USART_Init(USART1,&USART_InitStructure);   //初始化 USART1
USART_ITConfig(USART1,USART_IT_RXNE,ENABLE);
```
//使能串口 1 的发送和接收中断
```
USART_Cmd(USART1,ENABLE);   //USART1 使能(开启)
}
```

3. USART1 中断设置

STM32 目前支持的中断共为 84 个(16 个内核＋68 个外部),16 级可编程中断优先级的设置,仅使用中断优先级设置寄存器 8b 中的高 4b)和 16 个抢占优先级(因为抢占优先级最多可以有四位数)。STM32(Cortex-M3)中有两个优先级的概念——抢占式优先级和响应优先级,有人把响应优先级称作亚优先级或副优先级或子优先级,每个中断源都需要被指定这两种优先级。

具有高抢占式优先级的中断可以在具有低抢占式优先级的中断处理过程中被

响应,即中断嵌套。当两个中断源的抢占式优先级相同时,这两个中断将没有嵌套关系。当一个中断到来后,如果正在处理另一个中断,这个后到来的中断就要等到前一个中断处理完之后才能被处理。如果这两个中断同时到达,则中断控制器根据它们的子优先级高低来决定先处理哪一个。如果它们的抢占式优先级和子优先级都相等,则根据它们在中断表中的排位顺序决定先处理哪一个。

(1)USART1 中断向量设置程序

```
void NVIC_Configuration(void)        //USART1 接收中断配置
{
    NVIC_InitTypeDef NVIC_InitStructure;
//Configure the NVIC Preemption Priority Bits
    NVIC_InitStructure. NVIC_IRQChannelPreemptionPriority=1;
//抢占优先级为1
    NVIC_PriorityGroupConfig(NVIC_PriorityGroup_0);    //子优先级为 0
//Enable the USART1 Interrupt
    NVIC_InitStructure. NVIC_IRQChannel=USART1_IRQn;
    NVIC_InitStructure. NVIC_IRQChannelSubPriority=0;
    NVIC_InitStructure. NVIC_IRQChannelCmd=ENABLE;
    NVIC_Init(&NVIC_InitStructure);
}
```

(2)USART1 的中断函数

```
void USART1_IRQHandler(void)
{ DelayNuS(100);
    if (USART_GetFlagStatus(USART1,USART_FLAG_RXNE) ! =RE-
SET)
    {
    USART_ClearFlag(USART1,USART_FLAG_RXNE);
//清除待处理标志
    USART_ClearITPendingBit(USART1,USART_IT_RXNE);
//清楚中断标志位
    USART_ClearFlag(USART1,USART_FLAG_ORE);
//清除待处理标志
    USART_ClearITPendingBit(USART1,USART_FLAG_ORE);
//清除待处理标志
    UART_RxBuf[0]=USART_ReceiveData(USART1);
```

// 读取接收数据

　　　　USART_ClearITPendingBit(USART1,USART_FLAG_ORE);

// 清除待处理标志

　　　　}

　　　　if(UART_RxBuf[0]==0x55)

　　　　{ u16 i;

　　　　　for(i=0;i<1000;i++)

　　　　　{USART_SendData(USART1,UART_RxBuf[0]);}

// while(USART_GetFlagStatus(USART1,USART_FLAG_TXE)==RESET);

// 已经在库函数的 USART_SendData()内添加了上句,见 stm32f10x_usart.c

　　　　USART_ClearFlag(USART1,USART_FLAG_TXE);

// 清除 usart1 待处理标志位

　　　　USART_SendData(USART1,0x0099);

　　　　USART_ClearFlag(USART1,USART_FLAG_TXE);

// 清除 usart1-3 待处理标志位

　　　　}

　　}

以上 A/D 转换程序、CAN 通信程序、USART1 通信程序系作者 2018 年 8 月亲改亲测,用的是 STM32F103 和 STM32F407 开发板,所述功能完美实现。读者可以在自己的产品上直接使用以上程序。

3.10　本章小结

本章重点介绍了嵌入式操作系统 μC/OS-II,将其美妙的思想和睿智的方法呈现给读者,并将我们在三维打印机控制系统设计中应用 μC/OS-II 的方法作了介绍,并以三维打印机程序设计为例说明了在实际设计中使用 μC/OS-II 的方法,以便读者参考,能在自己的设计中灵活应用,设计开发出高质量的工作软件。本章还对嵌入式系统设计中的几个最关键的技术——A/D 转换技术、CAN 通信技术和串行口 USART1 通信程序进行了系统陈述,对其软件设计给出了详细的例程,这些例程都是作者亲自测试过的,可以直接用于工程设计。

第4章　嵌入式控制系统开发平台与工具

　　嵌入式系统已经成为一个应用广泛的产业，多年来嵌入式系统开发平台的建设汇聚了无数精英们宝贵的心血，多姿多彩，成果丰硕，给广大嵌入式设计师提供了宝贵的工具，使他们能在这些平台上大展身手。反之如果没有开发平台，则会束手无策，一事无成。这进一步验证了"生产工具是生产力要素"这一科学论断。嵌入式系统的开发必须借助于一个好的开发平台。一款合适的开发平台，会大大提高设计开发的工作效率。

　　嵌入式系统开发平台有多种，通用的著名的国外平台有 Keil、IAR Embedded Workbench、ADS、WINARM、RealView 等，国内著名的有南京伟福的 WAVE 6000 和 VW 等。这些开发平台都是通过 PC 机开展工作，在 PC 机上建立全部工作环境，包括编辑、编译、仿真环境等。在 PC 机上建立了要仿真的目标 CPU 的全部资源（所有寄存器、程序存储器、数据存储器、端口、定时器、A/D、D/A、通信部件等片内外设），在 PC 机屏幕上所显示的 CPU 芯片的资源，实际上是 PC 机内所建立的 CPU 资源中的内容。在进行软件仿真时，随着程序的运行，这些资源中的内容不断地更新变化，通过 PC 机的屏幕，可以查看其内容变化。在硬件仿真时，通过仿真器把程序直接下载到 CPU 芯片内的程序区，从 CPU 芯片内运行程序，这种运行是受仿真系统控制的，可以进行全速运行、单步运行、断点控制等各种受控运行。不管是全速运行，还是单步运行，还是执行到断点停止，只要每次运行停止的时刻，目标 CPU 内所有改变了内容的资源的内容都要全部上传到 PC 机内所建立的那个目标 CPU 的资源内，在 PC 机屏幕上可以看到或查询到停止时刻目标 CPU 的所有资源的内容，实现了对目标板上 CPU 的仿真。此处要注意，对大多数仿真系统，在全速运行时，其目标 CPU 的数据是不上传的，数据上传只发生在程序停止的时刻。例如全速运行停止时或单步运行一条程序结束时或者运行到断点停止时，才上传数据。

　　Keil 公司是一家业界领先的微控制器（MCU）软件开发工具的独立供应商。Keil 公司由两家公司联合运营，分别是德国慕尼黑的 Keil Electronic GmbH 和美国德克萨斯的 Keil Software 公司。Keil 于 2005 年由 ARM 公司收购，现在是

ARM 旗下的一个公司。Keil 公司是专门设计嵌入式开发平台的公司,其开发的 Keil 集成开发平台可以适应多种嵌入式处理器的开发,是目前最优秀的嵌入式开发平台。它支持大多数 8 位单片机、16 位单片机、大多数 ARM 处理器和一些 DSP。

IAR Systems 是全球著名的嵌入式系统开发工具和服务的供应商。公司成立于 1983 年,提供的产品和服务涉及到嵌入式系统的设计、开发和测试的每一个阶段,包括带有 C/C++编译器和调试器的集成开发环境(IDE)、实时操作系统、开发套件、硬件仿真器以及状态机建模工具等。

IAR EWARM 中包含一个全软件的模拟程序(simulator)。用户不需要任何硬件支持就可以模拟各种 ARM 内核、外部设备甚至中断的软件运行环境,从中可以了解和评估 IAR EWARM 的功能和使用方法。

有几家公司开发了 AVR 单片机专用集成开发平台,目前使用较多的有三个平台,ICCAVR、CVAVR 和 GCC_WinAVR。本章介绍应用较为普遍的编辑编译平台 AVR ICC7 和仿真平台 AVR SDITIU。

C8051FXX 系列单片机有它们自己公司开发的专用集成开发系统 silicon lab IDE。

国内的单片机开发平台,以南京伟福公司的 WAVE6000 和 VW 集成开发平台最为著名,支持多种类型的单片机,界面友好,功能多,速度快,主要用于各类单片机的开发。

除了软件仿真外,硬件仿真也很重要,嵌入式开发中的许多具体设计,没有硬件仿真开发难度就很大,开发效率就很低。在开发实践中发现,硬件仿真对提高开发效率具有重要意义,硬件仿真器是一种十分重要的开发工具。

现有的硬件仿真有两种方式,侵入式仿真和非侵入式仿真。

侵入式仿真要拔去目标电路板上的 CPU,将仿真头插入 CPU 插座进行仿真,靠的是仿真器中的 CPU 执行程序。非侵入式仿真是不要拔去电路板上的 CPU,而是通过 JTAG 接口或者 SW 接口进行仿真,这种仿真方式是利用电路板上的 CPU 执行程序,这种方式主要用于带有内部边界扫描电路的 CPU。

为了便于仿真开发和下载程序(包括在应用编程 IAP 或在系统编程 ISP),现在所有 ARM 芯片和 DSP 芯片都设计了内部边界扫描电路,这种内部带有边界扫描电路的芯片,可以通过 JTAG 接口进行仿真和程序下载,有些芯片除了可以采用 5 线的 JTAG 接口,还可以采用 2 线的 SW 接口进行程序下载与仿真。例如著名的 ARM 芯片 STM32F1/F4 系列,内部有边界扫描电路,同时设计了两种对外接口,JTAG 接口和 SW 接口。

限于篇幅,也为了学生能够掌握最重要的仿真技能,本书主要介绍 Keil、IAR、AVR ICC7+SDITIU、VW 等四种最常用的开发平台。

4.1　Keil 开发平台

4.1.1　Keil 各版本的内容概述

1. Keil μVision2

Keil μVision2 是德国 Keil Software 公司出品的 51 系列兼容单片机 C 语言软件开发系统,使用接近于传统 C 语言的语法来开发。与汇编相比,C 语言在功能上、结构性、可读性、可维护性上有明显的优势,易学易用,大大提高了工作效率和项目开发周期。它还能嵌入汇编程序,可以在关键的位置嵌入,使程序达到接近于汇编的工作效率。KEIL C51 标准 C 编译器为 8051 微控制器的软件开发提供了 C 语言环境,同时保留了汇编代码高效、快速的特点。C51 编译器的功能不断增强,可以更加贴近 CPU 本身及其它的衍生产品。C51 已被完全集成到 μVision2 的集成开发环境中,这个集成开发环境包含编译器、汇编器、实时操作系统、项目管理器、调试器。μVision2 IDE 可为它们提供单一而灵活的开发环境。

2. Keil μVision3

2006 年 1 月 30 日 ARM 推出全新的针对各种嵌入式处理器的软件开发工具,集成 Keil μVision3 的 RealView MDK 开发环境。RealView MDK 开发工具 Keil μVision3 源自 Keil 公司。RealView MDK 集成了业内领先的技术,包括 Keil μVision3 集成开发环境与 RealView 编译器,支持 ARM7、ARM9 和最新的 Cortex-M3 核处理器,自动配置启动代码,集成 Flash 烧写模块、强大的 Simulation 设备模拟、性能分析等功能,与 ARM 之前的工具包 ADS 等相比,RealView 编译器的最新版本可将性能改善超过 20%,适用于各类 ARM 和各类 51 系列单片机。

3. Keil μVision4

2009 年 2 月发布 Keil μVision4。Keil μVision4 引入灵活的窗口管理系统,使开发人员能够使用多台监视器,并提供了视觉上的表面对窗口位置的完全控制。Keil μVision4 新的用户界面可以更好地利用屏幕空间和更有效地组织多个窗口,提供一个整洁,高效的环境来开发应用程序。新版本支持更多使用 C51 语言的单片机,支持各类最新的 ARM 芯片,还添加了一些其他新功能。

2011 年 3 月 ARM 公司发布的最新集成开发环境 RealView MDK 开发工具中集成了最新版本的 Keil μVision4,它主要用于各类 51 单片机和各类 ARM 器件,其编译器、调试工具实现了与目标处理器的完美匹配。

4. Keil μVision5

2013 年 10 月,Keil 正式发布了 Keil μVision5 IDE。其与 Keil μVision4 的区别:Keil μVision4 是所有库文件等都在一个安装文件里,Keil μVision5 安装的则

是一个单纯的开发软件，不包含具体的器件相关文件，开发什么再安装对应的文件包，其他所有功能与 Keil μVision4 相同。

4.1.2　Keil μVision5 设置

1. Keil μVision5 编辑界面

Keil μVision5 的编辑界面如图 4.1-1 所示，该图是开发基于 ARM STM32F407 的工作界面。该界面与 Keil μVision4 的完全相同。

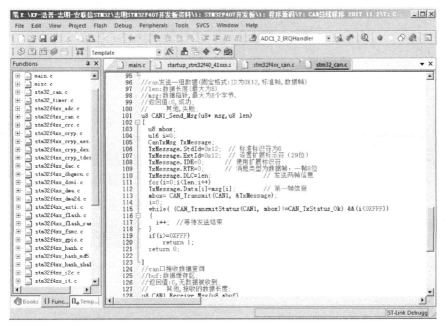

图 4.1-1　Keil μVision5 编辑工作界面

工作界面上部是主菜单，主菜单下边是快捷菜单图标。主窗口分为左右两个，左边是项目窗口，其中主要内容是文件树，罗列了加入本项目的所有文件。该窗口可以关闭，或者通过点击其右上角的图钉使其成为水平放置，该窗口就会成为自动隐藏方式。右边是编辑窗口，在其中编辑所有要编辑修改的文件。

下边的 Build output 窗口，输出编译连接信息。可以在其中看到编译连接结果，如果出错，会给出所有错误信息。点击一个错误信息，就会定位到程序中出错的具体位置，以便分析修改。

主菜单有 File、Edit、View、Project、Flash、Debug、Peripherals、Svcs、Window、Help 等，分别说明如下。

File：文件管理工具，用于各类文件的创建、打开、保存、另存为、退出程序等。

Edit：文本编辑工具，用于一段文本的复制、粘贴、删除、修改以及编辑字体、颜色与编辑界面的设置。

View:观察窗口设置工具,用于打开各种窗口,以便观察要查看的内容。

Project:项目管理工具,用于新建项目、打开项目、关闭项目、项目编译、链接、选项设置等。

Flash:flash 存储器管理工具,用于 ARM 片内 flash 存储器的擦除与系统配置。

Debug:程序仿真调试工具,用于进行单步或连续执行程序、断点设置与清除等。

Peripherals:外设工具,用于外部设备的配置、启用、停止等。

Tools:编译工具选择,通常选择 PC-Lint,这是 C/C++软件代码静态分析工具,你可以把它看作是一种更加严格的编译器。它不仅可以检查出一般的语法错误,还可以检查出那些虽然符合语法要求但不易发现的潜在错误。

Svcs:软件版本控制。

Window:窗口管理工具。

Help:帮助。

2.芯片选择

进入 Keil μVision5 后,点击设置图标 ,其含义是目标系统选择与设置"target options" ,点击该图标,弹出菜单如图 4.1－2 所示。点选

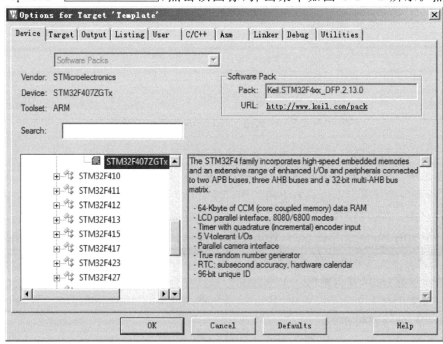

图 4.1－2　芯片选择(device)

Device,出现 ARM 芯片选型框,见图 4.1 - 2 左边 ARM 型号列表,在其中点选
STM32F407ZG Tx,其名称会变成深色,如图中所示。

3.仿真器(调试器)选择与芯片 flash 选择

再点选 Debug,出现图 4.1 - 3 所示窗口,在该窗口中点选 Use,在其复选框中
选择 ST-Link Debugger。

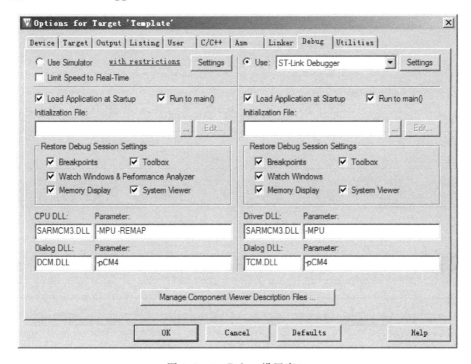

图 4.1 - 3　Debug 设置窗口

再点击图 4.1 - 3 窗口中的 Settings,出现图 4.1 - 4 所示窗口,可以看到仿真
器为 ST-LINK/V2。

点选图 4.1 - 4 窗口中的 Flash Download,出现的窗口如图 4.1 - 5 所示,选中
所用的器件,再点击"Add"即可。

点击 Add 后,出现图 4.1 - 6 所示的窗口,在其中可以看到,已经添加了
STM32F4xx Flash 1M。

再点击"确定"即可完成此项设置。

4.仿真设置

要进行硬件仿真调试,必须要进行如下设置。

在主菜单中点选 ⚒ ,其含义是目标系统选择与设置 ⚒ **Target Options...**
　　　　　　　　　　　　　　　　　　　　　　　Configure target options ,

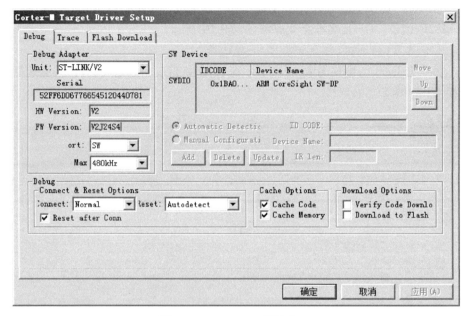

图 4.1 - 4　Settings 设置窗口

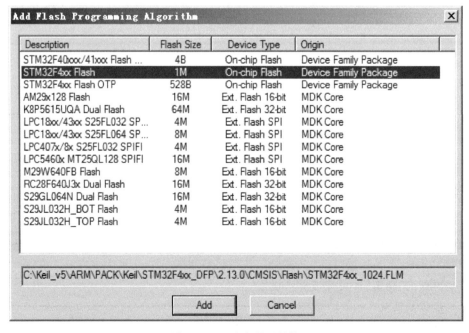

图 4.1 - 5　选中所用器件

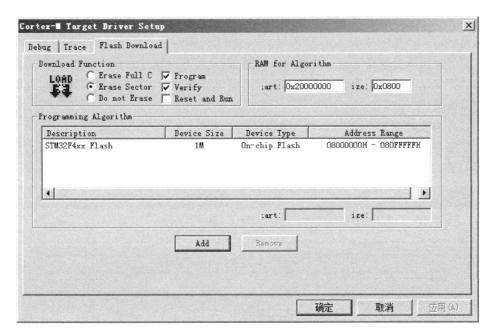

图 4.1－6　所选内容已经列入表中

在 Output 选项中，一定要按图 4.1－7 中的勾选进行，要勾选主选项 Create Exe-cutable，再将其下属的三项 Debug Information、Create HEX File、Browse infor-mation 全部勾选，才能生成. HEX 目标文件，进行硬件仿真。才能在仿真界面中

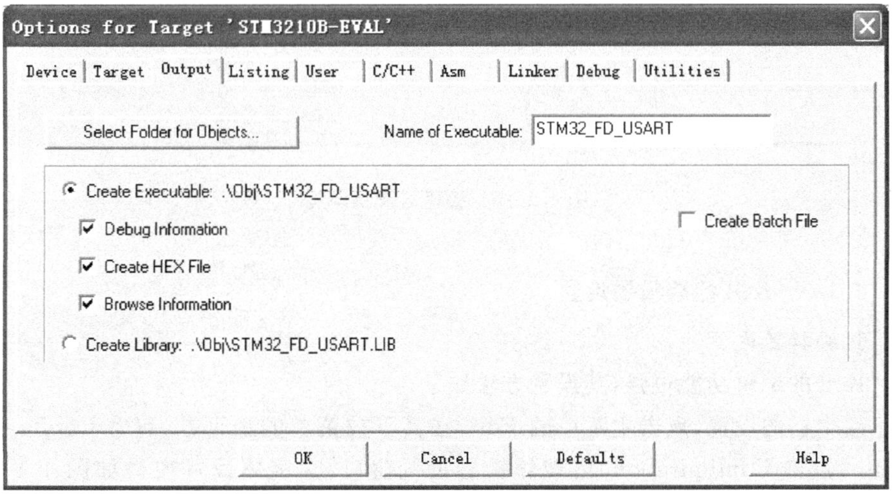

图 4.1－7　Output 选项

看到源程序左边竖条中的程序有效标记（就是变成暗灰色竖条），才能进行硬件仿真。

曾经出现过编译下载运行都没有问题，但是看不到程序的有效标记，所有仿真功能都实现不了。其原因就是没有按上述规定设置，没有输出必要的调试信息给仿真系统。

5.编译器设置

编译器设置，点选 C/C++，出现图 4.1-8 窗口，通常按图中的所有选项与设置勾选，就可以用了。

图 4.1-8 编译器选项设置

4.1.3 Keil 的编辑器设置

1.编辑器设置

Keil 的编辑功能很强，其设置方法如下。

编辑器的设置，点击主菜单的 Edit，在其下拉菜单的最下方，有个 Configuration…，点击 Configuration，出现编辑器设置窗口，其字体设置窗口如图 4.1-9 所示。

在此窗口中，可以设置许多项目，主要的是编辑用的字的颜色 color 与字体字

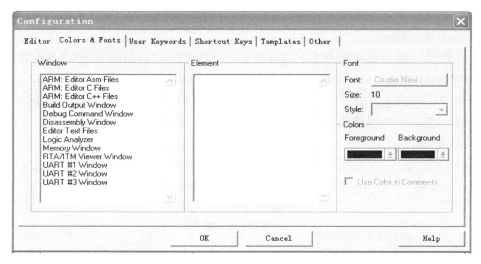

图 4.1－9　编辑器中的颜色、字体设置

号 Font。可以将编辑字体设置为你喜欢的风格。其他选项一般不用修改，按其缺省值就可以了。至此就可以进行程序的编写、编辑了。

　　过去 Keil 对中文的支持不好，有时候中文字符复制到 Keil 中就变成了乱码。解决方法如下。

　　对 Keil μVision5 设置如下：

　　(1)在 Keil μVision5 主菜单栏中点击"Edit"，在其出现的窗口内点击"Configuration"，出现图 4.1－10 所示的窗口。

　　(2)在 configuration 窗口中的 Encoding 复选框内选中 Chinese GB2312。然后点击窗口下方的"OK"就可以了。

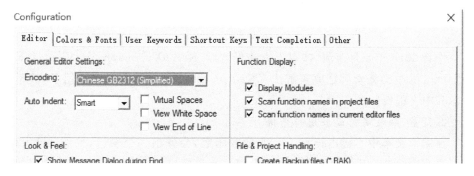

图 4.1－10　Keil μVision5 中文编辑设置

这样就可以完美地进行中文编辑了。

在 Keil 其他版本中,uVision 编辑中文字体错位的问题也令人头疼。下面给出一个解决办法。

在 Keil 主界面中点击"Edit",在弹出的窗口中点击"Configuration",在弹出的窗口中点击"Colors & Fonts",选择需要修改字体的项目,点击 Font 选择框,在 Font 对话框里面选择 Font:Courier New,Size:小四(此处很重要)。过程见图 4.1-11。点"OK"后回到源代码编辑窗口,输入汉字,不再出现光标错位问题了,汉字显示问题解决了。

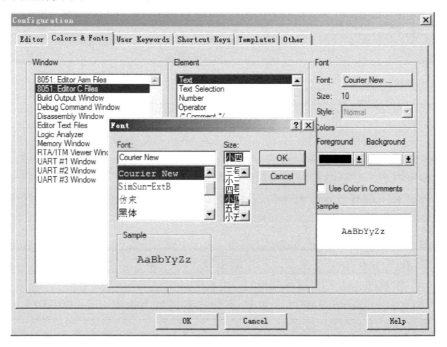

图 4.1-11　Keil μVision3/Keil μVision4 中文编辑设置

作者 2018 年 5 月亲测,按以上方法设置后,Keil μVision5,Keil μVision4,Keil μVision3 的中文编辑问题完美解决。Keil μVision2 现在已经过时不用了,故不再考虑其中文编辑问题。

2.变量、函数定义或应用的查找

在编辑文本中右键击任意一个变量或函数,会弹出一个窗口,见图 4.1-12。该图是右击 Systeminit()函数弹出的窗口。在该窗口中,有诸多选项,最常用的是查找函数或变量的出处(也就是其定义之处),便于了解函数或变量的原始定义。然后通过点击工具栏上的←,可以返回原位置继续分析,也可以点击→到定义处继续查看。

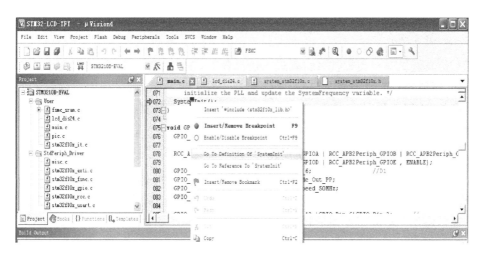

图 4.1 - 12　查找变量、函数出处

3.批量屏蔽和取消批量屏蔽

在调试过程中,可以屏蔽某些语句,只需在这些语句的前边加上双 // 即可,但有时候想要屏蔽较多的语句,这时要给每条语句前边加双 // 就比较费工,Keil μVision4 和 Keil μVision5 提供了一种简便的方法,就是用鼠标选中要屏蔽的段落,点击工具栏的 // 按钮,所选段落就全部被屏蔽了。

如果要解除某些段落的屏蔽,将其选中,点击 // 按钮就行了。试试就知道有多方便。这项功能是从 Keil μVision4 起才有的,是 Keil 独有的又一个亮点,其它所有开发平台的编辑器都没有这项功能。

4.编译

对编写的程序,可以直接点击编译按钮进行编译,编译按钮并列在一起,有三种,分别为 ▦ ▦ ▦。其中 ▦ 是只编译,不连接,即只将指定的文件进行编译,看有没有错误,不连接。在一个程序刚编写时还谈不上仿真调试,只是想知道现在能否通过编译检查,有没有错误的情况下时,用这种最节省时间,因此通常在程序编写时此种用得最多。

▦ 是编译与连接,这种是只编译修改过的文件,没有修改的文件只用其上次编译过的目标代码,本次不再编译,然后将项目中所有文件的目标代码连接在一起,完成连接功能,用于程序修改调试阶段,在已经进行到仿真调试阶段时,此种用得最多。

▦ 是不管项目中的文件有没有编译过,都得进行编译,生成新的目标代码,再将这些目标代码连接在一起,完成连接。因为它耗时最多,一般只在开始时用一下,其他情况下不用。

5.仿真运行

仿真调试时点击 按钮,就进入仿真界面,在仿真界面中,就出现运行的那些按钮,可以进行断点设置与清除、全速运行、暂停、单步运行、运行到光标等各种仿真操作,实现对硬件的仿真观察和对软件的编写和修改,直到实现产品的所有功能。

4.1.4 硬件仿真器的驱动安装

硬件仿真指的是通过仿真器在目标电路板上进行的仿真。硬件仿真必须要安装仿真器在 Keil 中的驱动程序。所谓 Keil 驱动程序,就是所用的仿真器与 Keil 的通信协议。对应于不同的仿真器,需要安装不同的驱动程序。以一款 ARM 开发板为例,使用的仿真器是 J-LINK V8。J-LINKV8 的 Keil 驱动程序为 Setup_JLinkARM_V412.exe,点击 Setup_JLinkARM_V412.exe 文件安装即可。现在 Keil 能支持的仿真器有很多种,在其 TOOLS.INI 文件中可以看到 Keil 所支持的仿真器。该文件在 Keil 安装路径的根目录下。笔者为了工作方便,安装了两个 Keil 版本,分别是 Keil μVision4 和 Keil μVision5。用 Keil μVision4 开发 51 单片机,用 Keil μVision5 开发 ARM 单片机。

1. 在 Keil μVision4 里安装的仿真器驱动

Keil μVision4 的 TOOLS.INI 文件内容如下:

ORGANIZATION="微软中国"

NAME="微软用户","CXBNM"

EMAIL="CXXJTU"

BOOK0=UV4\RELEASE_NOTES.HTM("uVision Release Notes",GEN)

[C51]

PATH="C:\Keil\C51\"

VERSION=V9.01

BOOK0=HLP\Release_Notes.htm("Release Notes",GEN)

BOOK1=HLP\C51TOOLS.chm("Complete User's Guide Selection",C)

TDRV0=BIN\MON51.DLL ("Keil Monitor-51 Driver")

TDRV1=BIN\ISD51.DLL ("Keil ISD51 In-System Debugger")

TDRV2=BIN\MON390.DLL ("MON390:Dallas Contiguous Mode")

TDRV3=BIN\LPC2EMP.DLL ("LPC900 EPM Emulator/Programmer")

TDRV4=BIN\UL2UPSD.DLL ("ST-uPSD ULINK Driver")

TDRV5=BIN\UL2XC800.DLL ("Infineon XC800 ULINK Driver")

TDRV6＝BIN\MONADI. DLL (″ADI Monitor Driver″)

TDRV7＝BIN\DAS2XC800. DLL (″Infineon DAS Client for XC800″)

TDRV8＝BIN\UL2LPC9. DLL (″NXP LPC95x ULINK Driver″)

TDRV9＝C:\KEIL\VW_DLL. DLL (″伟福 V 系列仿真器驱动″)

RTOS0＝Dummy. DLL(″Dummy″)

RTOS1＝RTXTINY. DLL (″RTX-51 Tiny″)

RTOS2＝RTX51. DLL (″RTX-51 Full″)

LIC0＝AT2BS-LE03V-SLMCN-Y7VLS-WWZZ6-4R2Q9

在该文件中可以看到,已经在该 Keil μVision4 里安装了 8 个仿真器的驱动,能够支持 8 种仿真器,而且该 Keil μVision4 还安装了 51 实时操作系统 RTX-51 Tiny 和 RTX-51 Full。

Keil μVision4 能支持的几种常用的仿真器及其驱动程序名称列于表 4.1－1。

表 4.1－1　Keil μVision4 常用几种仿真器 Keil 驱动的安装文件

序号	仿真器	Keil 驱动程序	注释
1	MONIT51	MON51. DLL	Keil Monitor-51 Driver
2	ISD51	ISD51. DLL	Keil ISD51 In-System Debugger
3	MON390	MON390. DLL	MON390:Dallas Contiguous Mode
4	LPC2EMP	LPC2EMP. DLL	LPC900 EPM Emulator/Programmer
5	UL2UPSD	UL2UPSD. DLL	ST-uPSD ULINK Driver
6	J-LINK	JL2CM3. dll	J-LINK/J-TRACE Cortex
7	ST-LINK	ST-LINKIII-KEIL_SWO. dll	ST-Link Debugger
8	伟福 V 系列	VW_DLL. DLL	伟福 V 系列仿真器驱动

2. 在 Keil μVision5 里安装的仿真器驱动

Keil μVision5 的 TOOLS. INI 文件内容如下。

[UV2]

ORGANIZATION＝″微软中国″

NAME＝″微软用户″,″xcbcvxm″

EMAIL＝″xjtubhy″

ARMSEL＝1

USERTE＝1

TOOL_VARIANT＝mdk_std

RTEPATH="C:\Keil_v5\ARM\PACK"

[ARM]

PATH="C:\Keil_v5\ARM\"

VERSION=5. 23

PATH1="C:\Program Files（x86）\GNU Tools ARM Embedded\5. 4 2016q3\"

TOOLPREFIX=arm-none-eabi-

CPUDLL0=SARM. DLL(TDRV16,TDRV17,TDRV18)

Drivers for ARM7/9 devices

CPUDLL1=SARMCM3. DLL(TDRV0,TDRV1,TDRV2,TDRV3,TDRV4, TDRV5,TDRV6,TDRV7,TDRV8,TDRV9,TDRV10,TDRV11) # Drivers for Cortex-M devices

CPUDLL2=SARMCR4. DLL(TDRV3)

Drivers for Cortex-R4 devices

CPUDLL3=SARMV8M. DLL(TDRV12,TDRV13,TDRV14,TDRV15)

Drivers for ARMv8-M devices

BOOK0=HLP\RELEASE_NOTES. HTM("Release Notes",GEN)

BOOK1=HLP\ARMTOOLS. chm("Complete User's Guide Selection",C)

BOOK2=http://infocenter. arm. com/help/topic/com. arm. doc. dui0837g/ index. html("Fixed Virtual Platforms Reference Guide",GEN)

TDRV0=BIN\UL2CM3. DLL("ULINK2/ME Cortex Debugger")

TDRV1=BIN\ULP2CM3. DLL("ULINK Pro Cortex Debugger")

TDRV2=BIN\CMSIS_AGDI. dll("CMSIS-DAP Debugger")

TDRV3=Segger\JL2CM3. dll("J-LINK/J-TRACE Cortex")

TDRV4=BIN\DbgFM. DLL("Models Cortex-M Debugger")

TDRV5=STLink\ST-LINKIII-KEIL_SWO. dll ("ST-Link Debugger")

TDRV6=PEMicro\Pemicro_ArmCortexInterface. dll("PEMicro Debugger")

TDRV7=NULink\Nu_Link. dll("NULink Debugger")

TDRV8=BIN\lmidk-agdi. dll("Stellaris ICDI")

TDRV9=SiLabs\SLAB_CM_Keil. dll("SiLabs UDA Debugger")

TDRV10=BIN\ABLSTCM. dll("Altera Blaster Cortex Debugger")

TDRV11=TI_XDS\XDS2CM3. dll("TI XDS Debugger")

TDRV12=BIN\ULP2V8M. DLL("ULINK Pro ARMv8-M Debugger")

TDRV13=BIN\UL2V8M. DLL("ULINK2/ME ARMv8-M Debugger")

TDRV14＝BIN\CMSIS_AGDI_V8M. DLL("CMSIS-DAP ARMv8-M De-
bugger")

TDRV15＝BIN\DbgFMv8M. DLL("Models ARMv8-M Debugger")

TDRV16＝BIN\UL2ARM. DLL("ULINK2/ME ARM Debugger")

TDRV17＝BIN\ULP2ARM. DLL("ULINK Pro ARM Debugger")

DELDRVPKG0＝ULINK\UninstallULINK. exe("ULINK Pro Driver V1. 0")

LIC0＝NQQ9U-SESXR-W20LL-00SIK-IMF30-UV9NY

Keil μVision5 能支持的几种常用的仿真器及其驱动程序名称列于表 4.1－2。

表 4.1－2　Keil μVision5 常用几种仿真器 Keil 驱动的安装文件

序号	仿真器	Keil 驱动程序	注释
1	UL2CM3	UL2CM3. DLL	ULINK2/ME Cortex Debugger
2	ULP2CM3	ULP2CM3. DLL	ULINK Pro Cortex Debugger
3	CMSIS_AGDI	CMSIS_AGDI. dll	CMSIS-DAP Debugger
4	ABLSTCM	ABLSTCM. dll	Altera Blaster Cortex Debugger
5	TI_XDS\XDS2CM3	TI_XDS\XDS2CM3. dll	TI XDS Debugger
6	UL2UPSD	UL2UPSD. DLL	ST-uPSD ULINK Driver
7	J-LINK	JL2CM3. dll	J-LINK/J-TRACE Cortex
8	ST-LINK	ST-LINKIII-KEIL_SWO. dll	ST-Link Debugger
9	DbgFM	DbgFM. DLL	Models Cortex-M Debugger

在此特别说明，从 Keil μVision4 和 Keil μVision5 两个程序的 TOOLS. INI 文件，可以看出，如果把 Keil μVision4 的 TOOLS. INI 文件内的［C51］及其以下的所有驱动程序行全部复制到 Keil μVision5 的 TOOLS. INI 文件内，并且给 Keil μVision5 路径里安装了这些仿真器的驱动程序，则在 Keil μVision5 内就能既仿真 51 单片机，也能仿真 ARM 单片机。这样就实现了在一个 Keil 平台上，既可以仿真 51 单片机，也可以仿真 ARM 单片机。反之如果把 Keil μVision5 的 TOOLS. INI 里的［ARM］及其以下的所有驱动程序都复制到 Keil μVision4 的 TOOLS. INI 中，并且给 Keil μVision4 路径里安装了这些仿真器的驱动程序，则在 Keil μVision4 里也就既能仿真 51 单片机，也能仿真 ARM 单片机了。

3. 各种仿真器在 Keil 中驱动程序安装方法

(1)J-LINK 仿真器的驱动安装

J-LINK 仿真器使用 JTAG 接口，可以进行所有带有 JTAG 接口的 ARM 单片机的仿真。在网上下载 J-LINK 的驱动程序压缩包 jlinkqdxz 驱动. zip，解压后得到 Setup_JLinkARM _V486b. exe,点击安装这个 setup 文件就可以了。安装完成后,就可以在 Keil 内进行仿真器选择与设置了。

在目标系统选择与设置菜单中点击 Debug,出现图 4.1 - 13 窗口,在其 User 框中选择 Cortex-M/R J-LINK/J-Trace,所有项目全部按图 4.1 - 13 所示点选。最后点击 OK 完成。

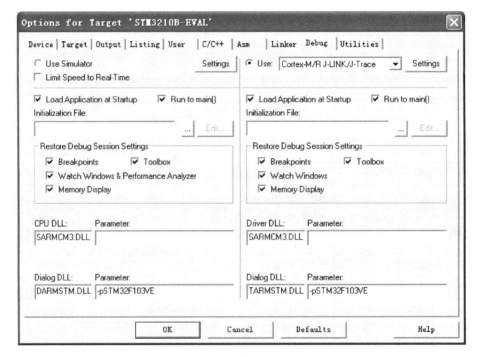

图 4.1 - 13　仿真器选择与设置

再点击 Utilities,出现图 4.1 - 14 所示窗口。在其窗口中点选 Use target driver for flash programming,并勾选 Update target before debugging。最后点击 OK 即可。

J-LINK 仿真器的外观见图 4.1 - 15。其 USB 端口通过 USB 连线直接连接到 PC 机的 USB 口上,其 JTAG 端口通过排线连接到 ARM 目标板的 JTAG 接口上,目标板上的 JTAG 接口直接与 ARM 芯片的 JTAG 口线相连,能够进行硬件仿真。

这种 J-LINK 仿真器故障多,用一段时间就坏了,得重新下载程序,才能恢复正常。

(2)ST-LINK 仿真器的驱动安装

这里介绍一款 ST 公司针对其 STM32 和 STM8 的仿真器 ST-LINK,这种仿真器现在已经发展到第二版,为 ST-LINKV2。国内也有生产销售,价格也就 30

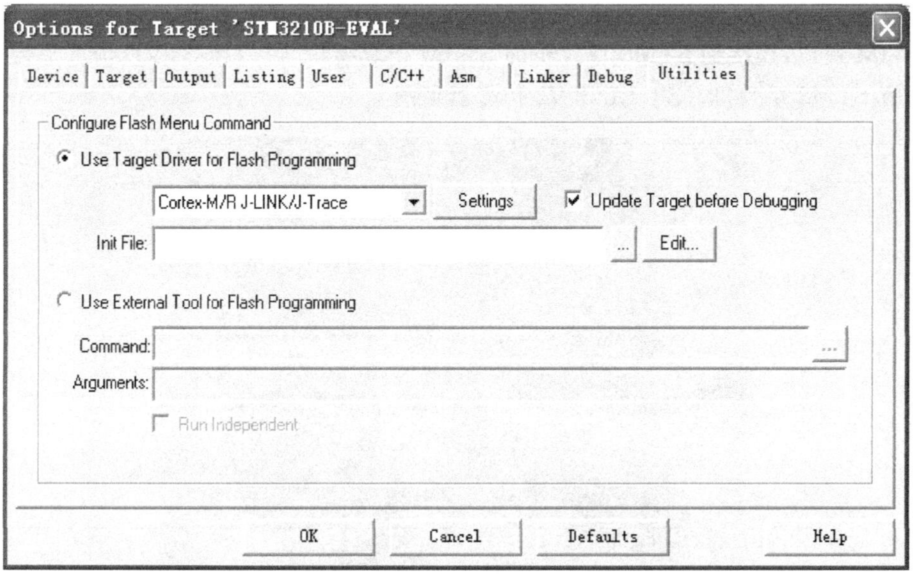

Options for Target 'STM3210B-EVAL'

Device | Target | Output | Listing | User | C/C++ | Asm | Linker | Debug | Utilities

Configure Flash Menu Command

⊙ Use Target Driver for Flash Programming

Cortex-M/R J-LINK/J-Trace ▼   Settings   ☑ Update Target before Debugging

Init File: _____   ...   Edit...

○ Use External Tool for Flash Programming

Command: _____   ...

Arguments: _____

☐ Run Independent

OK   Cancel   Defaults   Help

图 4.1-14　仿真器选择设置

图 4.1-15　J-LINK 仿真器

多元,特别可靠好用,是所有仿真器中性价比最高的。作者以前使用 J-LINK,故障比较多。后来使用 ST-LINK(已经 5 年多了),一直没有出现故障,稳定可靠,小巧玲珑,性价比高。用 ST-LINKV2 开发 STM8 和 STM32 单片机十分方便。这种仿真器本身带有两种仿真接口线。一种是 20 针的 JTAG 仿真排线,将其 20 针排线直接插在 STM32 的 JTAG 插座上,另一端通过 USB 线与 PC 机相连,通过设置 Keil 内的 DEBUG 调试工具,就可以仿真 STM32 单片机。这实际上是使用了 STM32 的 SW 仿真接口,只使用了 20 针接口里的 SW 的 4 针或 6 针连线连接到

STM32JTAG 接口上对应的 SW 接口线上,对 STM32 进行仿真。另一种 4 针的 SWIM 接口,连接到 STM8 单片机的 SWIM 仿真接口,可以在 STVD 仿真平台上仿真 STM8 单片机。ST-LINKV2 仿真器见图 4.1-16。

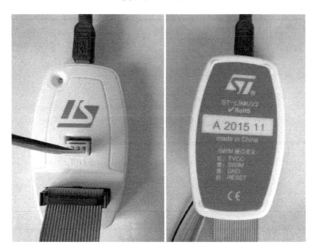

图 4.1-16　ST-LINK 外观

在与 PC 机连接前,先要安装其在 PC 机上的 USB 驱动程序。其 USB 驱动程序名称是 ST-link_v2_Usbdriver.exe,该驱动程序内包含了该仿真器的 PC 机驱动程序和 Keil 驱动程序。在网上很容易找到,下载后直接点击安装。然后在 Keil 中进行设置,其设置见图 4.1-17。在 Keil 的 Options 窗口中,点击 Debug,点选 Use,在其复选框中就可以看到有 ST-LINK Debugger,选中即可。

然后点击 Settings,出现图 4.1-18 所示窗口。

图 4.1-18 窗口中,显示了调试适配器 Debug Adapter 是 ST-LINK/V2,显示了所使用的这款仿真器的序列号为 52FF6D067766545120440781,显示硬件版本号为 V2,显示仿真器的固件版本号为 V2J24S4,显示接口方式为 SW,显示设定的仿真数传的最大速率为 240 kHz,在 SW Device 框中,显示出了已经连接的 ARM ID CODE 为 0x1BA0⋯。

点击图 4.1-18 中的 Flash Download,出现图 4.1-19 所示窗口。可以看到,已经选择了 STM32F4xx,其 Flash 存储区为 1MB。

最后,点击"确定",即可进行程序代码下载与在线仿真了。

(3)伟福 VW 系列仿真器的驱动安装

由于 Keil 使用的编译器版本比较高,代码优化性能也比较好,而伟福开发平台的编译器是第三方编译器,没有 Keil 的好,因此伟福公司也开发了自己的 Keil 驱动,以便用户能在 Keil 平台上使用伟福的仿真器,这样用户就能够使用 Keil 的

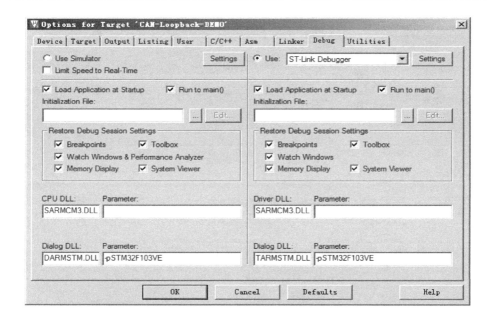

图 4.1 - 17　ST-LINK 驱动设置

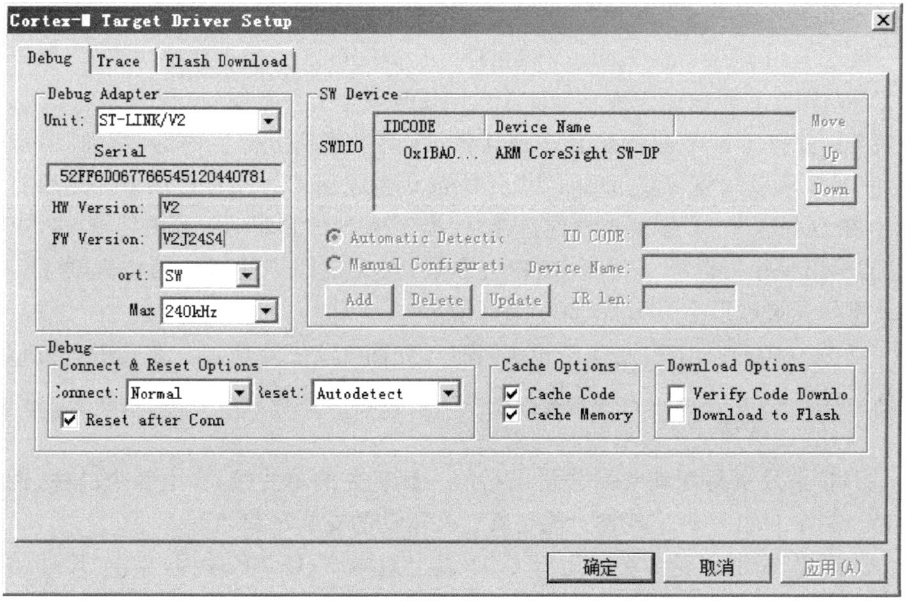

图 4.1 - 18　ST-LINK 选择

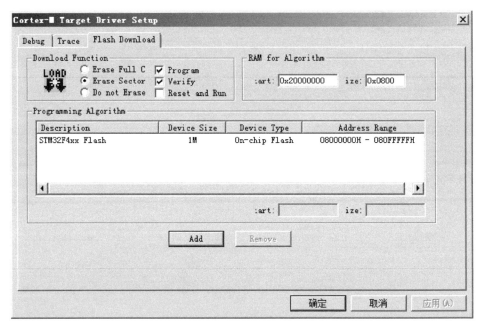

图 4.1-19　目标电路板主芯片容量选择

编译器了。

　　要在 Keil μVision3/Keil μVision4/Keil μVision5 中使用伟福仿真器,就要把 D:\VW\BIN 目录内的 VW.FMD、VW.MDB 两个文件复制到 C:\Keil\C51\BIN 目录下。并打开 VW 集成仿真平台软件,在其主菜单上部栏内的"帮助"内点击 "增加 Keil 驱动",将 VW_DLL.dll 文件自动生成到 C:\Keil 目录下。然后打开 Keil,在 Debug——Use 复选框内选择"伟福 V 系列仿真驱动",选中后,点击 SET-TINGS,出现伟福选择窗口,设定相关参数,点确定即可使用伟福仿真器了。在 Keil 里的设置过程见图 4.1-20 所示。

　　点击 Settings,出现"仿真器设置"窗口,如图 4.1-21 所示。在其中进行伟福 仿真器设置,完成设置后,就可以在 Keil 平台上使用伟福仿真器了。

　　(4)STC 单片机仿真器的驱动安装

　　STC 单片机是深圳宏晶公司出品的一款优秀的单片机,有上百个品种,性能 优异。其在 Keil 平台上现在也能仿真。其驱动的安装过程如下。

　　先退出 Keil(以免冲突),运行 6.31 以上版本 STC-ISP 软件,点击"Keil 仿真 设置",出现图 4.1-22 所示窗口,按图中所示步骤进行操作。

　　添加完成后,可以看到提示"STC MCU 型号添加成功!",见图 4.1-23 所示。

　　然后运行 Keil,在其"Options"窗口里的"Debug"里进行仿真器选择和设置。

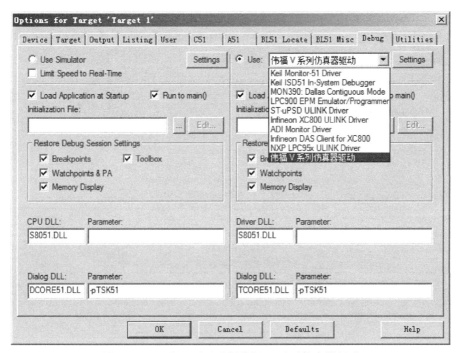

图 4.1-20　在 Keil 里选择伟福 V 系列仿真器驱动

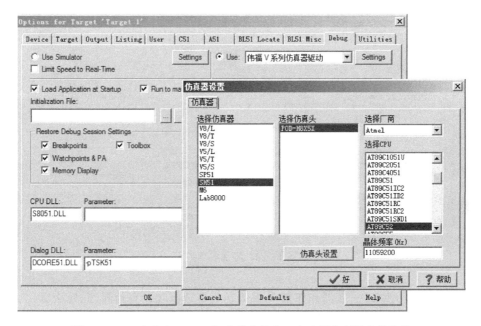

图 4.1-21　点击 Settings 后,在弹出的窗口内选择仿真器和单片机

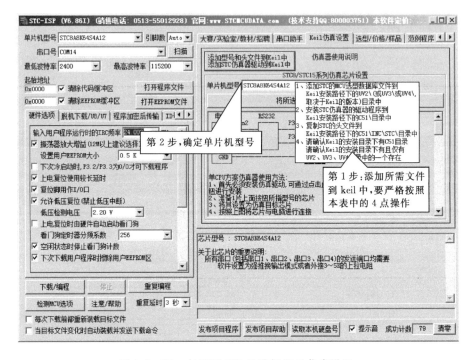

图 4.1 - 22　在 STC-ISP 里进行 Keil 仿真设置

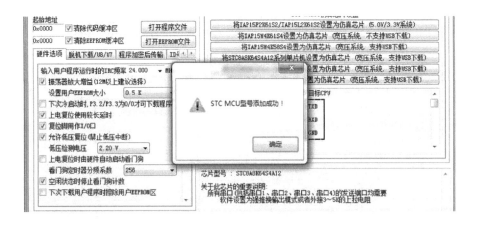

图 4.1 - 23　添加成功提示

其过程与 ST-LINK 仿真器和伟福 V 系列仿真器选择和设置相同,此处从略。

选定了要使用的仿真器,安装好了它的 Keil 驱动后,就可以在 Keil 里进行程序编辑、编译和仿真工作了。

4.2　IAR 开发平台

　　IAR 开发平台是瑞典 IAR 公司开发的基于 C/C++编译和调试技术的综合开发平台。该平台是一套完整的集成开发环境，可以完成创建工程、编辑文件、编译、汇编、连接和调试程序的所有工作，同一个工作空间可放多个工程，可针对单个源文件、一组源文件或者全部源文件进行配置，提供工程模板。

　　IAR 支持几乎所有的嵌入式处理器，包括所有 ARM 内核的处理器、大多数 51 单片机、AVR 单片机、MSP430 系列单片机。要仿真哪一类处理器，就要安装针对这类处理器的 IAR 版本。即使是同一类处理器，IAR 也有多个不同的版本，例如针对 MSP430 的 IAR 软件，就有如图 4.2-1 所示的多个版本。通常选用较新的版本，因为较新的版本收集了处理器的新版本，可以适用于新处理器的开发。如果你暂时不想用新的处理器，而喜欢用你所熟悉的一款好用且一直在流行的处理器，就可以安装你所熟悉的老版本。

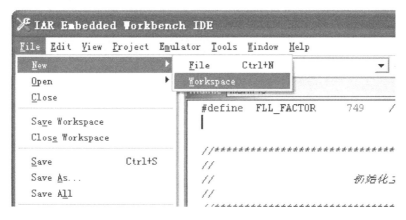

图 4.2-1　用于 MSP430 的 IAR 版本选择

　　IAR 提供 ANSI 标准 C 编译器、ISO/ANSI C 和嵌入式 C++库，支持包括 Wiggler JTAG 接口等多种 JTAG，提供了多种代码优化方式。

　　IAR 生成的目标代码分为调试版本（Debug）和发行版本（Release）两种。其中 Debug 目标代码的地址定义在 SRAM 中，将被下载到 SRAM 中执行；Release 目标代码的地址定义在 Flash 中，最终大部分在 Flash 中执行。在程序编译之前需要根据模板编写 Debug. xcl 和 Release. xcl 这两个内存分配文件。

　　下面以 MSP430-5438 为主芯片的控制系统软件开发为例说明 IAR 的应用方法。

4.2.1　IAR 编译环境

1. 进入 IAR 编译环境

点击桌面上的 IAR Embedded Workbench 图标,就启动了 IAR 软件,进入 IAR 集成平台的工作界面。

在进入 IAR 工作界面后,在主菜单栏点击 File,出现下拉菜单,可以有 New、Open、Close、Save Workspace…等多个选项,分别对应于新建文件或工程(这里的 Workspace 指的是工作空间)、打开文件或工程、关闭文件或工程、存储文件或工程 打开或者关闭工作空间等。

2. 建立工作空间与工程

这里以建立一个新空间为例,点击 File—New—Workspace,出现图 4.2-2 所示窗口。

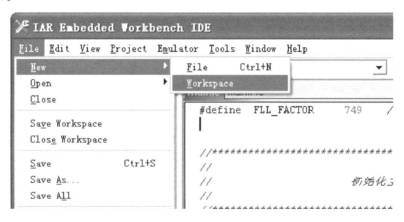

图 4.2-2　建立一个新空间(Workspace)

然后在该空间中可以创建新工程或者打开已有的工程。具体有下述操作:

(1)添加已存在工程到当前工作空间,命令是 Add Exiting Project to Current Workspace。

(2)打开已经存在的工作空间,命令是 Open Exiting Workspace。

(3)打开示例工程,命令是 Example Application。

可以根据需要进行选择。

创建新工程时,点击主菜单中的 Project 下的创建新工程 Create New Project,如图 4.2-3 所示。工程建立后,要保存工程。然后再向工程中加入源程序、头文件等,再对其进行编辑。

点击"OK"就创建了新工程。创建的新工程要进行保存,保存时要给新工程命

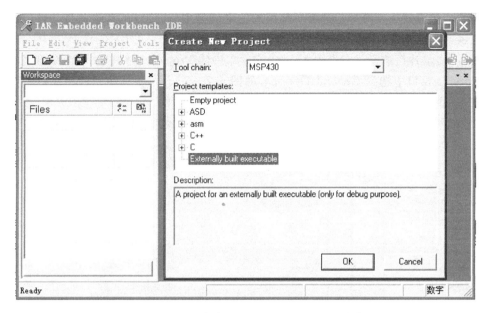

图 4.2-3　在 Project 下拉菜单 Create New Project 中建立新工程

名并指定存储路径。

　　点击保存后,出现图 4.2-4 所示窗口,用户就可以开始程序的编写、编辑、编译了。

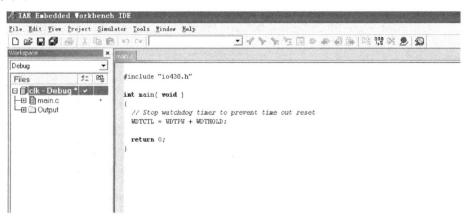

图 4.2-4　程序编写窗口

4.2.2　IAR 编译环境的参数设置

　　在下载程序前必须进行单片机选择、仿真方式选择、仿真器类别选择。单片机选择是要选择和目标板中相同的单片机。仿真方式选择是选择软件仿真还是硬件仿真。仿真器类别选择是选择所使用的仿真器是 USB 接口仿真器还是并行口仿真器。具体如下：

(1)单片机选择。右击图 4.2-4 主菜单中的 Project,选择 Options,在出现的 Options 窗口中选择 General Options,如图 4.2-5 所示,根据使用的单片机种类在 Device 下拉列表框中选择相应的单片机。

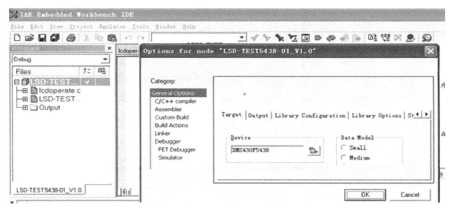

图 4.2-5　单片机选择

(2)仿真器类型选择。在 Options 窗口左边选项中选择 FET Debugger,如图 4.2-6 所示,在 Connection 选项中选择所使用的仿真器(其与 PC 机的连接是

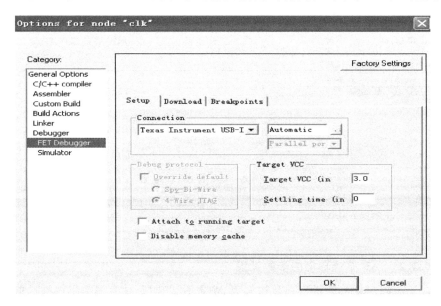

图 4.2-6　仿真器类型选择

USB 接口,还是并行口)。

(3)软件仿真、硬件仿真选择。在 Options 窗口,左边选项中选择 Debugger,出现如图 4.2－7 所示窗口,在 Driver 中选择软件仿真(Simulator)或者硬件仿真(FET Debugger)。

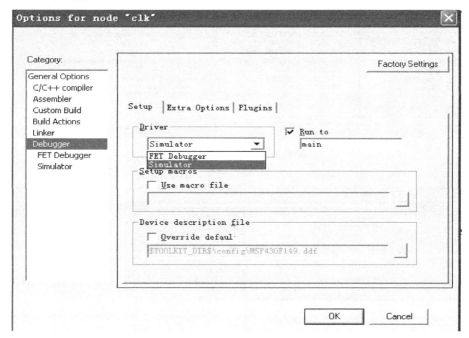

图 4.2－7　软件仿真、硬件仿真选择

4.2.3　IAR 源程序建立和加载

1.程序编写

参数配置完毕后就可以进行程序的编写,程序编写完后点击保存,程序编辑界面见图 4.2－8。

2.编译链接

点击 Project－>Compile 和 Make,在 Message 窗口上会显示编译结果,见图 4.2－9。

3.程序下载与仿真

在仿真窗口中选择 Project－>Debug,将程序下载到单片机中,出现如图 4.2－10 所示窗口,选择对应工具栏选项就可以进行仿真了。可以进行全速运行、单步(宏单步、跟踪单步)运行、断点设置与清除、复位等仿真操作。

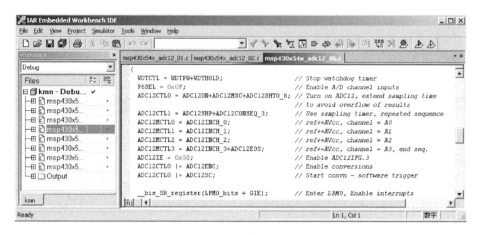

图 4.2-8　程序编辑界面

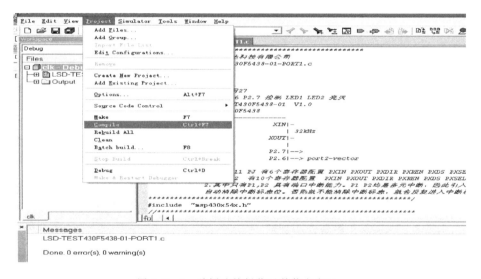

图 4.2-9　编译连接操作及其信息窗口

4.仿真器使用注意事项

在仿真的时候如果操作不当,在程序没有停下来,就拔掉仿真器或者切断电源,那么就会出现图 4.2-11 的提示。需要关掉窗口,关掉 IAR 编译器,拔掉仿真器又重新插上,重新进入编译环境才可以重新进行仿真,如果还是不行,就重启电脑。

4.2.4　开发板 USB 转串口驱动安装

开发板 USB 转串口驱动安装步骤如下:

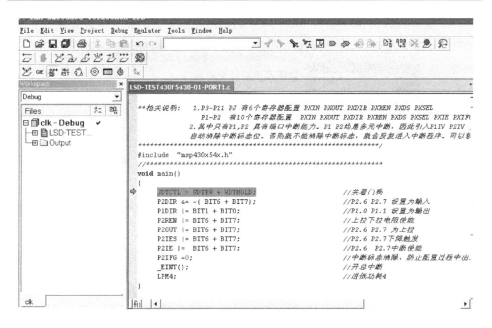

图 4.2 - 10　仿真调试窗口

图 4.2 - 11　错误提示

(1)用数据线将 PC 机的 USB 端口和目标板上小 USB 端口相连接,出现图 4.2 - 12 所示提示(如果需要安装驱动,在安装驱动时,不要连接数据线,利用电池供电或者仿真器供电)。

图 4.2 - 12　发现新硬件

　　(2)在弹出来的窗口如图 4.2-13 中,选择"从列表或者指定位置安装"。

图 4.2-13　TUSB3410 驱动指定位置安装

　　(3)指定具体的路径安装 TUSB3410 驱动,在光盘资料/Sorce Code/USB 驱动中提供驱动程序,如图 4.2-14 所示。

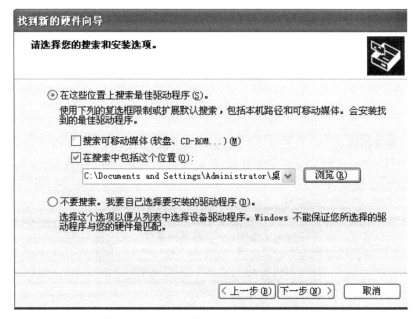

图 4.2-14　在本图中指定具体的安装路径

指定路径后点击下一步,进行安装,直到完成。

4.2.5　USB-Serial 驱动安装

(1)TUSB3410 安装完毕后紧跟着安装串口驱动,如图 4.2－15、图 4.2－16 所示。

图 4.2－15　发现新硬件

图 4.2－16　发现新硬件串口

(2)在弹出来的窗口中选择"从列表或者指定位置安装"如图 4.2－17 所示,点击下一步,路径和 TUSB3410 驱动路径是一样的,再点击下一步,进行安装如图 4.2－18 所示,安装完毕后,点击"完成"即可。

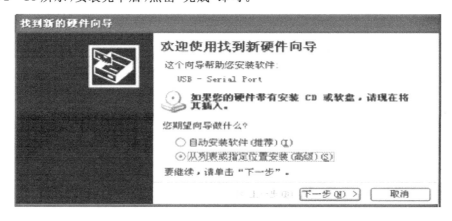

图 4.2－17　指定安装驱动方式

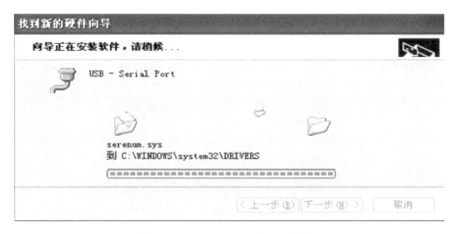

图 4.2-18　USB-Serial Port 安装

至此所有需要的软件都安装好了,IAR 平台就可以正常使用了。

4.3　单片机开发平台 Wave 6000 和 VW

4.3.1　Wave 6000

国产的单片机开发平台也有多个,其中以南京伟福的 Wave 6000 和 VW 最著名,在单片机开发中广为应用。该系统安装方便,不需破解。编辑界面友好,而且程序编辑与仿真融合在一起,在窗口可以直接编译下载,下载后可以在同一个窗口直接进行各种仿真运行,仿真的同时,还可以修改编辑程序,在国内外的单片机开发平台中确属上乘。Wave 6000 的工作界面如图 4.3-1 所示。

Wave 6000 可以支持的仿真器是通过串口与 PC 机串口连接通信的那些仿真器,共计 23 种型号,这些仿真器都是伟福公司开发生产的,支持的单片机达到几百种。这些仿真器主要是 51 系列单片机、PIC 系列单片机,也有其他型号的单片机,有 8 位单片机,也有 16 位单片机这些仿真器在我国单片机开发中曾经发挥了重要作用。它们性能优越,稳定可靠,受到广大开发人员的欢迎。仿真器和单片机可以在其仿真器设置菜单中选择,如图 4.3-2 所示。

注意在进行硬件仿真时,必须点击去掉图 4.3-2 中"使用伟福软件模拟器"前边的对勾。

伟福平台支持 C 语言、汇编语言,还支持 PLM 51 和 PLM 96 语言(支持 PLM 语言这一点是其他平台所不具备的)。在程序设计中,可以采用这三种语言编程,只需要将其按照独立的模块编程,在编译时,程序会自动调用各自的编译器生成各

图 4.3 - 1　Wave 6000 的工作界面

图 4.3 - 2　Wave 6000 支持的仿真器

自的目标代码 xx.obj,然后自动通过连接器软件 BL51.exe 将本工程中的所有 xx.obj 文件连接生成最终目标代码。再自动将其下载到仿真器中,就可以进行硬件仿真了。

4.3.2　VW

VW 是南京伟福公司开发的支持 USB 接口仿真器的开发平台。其工作界面见图 4.3 - 3。

图 4.3-3　VW 工作界面

VW 和 Wave 6000 的界面大同小异,界面上面两排为主菜单和工具栏,左边为项目树窗口,其中显示所有参加本项目的程序模块,可以隐去。主窗口为编辑和仿真窗口,在其中可以打开多个程序,分别进行编辑和浏览,点击 █,会自动连续完成对工程的编译、连接和下载,编译和下载过程在窗口下方分别有进度条显示。

图 4.3-4 是 VW 所支持的仿真器和单片机选择窗口,可以根据自己所使用的仿真器和单片机进行选择,并选择软件仿真还是硬件仿真。

注意在进行硬件仿真时,必须点击去掉图 4.3-4 中"使用伟福软件模拟器"前边的对勾。

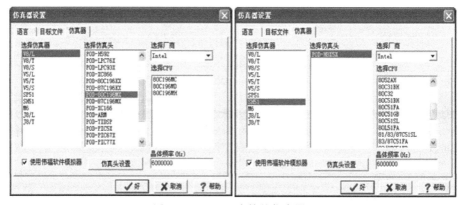

图 4.3-4　VW 支持的仿真器

4.4　AVR 单片机开发平台

AVR 单片机是美国 ATMEL 公司（现属美国半导体巨头 MICROCHIP 公司旗下子公司，于 2016 年被收购）生产的一款高性能、高速单片机，现有几百个品种。它采用精简指令集 RISC，实现了一个时钟周期执行一条指令。在 12 MHz 外部时钟下，单周期指令运行速度可达 12MIPS。一方面可获得很高的指令运行速度，另一方面，在较低的运行速度下，可大大降低时钟频率，有利于获得良好的电磁兼容效果。它内部资源丰富，集成了比较多的部件，这些部件不仅包括一般常用的电路如，定时/计数器、模拟比较器、A/D 转换器、D/A 转换器、串行通信接口、WDT 电路、还有 SPI 接口和 JTAG 接口，给电路的仿真开发和程序下载提供了方便。

其编辑编译工具有 ICCAVR、WINAVR、CODEVISIONAVR 等多种。这里仅介绍应用较普遍的 ICCAVR，现在其版本已经发展到 V 7 了，称为 ICCAVR 7，用于 AVR 单片机的编辑、编译和目标代码的连接。ICCAVR 7 与仅具有仿真功能的软件 AVR Studio 4 联合使用，可以进行程序的编辑、编译、链接和仿真。近两年推出的 AVR Studio 6，将编辑、编译、仿真功能集合在一个软件中，为 AVR 单片机的开发提供了方便。

4.4.1　ICCAVR＋AVR Studio

这是 AVR 单片机长期以来使用的开发工具。在进行 AVR 单片机开发时，先使用其编辑编译平台 ICCAVR，进行程序的开发编写与编译。然后再开启 AVR 单片机仿真软件 AVR Studio。在其平台上进行硬件仿真，观察程序运行结果，进行程序调试。AVR Studio 能够实现硬件仿真的所有功能，但是不能编辑和编译程序。调试中需要不断地更改程序，就要继续在 ICCAVR 中修改、编辑、编译程序，之后再用 AVR Studio 进行硬件仿真。依次循环，直到开发完成。可见使用 ICCAVR＋AVR Studio 开发 AVR 单片机时，要同时使用编辑编译平台和仿真平台。才能进行 AVR 单片机的开发。

ICCAVR 7 的编辑环境和 Keil、IAR 的编辑环境大同小异，功能相近。IC-CAVR 7 的工作界面见图 4.4-1。图中上部是其主菜单。

其主菜单的各项功能与其他嵌入式开发平台大同小异，依次为 File（文件管理，包括文件的建立、保存、另存为、删除等操作），Edit（编辑，包括编辑设置、撤除、取消撤除、剪切、复制、粘贴、删除、全选等操作），Search（搜索，包括在本文件中搜索、在工程中的所有文件中搜索、替换、跳到指定行、跳到匹配点、跳到第一个错误、跳到下一个错误、添加书签、删除书签、跳到第一个书签、跳到下一个书签等），View（对文件和窗口的观察），Project（对工程的管理，包括新建工程、打开已有工

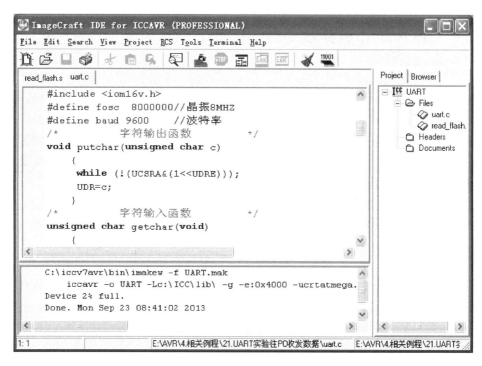

图 4.4 - 1　ICCAVR 工作界面

程、关闭工程、打开工程中的所有文件、关闭工程中的所有文件、添加文件到工程、编译程序、编译工程中的所有程序、功能选择 Options 等操作,其中的 Options 内有多项选择和设置),Tools(工具,包括环境设置、编辑器和打印机设置、在系统编程、应用设备设定 Application Builder,其中有对多种片内设备包括 CPU、Memory、Ports、各个定时器、串行口、SPI、I²C 等的专用设置窗口,方便快捷),通过这些菜单,可以方便地进行各种操作。

是 Application Builder,点击之,出现如图 4.4 - 2 所示窗口。

Application Builder 窗口有多个子窗口,用于 CPU 选择、CPU 端口配置、3 个定时器设置、串行口 UART 设置、SPI 接口设置、模拟量功能设置等。

其中的 CPU 选择直接点击其框右边的箭头,在出现的下拉菜单中选择 CPU,如图 4.4 - 3 所示。

CPU 端口设置见图 4.4 - 4。

定时器 0 设置见图 4.4 - 5。

定时器 1 设置见图 4.4 - 6。

定时器 2 设置见图 4.4 - 7。

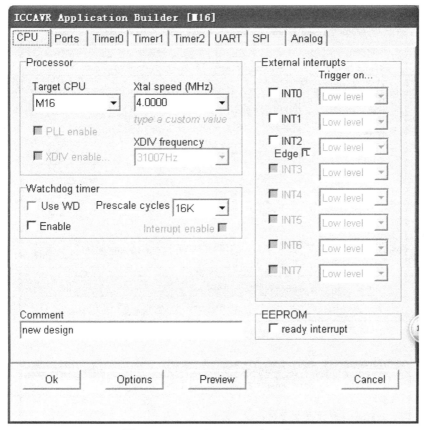

图 4.4 - 2　Application Builder 窗口

图 4.4 - 8 为串行口 UART 设置。

图 4.4 - 9 为 SPI 和 TWI 通信接口设置。

图 4.4 - 10 为模拟信号处理方式设置。

工具栏的 🗋 🗁 🖫 🖶 ✄ 🗐 🔍 | 🖳 顺次为文件处理、打开文件、存储文件、打印文件、剪切、复制、粘贴、查找 8 个常用的文件处理与编辑命令。

工具栏的 🔩 为编译命令,点击之,就执行编译,并在下边的信息框中给出编译信息。

工具栏的 🖽 为编译选择,点击出现如图 4.4 - 11 所示窗口。可以在其中对编译进行各种所需的设置,主要是工程类型、文件路径、编译选项、目标 CPU 选择、设置保留等。

在 ICCAVR 7 中完成了程序编译链接后,开启 AVR Studio 4,进入仿真环境,就可以在 AVR Studio 4 中进行仿真了。

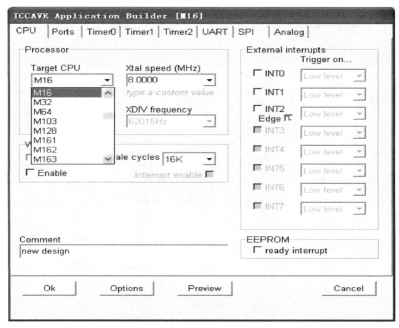

图 4.4 - 3 CPU 选择

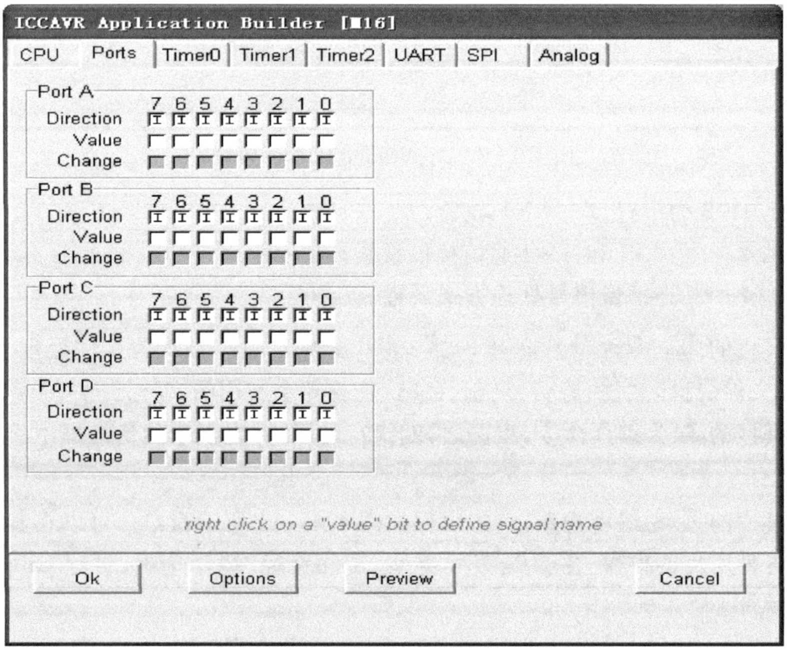

图 4.4 - 4 CPU 端口设置

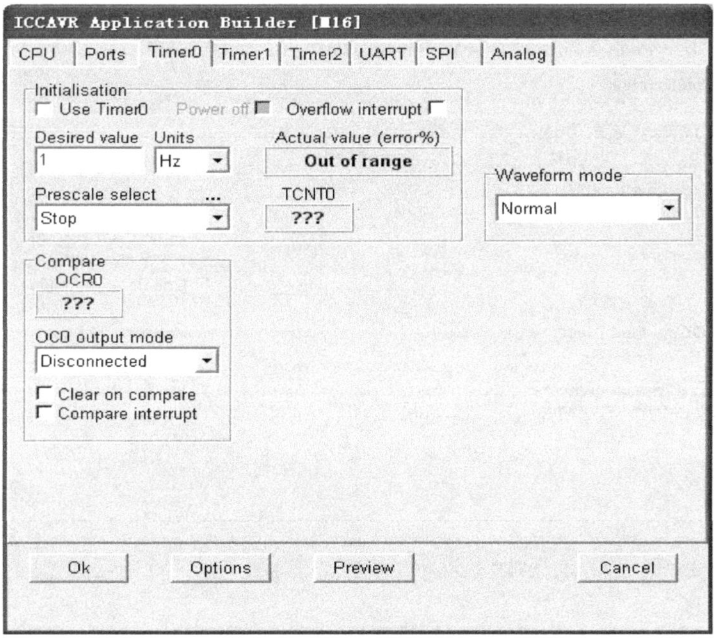

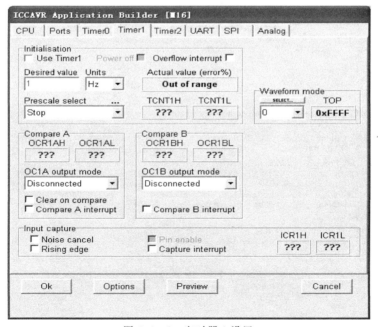

图 4.4-5　定时器 0 设置

图 4.4-6　定时器 1 设置

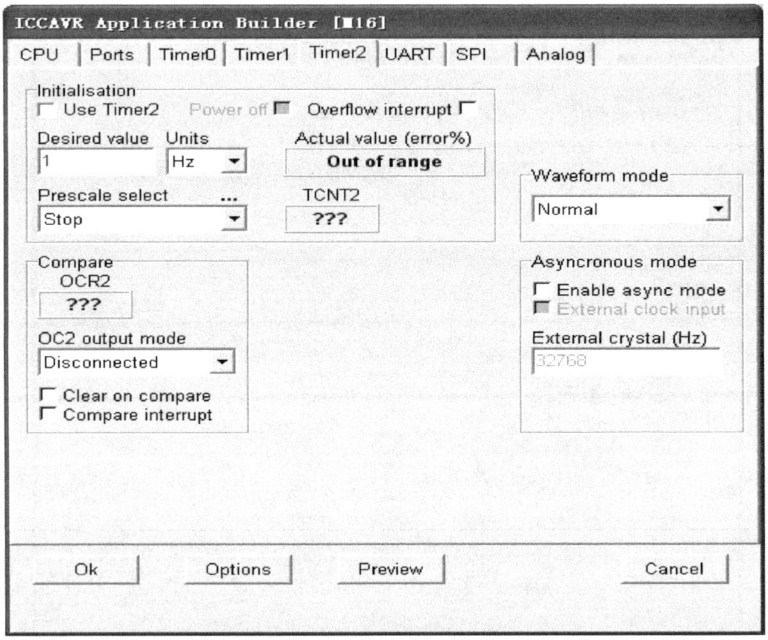

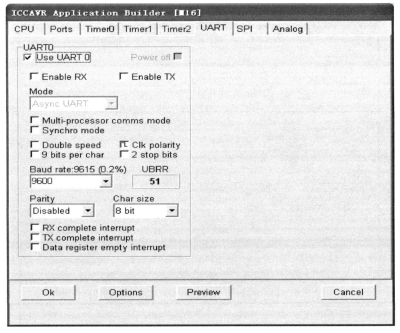

图 4.4 - 7　定时器 2 设置

图 4.4 - 8　串行口 UART 设置

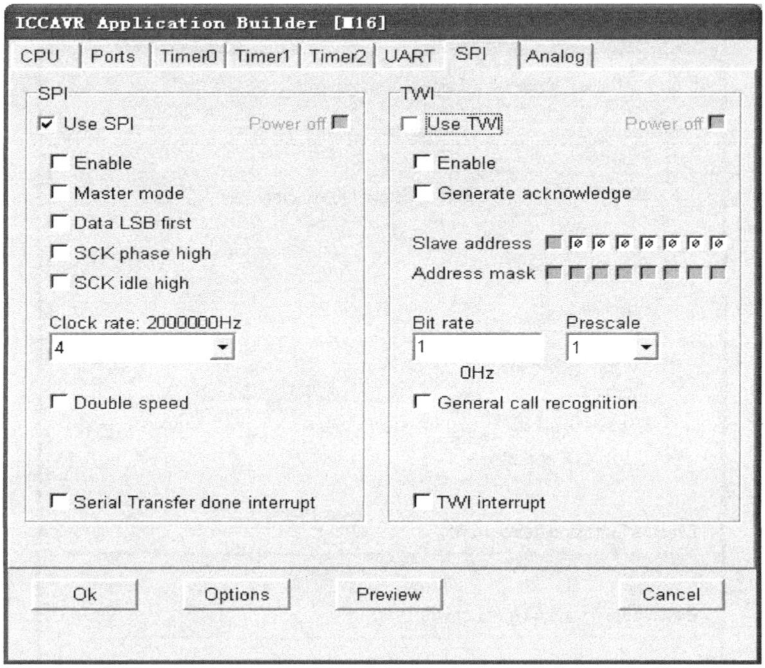

图 4.4 - 9　SPI 和 TWI 通信接口设置

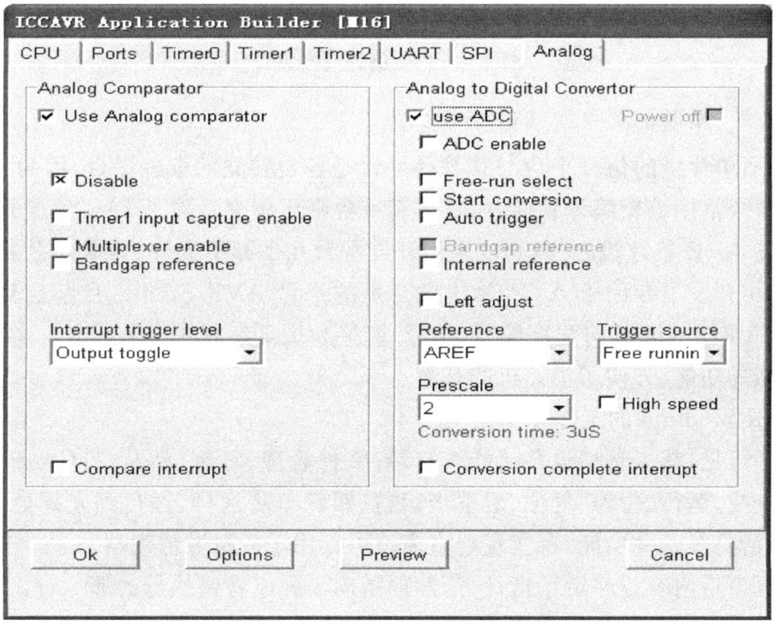

图 4.4 - 10　模拟信号处理方式设置

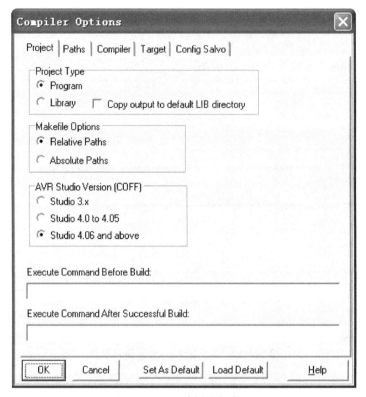

图 4.4 - 11　编译选择窗口

4.4.2　集成仿真平台 AVR Studio 6

　　AVR 单片机的仿真平台与其编译平台是各自独立的软件平台,因为 AVR 单片机有 3 个常用编辑编译软件,而其仿真平台则比较少。除了 IAR 集成开发平台可以开发 AVR 单片机之外,其他通用开发平台几乎都不支持 AVR 单片机。因此 AVR 公司开发了专用于 AVR 单片机开发的平台 AVR Studio,目前已到了 V 6 版本。AVR Studio 6 将程序编写、编译、链接和仿真集成在一个平台上,实现了与 Keil 相似的功能,方便了单片机的开发。

　　AVR Studio 6 的工作界面见图 4.4 - 12。

　　从图可见,其工具栏也是功能丰富,有文件管理、复制、粘贴、打印、查找、在各文件中查找、运行、暂停、复位、宏单步运行、跟踪单步运行、运行到光标处、断点设置、断点清除等各种功能,有变量观察窗口可以用于变量数值观察。

　　仿真窗口内有程序运行指针,清楚地指向了程序将要执行的那一行。

　　由于将编程和硬件仿真集成在同一个平台上,大大提高了程序设计开发的工作效率。

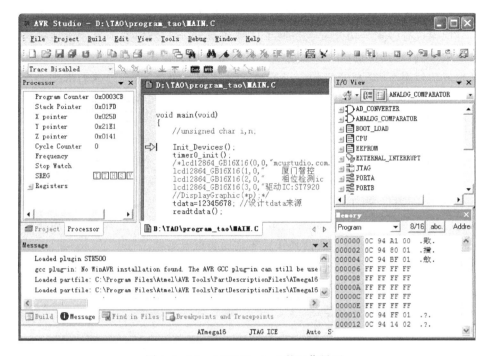

图 4.4 - 12　AVR Studio 6 的工作界面

4.5　STM 8 单片机的调试开发工具

1.硬件调试开发工具

STM8 调试系统由单线调试接口(SWIM)和调试模块(DM)构成。SWIM 是基于异步、开漏、双向通信的单线接口。当 CPU 运行时,SWIM 允许以调试为目的对 RAM 和外围寄存器的无侵入式读写访问。而当 CPU 处于暂停状态时,SWIM 除允许对 MCU 存储空间的任何部分(数据 E^2 PROM 和程序存储器)进行访问,还可以访问 CPU 寄存器(A,X,Y,CC,SP)。这是因为这些寄存器映射在存储器空间,所以可以用与其他寄存器地址相同的方式进行访问。SWIM 还能够执行 MCU 软件复位。SWIM 调试系统的这些功能为 STM8MCU 的调试开发奠定了基础。ST 公司和 Raisonance 公司都在此基础上开发出了 ST-LINK 和 RLink 开发工具,极大地方便了单片机工作者。ST-LINK 价格较 RLink 低,因而更受青睐。STM8 系列单片机的仿真器 ST-LINK 最先由 ST 公司开发完成,现在流行的是其更新版本的 ST-LINK/V2 仿真器(见图 4.1 - 16)。ST-LINK/V2 仿真器不但可以仿真 STM8 系列单片机,还可以通过仿真器上的 20 针接口仿真 STM32 系列仿真机。其性能稳定可靠,价格低,实用性很好。

国内也有多家公司开发或仿制了这种仿真器,ST 公司为了更大量地销售自己的单片机,对其仿真器是否被仿制不置可否。因为他们知道,仿真器不值钱,而开发成功使用 STM 单片机的电子产品大量的市场销售,才会给他们带来丰厚利润,所以他们公开了自己仿真器的所有硬件和软件设计资料。这些在他们的官网上都可下载。

2.软件开发工具

在编译器方面,Cosmic 软件公司和 Raisonance 软件公司均提供 16KB 代码限制的免费 C 编译器,并且可以申请一年有效的 32K 代码限制的免费 C 编译器许可证。ST 公司提供 STToolset 集成开发平台,支持 Cosmic 和 Raisonance 两种编译器,支持 ST-LINK;Raisonance 公司则提供 Ride7 集成开发环境,使用 RaisonanceC 编译器和 RLink。这两种开发环境均为免费系统。

STToolset 集成开发平台分为编程编译仿真工具 STVD 和程序下载工具 STVP 两个应用程序。STVD 的工作界面与 Keil 的相似,如图 4.5-1 所示。

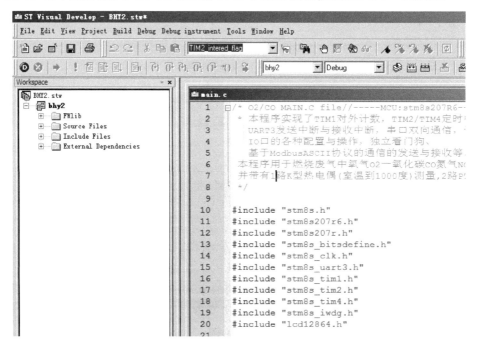

图 4.5-1　STVD 的工作界面

在其工作界面中可以看到与 Keil 相同的布局,左边一栏为菜单树,表明了工程 bhy2 中使用的所有程序。右边为程序编辑区。

菜单树显示,名为 bhy2 的工程共有 4 个文件夹,分别为:

FWlib—本工程中使用的外设的驱动程序. c 程序。

Source Files—用户设计的本工程 C 语言源程序。

Include Files—所有本工程中. C 文件中使用的包含头文件。

External Dependenceies—所有本单片机的外设的头文件清单,哪个 C 程序中有本清单中的头文件,就会调用其参加编译。

需要说明,以上菜单树中的任一个文件夹都是用户在菜单树中添加到工程中的,其名称也都是用户随手命名的,只是其中的内容,却是不可随便乱写的,否则程序无法正确编译。

鼠标点击工程菜单树中每个文件夹前边的"+"号或者双击文件夹名称,会出现下拉菜单,显示每个文件夹中的程序,如图 4.5-2 所示。从图可见,本工程的固件库内有多个外设的. c 程序。

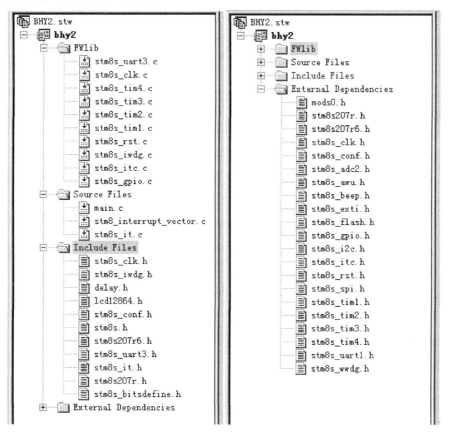

图 4.5-2 Stm8s 单片机菜单树详图

　　源程序有 3 个：main. c，stm8_interrupt_vector. c 和 stm8s_it. c。其中，主程序 main. c 由用户设计，中断向量程序 stm8_interrupt_vector. c 和中断定义程序 stm8 _it. c 源自于 stm8s 系列单片机的固件库，也是 ST 公司开发公布的。Stm8s 单片机的固件库名为 STM8S_StdPeriph_Lib_VX，目前使用的是 V2. 1. 0 版本。中断定义程序不能更改。中断向量程序 stm8_interrupt_vector. c 中的内容要根据工程使用的那些中断更改。

　　从图 4. 5-2 可以看出，STVD 与 Keil 相比，其包含文件的放置更加科学，它把所有. c 程序内包含的头文件统一集中起来，放在包含文件夹 Include Files 中，使得菜单树简洁清晰。

　　菜单树中的外部依赖性设备 External Dependencies 的头文件夹内，放置了该单片机几乎所有的外设头文件，有些在工程中并没有用到，也在此列出。虽然列出了很多的头文件，但是编译器在编译时，只编译那些在应用程序中包含过的头文件，并将其目标代码加入总目标代码中。那些没有被包含的头文件不参加编译，因此也不会增大目标程序代码。外部依赖性设备 External Dependencies 的头文件夹内的包含文件也是可以由用户添加或者删除的。图 4. 5-3 为某个工程开发时的外设头文件。

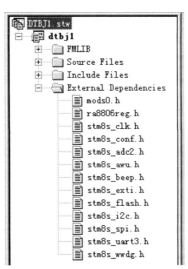

图 4. 5-3　某个工程开发时的外设头文件

4.6　本章小结

　　本章对嵌入式系统开发中常用的开发平台进行了系统介绍,重点对 Keil、IAR、ICCAVR、AVR Studio、Wave 6000、VW、STVD 等平台的安装、设置、编辑、编译、仿真等环节作了介绍。通过本章学习,读者对嵌入式系统开发所用的工具平台会有较系统的认知,以便读者在系统开发时参考使用。

参考文献

［1］毕宏彦,徐光华,梁霖.智能理论与智能仪器[M].西安:西安交通大学出版社,
　　　2010

［2］丁浩.LED铁路信号灯监控报警系统研究与设计[D].西安:西安交通大学,
　　　2013

［3］佘彩青.皮带疲劳试验机控制系统研究开发[D].西安:西安交通大学,2013

［4］毕宏彦,徐光华,梁霖.智能仪器电路设计[M].西安:西安交通大学出版社,
　　　2016

［5］LABROSSE J J.嵌入式实时操作系统 μC/OS-II[M].邵贝贝,译.北京:北京
　　　航空航天大学出版社,2007

［6］毕宏彦,张小栋,刘弹.计算机控制技术[M].西安:西安交通大学出版社,2018